风景地貌学

杨湘桃 编 著

中南大学出版社

二、风景地貌学研究的历史沿革

风景地貌学是一门新兴学科，它的产生与现代旅游业发展到一定阶段有关，是地质学、地貌学与旅游学相结合的产物。

风景地貌的概念很长时间是不明确的，虽然德国的 S. Passaxge 早在1913 就提出了"景观"的概念，但直到1931 年原苏联的 Л. C. 贝尔格（БЕРГ）才给"景观"下了一个稍微清晰的定义，他认为"景观是物体和现象的总体或组合，在这个组合中，地貌、气候、水文、土壤、植被和动物界的特点……，融合为统一的、协调的整体，典型地重复在地球一定的地带区域内"。这里"景观"这个词的内涵，原意是艺术家们所欣赏的自然风光，具有一定的美学含意。正是从审美观点探讨"景观"的美学特征出发，国际上出现了许多著作和论文：查尔斯·爱·斯坦费尔德（C. A. Stansfieid）发表了《美国海滨避暑胜地》；1965 年，意大利地理学家布鲁诺（Nice Brouno）出版了《地理与旅游研究》；1974 年，日本地理学家浅香幸雄出版了《观光地理学》；几年前，加拿大著名学者斯蒂芬（L. I. Stephen）、史密斯（L. I. Smith）撰写了《游憩地理学》专著。这些著作和论文，从不同的侧面涉及与探讨了众多风景地貌的内容，风景地貌学也得到了不断的积累和发展。

我国风景地貌学思想的萌芽可以追溯到中国古代，一些旅游家、文学家、诗人曾经运用朴素的风景地貌知识撰写了数不胜数的游记、散文和诗词，如《山海经》、《徐霞客游记》、苏东坡的《石钟山记》、郦道元《华山》、《三峡》、陆游《入蜀记》，李白的"丹崖夹石柱，菡萏金芙蓉，伊昔升绝顶，俯视天目松。"等，这其中就有不少风景地貌，可视为我国风景地貌学的萌芽时期。鸦片战争使中国的门户被强行打开，西方现代科学传入中国，其中地学知识也在我国传播开来，并形成了地质、地理、气象学等众多的分支科学。与我国旅游业起步较晚有关，风景地貌在地理领域中未能引起重视，这时长期处于停滞不前的状态。至1956 年，我国高校开始设立地貌专业后，部分师生开创了以考察祖国山川的科学成因为核心的"旅游地貌学"；1960 年曾昭璇在《岩石地形学》一书中既注重造型的描述，也注意成因的解释，风景地貌学开始起步。1979 年我国著名地质学家殷维翰开始组织人力编写《中国名胜地质丛书》，为我国风景名胜的系统地科学介绍开辟了新路。1981 年1 月杨联康、陈传康、赵希涛积多年实地考察研究成果，在《光明日报》发表题为《大力加强旅游事业中的地学研究》的文章，提出："组织科技工作者进行旅游区域调查，首先是地学调查"。这些意见在实际上为风景地貌学的大力进军播响了战鼓。

20 世纪80 年代，随着我国旅游业的迅猛发展，研究旅游业中涉及的风景地貌问题的地质、地理工作者多了起来，但系统的研究不多。直到90 年代后期，才有一批学者开始系统研究风景地貌，其理论研究包括地貌形成条件与风景特征、地貌动态过程、地貌发育方向、地貌发育历史、地貌地形要素与其他构景要素的组合以及旅游地貌资源和风景地貌的地域分异等，出现了许多的论文和专著。

从山水地貌景观角度研究风景资源的学者中首推陈传康，代表性的文章和专著有《天然风景的组成及场景》（陈传康，1980）、《风景地貌和地貌构景———地貌的旅游评价研究》（陈传康，1985）、《丹霞的风景地貌研究》（陈传康，1992）、《旅游地貌学——应用地貌学的新发展》（陈传康，1994）。再之有：《名山美景话成因》（谢凝高，1984）、《中国的名山》（谢凝高，1987）、《山水审美——人与自然的交响曲》（谢凝高，1991）；《中国自然风景概论》（郭瑞祥、梁多俊，1988）；《风景与石》（许耀明，1988）；《风景与泉》（朱静昌，1988）；《我国海岸带的风景资源》（吕丙全，1988）；《粤北风景资源及旅游开发》（彭华，1990）、《丹霞山风景地貌研究》（彭华，1991）、《黄山揽胜》（彭华，1989）；《旅游资源景观概论》（王兴中，1990）；《风景地貌学原理》（陈述林、1992）《中国旅游地质》（徐泉，1997）；《中国地质旅游资源》（冯天驷，1998）；《中国地质景观论》（陈安泽，1998）；《中国的世界自然遗产的地质地貌特征》（潘江，2002）《旅游地质学》（陆景冈，2003）等等。目前对山水地貌景观的研究，已从对景观地貌本身的审美价值研究向旅游价值研究方面转移，比较注重地貌景观的实际价值。

三、风景地貌学的特点和研究方法

风景地貌学以地质学和地貌学为理论依据，紧扣"实""新""多"三字，深入浅出，较全面地解释风景名胜地的形成、分布与特征，有较高的学术品位。

"实"是理论密切联系实际，在地质、地貌学的基础上有机地结合我国风景名胜事例，从而加强了教材的可读性和趣味性。

"新"是密切注意学术新动向，书中引用了许多网络媒体的近期报道，力求一个"新"字，以期跟上时代的步伐。

"多"是对一些典型的风景名山的地貌特征从多个角度进行剖析，或是对一种地貌因子旁征博引，结合多个地貌实例，从而使读者融会贯通，透彻掌握有关知识。

风景地貌都是在特定的区域地质背景下，经过来自地球内部和外部地质作用（内力和外力）的长期营造而形成的。地质因素（构造、岩性、地层等）是某一地域风景总特征的"本底"，是自然风景的基本组成部分和造景基础条件之一。地质因素在风景地貌中所起作用如下：

（1）一个地方的风景总面貌、总格局受该地区的地质构造控制，区域地质构造是形成风景地貌的骨架。

（2）局部岩石的褶皱、断裂所形成的独特地貌，受局部构造变形的影响。

（3）各种不同的岩石，由于自身性质的差异，往往构成奇特的造型景观，这一事实集中反映了岩性对地表风景形态的控制作用。

（4）火山地貌和熔岩地貌，往往形成奇异景观。这是地球的火山作用和岩浆溢流所形成的。

（5）风景湖泊、瀑布、各类泉等风景现象，都是在一定的水文地质环境条件下形成的。

流水作用、地下水作用、波浪作用、冰川作用、风沙作用等在地貌形成上主要表现为风化，侵蚀，搬运和堆积作用。从而形成各种流水地貌、冰川地貌、喀斯特地貌、海成地貌、风成地貌等。

风景地貌有的主要是内力作用的产物，有的主要与外力作用有关。有的形态是一种原因造成的，有的则是由好几个原因造成的。因此风景地貌学从地质因素和内、外营力入手，剖析各种地貌的成因和特征。

四、本书的内容和结构

本书共十二章。第一章介绍了矿物和岩石、岩石性质对地貌的影响、旨在说明岩石与风景胜地景观的关系。第二章叙述了地层及地质年代概念，目的是了解地壳演化简史和古地理概貌。第三章讨论地质构造其地貌表现，部分名山的地质构造在这一章中得到了重点介绍。。第四章论述了地球的内、外力作用，它们是地貌演变的基本动力，它们的对立统一是地貌演变的基本规律。第五章描述了火山与熔岩风景地貌，雁荡山、五大连池、镜泊湖、长白山天池等都在这一章中进行了讨论。我国丹霞风景地貌甚多，十分典型，由此单独组成了第六章。第七至第十一章重点说明主要由流水作用、地下水作用、波浪作用、冰川作用、风力作用等外力作用为主所形成的风景地貌，这类地貌类型众多，分布面广，特色鲜明，所用篇幅也较多。第十二章对风景地貌在地质公园中的位置，什么叫地质公园、我国地质公园名录作了介绍，其初衷是宣传我国的风景地质、地貌"财富"，从一个角度激发爱国热情，扩大知识面和有利地质旅行。针对旅管专业和城规专业，将风景地貌调查与城市地质调查的内容放在了附录中。

第一章　岩石与风景地貌

风景地貌学是研究地球的科学之一，主要是研究地壳及其表面部分。地壳及其表面则由各种岩石组成，而岩石又是由矿物所组成的。正因为如此，我们在研究风景地貌时，必须掌握一定的矿物、岩石的知识，这是正确认识地貌现象的前提。事实上，我们生活在一个到处都有矿物岩石的世界之中：宝玉石、花岗岩、大理石……一旦掌握了一些相关的知识，就有很大的实用价值与乐趣。

构成地层的三大类岩石，由于其成分、结构和构造不同，在地表形成各自有别的地貌类型，从而展示出不同形式、不同风格、不同体态和不同组合的风景地貌。如黄山、华山峻拔尖削，紫气生光的悬崖峭壁，是花岗岩构成之地形；"江作青罗带，山如碧玉簪"的桂林地形，属平整的厚层石灰岩地层所形成的喀斯特地貌，云南点苍山的山石如玉，则系变质岩为之。

第一节　矿物和岩石

矿物是构成地壳岩石的物质基础，岩石是形成地貌的物质基础，岩石和矿物是地壳宏观组成的最基本研究单位；岩石反映了地壳形成以来的大地沧桑之变，一部变幻多端的地球史全凭岩石来记载。当我们研究各种地貌的形态特征、成因、演变规律时，必须分析岩石因素的影响。

一、主要造岩与常见矿物

矿物是由地质作用形成的结晶态的化合物或单质。矿物的种类多达3000多种，但只有少数为组成岩石的主要成份，称为造岩矿物。最主要与常见的矿物如下：

1. 石英（SiO_2）

石英是硬度很大的矿物（硬度约为7），断口呈贝壳状。晶体呈六方柱双锥状，柱而上有平行的横纹。常见的石英多呈粒状或块状集合体，一般呈乳白色。无色透明的石英称为水晶。石英常因含杂质而呈紫色、烟黑色、玫瑰色等。石英在物理和化学性质上都很稳定，是一种很难破坏的矿物。

2. 赤铁矿（Fe_2O_3）

晶体呈板状或片状，但较少见。常见的呈致密块状、细微、豆状。颜色暗红。硬度2.5~6，无解理，粗糙断口。是重要的铁矿石。

3. 磁铁矿（Fe_3O_4）

常见的呈致密块状、粒状。颜色铁黑。无解理。硬度5.5~6。具有强磁性。

4. 褐铁矿（$Fe_2O_3 \cdot nH_2O$）

块状、土状或结核状。颜色为褐色和黑褐色。硬度为1~5.5，无解理。

5. 萤石（CaF_2）

常见的为块状或粒状集合体。一般颜色为绿色、紫色、黄色。硬度为4。性脆，透明。

四组完全解理。

6. 石膏（$CaSO_4 \cdot 2H_2O$）

晶体为板状，常呈致密块状和纤维状集合体。颜色为白色成浅灰色，也有无色透明的。硬度为2。一组解理。

7. 方解石（$CaCO_3$）

晶体为菱面体，三组完全解理。常呈粒状、致密块状、晶族和钟乳状。纯净无色透明者叫冰洲石，是制造光学仪器的贵重材料。方解石性脆、硬度为3。遇稀盐酸起泡。

8. 白云石（$CaCO_3 \cdot MgCO_3$ 或 $CaMg(CO_3)_2$）

白云石与方解石物理性质类似，但遇稀盐酸作用微弱，略有气泡。

9. 橄榄石（$(Mg \cdot Fe)_2[SiO_4]$）

粒状，橄榄绿色，透明，硬度为6~7，贝壳状断口。

10. 普通辉石（$(Ca, Na)(Ms, Fe, A1)[(Si, Al)_2O_6]$）

晶体短柱状，横断面为八边形，集合体为致密位状，颜色为绿黑色，硬度5~6。

11. 普通角闪石（$Ca_2Na(Mg, Fe)_4(Al, Fe)[(Si, Al)_4O_{11}]_2[OH]_2$）

晶体为长柱状，横断面为六边形。一般呈绿黑至黑色。硬度5~6。

12. 白云母（$KAl_2[A1Si_3O_{10}][OH]_2$）

常呈鳞片状集合体。无色，薄片透明，具有弹性。硬度2~2.5。一组极完全解理。

13. 黑云母（$K(Mg, Fe)_3[AlSi_3O_{10}](OH)_2$）

常呈鳞片状集合体。黑色、褐色，薄片透明，具有弹性。硬度2~2.5。一组极完全解理。

14. 正长石（$K[Alsi_2O_8]$）

晶体常呈柱状、厚板状，颜色肉红，硬度6~6.5，有两组正交的解理。

15. 斜长石（$Na[AlSi_3O_8] - Ca[Al_2Si_2O_8]$）

薄板状或粒状晶体，颜色灰白，两组斜交的解理（交角为86°），硬度为6~6.5。

16. 高岭石（$Al_4[Si_4O_{10}][OH]_8$）

呈土状或块状，颜色灰白、浅黄，硬度1~2.5，吸水后有塑性，手搓之有滑感。

二、岩石

自然界中的矿物绝大多数不是以孤立的个体形式存在，而是依照一定的规律相互结合在一起。由一种或多种矿物聚集在一起的集合体就称为岩石。

根据岩石的成因（形成方式），可将其分成岩浆岩、沉积岩和变质岩三大类。就它们在地壳中所占的体积而言，岩浆岩约占64.7%；沉积岩约占7.9%，变质岩约占27.4%。但是从分布的面积来看，沉积岩占了很大比例。据估计，沉积岩约占陆地表面面积的75%，我国沉积岩所覆盖的面积约占全国地表的77.3%。

（一）岩浆岩

1. 岩浆活动和岩浆岩产状

处在地壳下面的熔融物质称为岩浆。它的主要成分是硅酸盐，还有其他金属硫化物、氧化物和挥发物质（如 H_2O、CO_2、SO_2）等。地壳深处的岩浆不是静止不动的，它们在物理、化学条件发生变化的情况下产生运动，这种运动称为岩浆活动。岩浆冲破上覆岩层喷出地表，这种活动称火山活动。喷出的岩浆因温度和压力骤降，其中挥发成分迅速逸散，所剩下的熔融物质冷却后形成的岩石称为喷出岩。若岩浆活动只侵入地壳的其他岩体中，而没有喷出地表，这种活动称为侵入活动。由此冷凝结晶而成的岩石称为侵入岩。喷出岩和侵入岩统称为岩浆岩，由于它们各自形成的环境条件差别很大，因而具有不同的结晶形式。

　　岩浆岩在地壳中所占空间的形状以及它与周围岩石接触的关系称为岩浆岩产状。喷出活动的结果主要是形成各种形式的火山。根据岩浆侵入地壳距离地表的深度，侵入岩可分为深成岩和浅成岩。深成侵入体的规模很大，主要有岩基和岩株两种（图 1－1）。

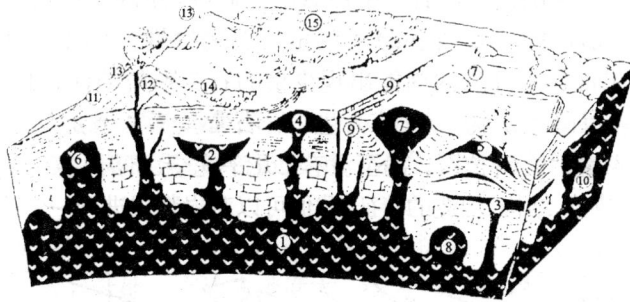

图 1－1　岩浆岩产状示意图

①岩基；②岩盆；③岩床；④岩盖；⑤岩鞍；⑥岩株；⑦岩浆底辟；⑧岩瘤；
⑨岩脉；⑩捕虏体；⑪火山锥；⑫火山颈；⑬火山口；⑭熔岩流；⑮熔岩被

　　岩基是规模庞大呈不规则的穹窿状侵入体。向下深度很大。通常由花岗岩类岩石组成。地面经长期侵蚀，岩基表面出露地表，面积往往在几百平方公里以上。

　　岩株是一种规模比岩基小的侵入体，向下呈柱状，出露面积约数十平方公里。

　　浅成侵入体的产状复杂多样，岩性变化大，侵入体的规模较小。主要形式有岩盘（岩盖）、岩床、岩墙等（图）。

　　岩盘（岩盖）是规模不大的一种上凸下平的透镜状侵入体。

　　岩床是一种与围岩岩层平行的板状侵入体，厚度 1m 至数十米不等。

　　岩墙侵入体呈墙状。它是岩浆沿岩层的破裂面侵入而成，与围岩的层面斜交，厚度几厘米至几千米，长几十米至几十千米。个体较小的岩墙称为岩脉。

　　2. 岩浆岩的矿物组成

　　组成岩浆岩的矿物成分十分复杂，主要有石英、正长石（钾长石）、斜长石（钠斜长石、钙斜长石）、角闪石、辉石、橄榄石、黑云母等。前三种矿物 SiO_2、Al_2O_3 含量高，颜色浅，统称为浅色矿物；后几种矿物中 FeO、MgO 含量高，硅、铝含量少，所以矿物颜色较深，称为暗色矿物。地壳中矿物以硅、铝的氧化物为主，其中尤以 SiO_2 含量最高。因此可根据岩浆岩中 SiO_2 含量变化划分岩浆岩的种类。在一般情况下，岩石中 SiO_2 含量高，浅色矿物就多，暗色矿物相对较少，岩石中 SiO_2 含量低，浅色矿物含量就少，暗色矿物相对增多。表 1－1 是根据 SiO_2 含量所划分的岩浆岩类型。

岩石性质对地貌形态的明显影响，主要表现在下列几方面：

一、岩石组成成分的影响

岩石的组成成分不同，其对地貌的影响不同。

（一）岩浆岩

组成岩浆岩的不同矿物成分，性质各不相同。由数种性质差异悬殊的矿物组成的岩石，对风化侵蚀作用的抵抗能力不一，所以相对地讲是很不稳定的。例如由石英、长石、云母等矿物组成的花岗岩，未经风化时质地非常坚硬，但是在湿热气候条件下长石很易风化，一旦长石被风化，就使花岗岩解体。

酸性熔岩（如安山岩、流纹岩和粗面岩等），化学成分中的 SiO_2 含量高，故粘性大，不易流动，加上温度低，其冷凝速度快。基性熔岩（玄武岩）化学成分中的 SiO_2 含量较少，故粘性小，易流动，加上温度高，其冷凝速度慢。所以两者在火山地貌形态上有明显的差别。

（二）沉积岩

在碎屑沉积岩中，矿物成分是指碎屑组成和胶结物的成分。由于岩石经历长时期的风化、搬运过程，因此，沉积岩的碎屑组成大多是比较稳定的难以风化的物质。碎屑沉积岩中最常见的是由砂粒组成的砂岩和由粘土矿物组成的页岩，两者构成的地貌形态有明显的不同，坚硬的砂岩常成山地，软弱的页岩则成谷地。碎屑沉积岩的胶结物质性质对岩石抗风化能力有很大影响，其中以硅质胶结最强，铁质和钙质次之，泥质最弱。对于化学风化作用抵抗最弱者是钙质胶结的岩石。

属于化学沉积岩与生物沉积岩的石灰岩，其主要矿物成分是碳酸钙，在含有二氧化碳的水的作用下，易于溶解，形成岩溶地貌。但同属碳酸盐类的岩石——白云岩，由于含有碳酸镁，降低了岩石的溶解度，因此岩溶地貌发育的规模和速度远不如石灰岩地区。

（三）变质岩

千枚岩硬度很小，抗风化能力差，易被侵蚀。石英岩，对物理风化和化学风化的抵抗力很强，不易侵蚀，所以在石英岩出露的地方，地面起伏形态常明显地反映出地质构造特征，与周围其它岩石组成的地面接触界线分明。在某些地方，河流沿石英岩节理侵蚀，形成悬崖峭壁的峡谷地貌。例如广东北部武水上游的乐昌峡，谷地两坡坡度在60°以上，谷底与山顶高差达 800～900m。

岩石成分对地貌的影响，在那些经历了长时期剥蚀的地区表现最明显。在"年轻"的山区，地面起伏主要还是受构造的控制，岩性较软的岩层可能出现在高处，但是经历了长期剥蚀，这种现象将逐渐被破坏乃至消灭，随之将出现岩石性质控制地面起伏的现象。例如武汉地区，除了现代冲积层外，出露地面的岩层是石英砂岩、燧石层（硅质沉积岩）、页岩。石英砂岩质地最坚硬，组成武汉附近最高一级地貌——绝对高程为 100～150m 的丘陵。燧石层虽然亦很坚硬，但层薄质脆，在抵抗风化和侵蚀能力方面相对较差，构成绝对高程80m左右的小丘。页岩质地最软，构成武汉地区谷地和绝对高程 40～60m 的阶地。岩性与地貌的关系反映非常清楚。

二、岩石孔隙和裂隙的影响

岩石的孔隙和裂隙，一部分是在岩石形成过程中产生的，一部分是岩石形成以后受地壳运动的作用产生的。

（一）孔隙度

岩石的孔隙以孔隙度表示，即单位岩石体积内气孔空间所占百分比。砂岩比页岩孔隙度大，是透水的岩石。页岩由微小的粘土颗粒组成，孔隙度很小，是不透水岩石。因此，在相同的自然条件下，页岩地区地面切割密度大于砂岩地区。

岩石孔隙度对岩石抗侵蚀能力有一定影响。孔隙度大的岩石，风化作用及其它外力作用可以通过裂隙深入到岩体内部，加速岩石崩解。如石英岩与砂岩，两者均以石英矿物为主要成分，但是石英岩质地致密，孔隙度小，而砂岩的结构相对较为松散，孔隙度大，因此砂岩抵抗风化能力就不如石英岩强。又如页岩和板岩，前者经变质作用后形成坚硬的板岩，抗机械风化能力大大超过页岩。

岩石孔隙度影响地表径流，从而对斜坡形态有一定影响。孔隙度大的岩石所组成的斜坡，由于透水性能良好，减小了地表的侵蚀破坏，可以保持较陡的坡度。孔隙度小、透水性差的岩石组成的斜坡，往往具有和缓的坡度。

（二）裂隙度

裂隙是一切岩石普通存在的构造现象，以裂隙度（岩石中裂隙总体积占所在岩石整个体积的百分比）表示。

由岩浆冷却凝固时体积收缩或岩石受地壳运动以及其它外力作用而产生的有规律的裂缝（破裂）叫节理。节理是岩石的薄弱环节，它为一切外力作用的进行提供了有利条件。节理使岩石与空气和水接触的表面积增大，从而加速了物理、化学风化作用的进行。

如图 1-6 所示：一块 10m 见方的岩石，受风化的表面积为 $500m^2$（图 a，底面除外）。假定节理发育更密集，直交节理距离缩小到 5m，这时岩石与大气接触的面积进一步扩大，一块 10m 见方的岩块受风化作用的表面积可达到 $1100m^2$（图 b，原底面除外）。

岩石中的节理部是成组出现的，相互交叉组成节理系统。它们常控制地面沟谷延伸方向和区域沟谷网平面图形。在厚层砂岩和块状岩浆岩地区，风化作用

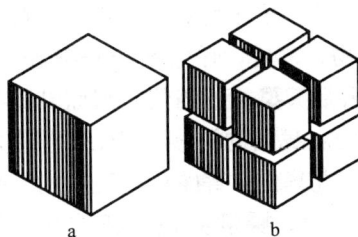

图 1-6 岩石破裂表面积关系示意图

沿着几组交叉节理从岩块的边缘向岩体内部发展，形成圆球形或椭球形的岩块，这种风化现象称为球状风化。在岩石垂直节理发达的地区，外力破坏总是沿节理等薄弱环节进行，因此，山坡和谷壁常具有陡峻形态。

孔隙和裂隙的存在使外力作用对岩石的破坏不仅在表面进行，而且深入到岩体内部。在可溶性岩石地区，岩石的孔隙和裂隙是岩溶作用强烈进行的地方，因此发育了各种岩溶地貌形态。所以，可溶性岩石裂隙与孔隙的发育程度对岩溶地貌发育的速度和地貌形态特征都有直接影响。

三、岩石产状的影响

岩石的产状特征一部分是原生的，即当岩石形成时就已存在，如沉积岩岩层的厚度，另一部分是岩石形成后受地壳运动作用造成的，如倾斜岩层和其它形式。严格说来，岩石产状是地壳运动产生的构造因素。在这里我们把它作为岩石的物理性质的一个方面来讨论。

沉积物的类型也就复杂多变。相反，一个地区的地壳运动相对稳定，沉积类型也较简单。就同一岩性来说，如浅海沉积的页岩，若其厚度达几百米或上千米，超过了浅海深度（<200m）的条件，这就表明当时当地的地壳下降幅度很大，反之，如果当地的岩层厚度比相邻地区同一岩层为薄甚至缺失，这就表明该地区相对的上升幅度较大，甚至曾露出地表。

二、地层的接触关系

地层是在一定地质阶段形成的具有一定先后顺序的岩石的组合。换言之，地壳表层成带状展布的层状岩石叫地层，地层包括各个不同地质年代所形成的沉积岩、变质岩和岩浆岩。铺盖在原始地壳上的层层叠叠的地层，是一部地球几十亿年演变发展留下的"石头大书"，这部"石头大书"可以告诉我们风景地貌的演化历史。

地层的接触关系是地壳运动最明显最综合的表现。常见的有整合、假整合和不整合三类。

（一）整合

指相邻新老地层产状完全一致且相互平行，地层时代连续。这种关系反映当时当地没有发生显著的升降差异运动，即两种地层是在构造运动持续下降或上升而未中断的情况下形成的。

（二）假整合（平行不整合，图2-2a）

两相邻套地层产状平行但时代不连续，即其间有地层缺失。这种关系表明曾发生过显著的上升运动，致使沉积作用一度中断，而后的下沉又沉积了上覆新地层。

（三）不整合（角度不整合，图2-2b）

上下两地层产状既不一致，时代也不连续，其间亦有地层缺失。这反映地层沉积后曾发生过显著的水平运动（褶皱）和上升运动（受剥蚀），中断沉积后它又下沉接受沉积，形成了上覆新地层。

a 不平行整合   b 角度不整合

图2-2 不整合示意图

在嵩山群峰的陡峭崖壁上，我们常常可以看到这样的剖面：上、下两部分的岩石及其构造截然不同，这正是一幕造山运动前后的地质遗迹之间的差异，它们之间的界面即"不整合面"（图2-3），正是通过对这些典型剖面上的不整合面的研究，才确定了嵩山在远古地质时代中曾经历的多次造山运动，而嵩山也成了记载这些历史的珍贵书卷和许多地质学子与研究者们的皓首穷经之地。

（四）侵入接触

指侵入体与围岩的接触关系。侵入体边缘有捕房体，接触带界面不规则，围岩有变质现象，表明围岩形成在先，岩浆活动或构造运动在后，即围岩老而侵入体新。

图2－3　嵩阳运动形式的角度不整合登峰群（嵩山群）

（五）侵入体的沉积接触

指后期沉积岩覆于前期侵入体形成的剥蚀面之上的接触关系。表明侵入体形成后因构造上升而遭受剥蚀，而后下沉堆积了上覆新地层，上覆地层年轻而侵入体老。

第二节　地质年代及地壳的演变

地质年代指地壳上不同年代的岩石在形成过程中的时间和顺序。

地层是研究一切地质问题的基础，确定地层的年代是进一步研究当地地质构造、地壳运动、山川的来龙去脉以至矿产形成的过程等的必需步骤，也就是说，研究风景地貌时，地层的年代，对了解各地层之间的先后或新老确定是十分重要的。

一、地质年代的概念

地壳在各种内外动力作用下，经常出现组成、结构和构造以及外表形态的变化。一系列变化构成的连续事件可以清晰地反映地壳演化的历史。通常以地质年代表示地壳演化的时间和顺序，而地质年代有相对年代和绝对年代之分。

（一）相对年代法（古生物地层法）

许多地质事件，如火山喷发、河并切割、沉积物的形成、岩层的变形等，都可以根据最简单的原理，确定其有关岩石记录的相对新老。主要根据以下三条基本原则和定律：

1. 基本原理

（1）地层层序律　沉积岩和喷出岩等成层产出的岩石，其原始产状是水平或接近水平的，沉积或喷发物质层层叠置，较老的岩层一定在下面，较新的岩层一定在上面。即使以后受构造运动影响，岩层发生变形变位，只要二者未分开，未倒转，上面的岩层一定比下面的新。

（2）生物群世系原理　岩石中的生物遗体（多已石化）和遗迹称为"化石"（fossil），化石是岩层中保留下来的古生物记录。这些生物化石是地质历史的见证者，是大自然的义务记录员。因为生物进化总是由低级向高级发展：如前寒武纪以叠层石、藻类为主；古生代以三叶虫、笔石、腕足类、珊瑚类为主；中生代则以裸子植物、高等动物（鱼类、两栖类、爬行类等）为主（侏罗至白亚纪可以说是巨大爬行动物——恐龙的时代）；新生代动植物化石更加复杂、多样、高等，这种演化规律是不可逆的，即不同时期的地层便有不同的化石相对应，由此可利用一些演化较快、存在时间短、分布较广泛、特征较明显的生物化石种或生物化石组合，作为划分相对地质年代的依据。每一地质时代以共种标准化石或化石组合作为标志。这样，地质学家就可根据化石的种类、形态来判断地层的新老关系，区分出各种不同地质年代的地层结构。比方说，在今天的大海里生存着许多海生动物，每种海生动物对生活环境（如温度、光照、水深等）都有不同的要求。如果我们今天在远离海洋的太行山某一地层中发现了与现代类同的海生动物的化石及海洋沉积物，那么可以肯定，在那久远的过去，这里必然是一片汪洋大海，并可由此推断出当时海洋的一些大致情况。

（3）地质体和地质界面的相互关系　这一原理主要用于岩浆岩，一种岩浆岩穿插、贯入另一种岩石，则显然被穿插的岩石形成较早（图2－4）。岩浆岩周围的"围岩"如在接触带附近有受焙烤、变质等现象，也表明围岩形成在先，岩浆侵入在后。捕虏体为岩浆片中捕获的周围岩石碎块，也可以帮助解决相对时代关系。类似的还有沉积岩中砾岩的砾石，显然砾石所代表的岩石一定比砾岩生成在先。

这一原则同样可推广用于一般地质界面，如根据断裂间切割关系确定不同断裂形成顺序等。

上述地层层序律和生物世系原理主要适用于沉积岩，加上地质体的相互关系就可以推广到确定其它岩石和地质事件的相对顺序。在实际地质工作中，也总是首先将各种沉积岩的相对年代确定下来，然后以其作为时间的已知标志，去分析判别其它岩石和地质事件的相对年代。所以，划分和测定地层

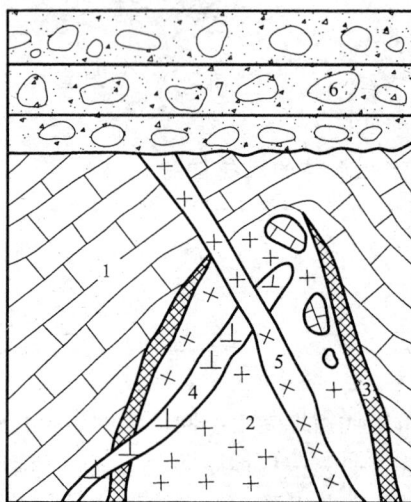

图2－4　运用切割律确定岩石形成顺序

1. 石灰岩，最早形成; 2. 花岗岩，形成晚于石灰岩; 并有石灰岩捕虏体; 3. 矽卡岩，形成时间同花岗岩; 4. 闪长岩，晚于花岗岩形成; 5. 辉绿岩，晚于闪长岩形成; 6. 砾石，早于砾石层形成; 7. 砾岩层，最晚形成

时代绝非只是为了研究沉积作用和沉积岩，同时也是为了得到一套能够度量构造运动、岩浆作用等地质事件时间的"标尺"，后者常常比沉积岩时代问题本身的意义更为重要。

2. 地质年代表及与地质年代相应的地层单位

人们根据古生物的演化过程，把地球的发展历史分成两大阶段，即生物尚处在发生阶段，地层中几乎没有化石或者化石还很稀少的时期叫隐生宙；生物大量发展，地层中化石较多的时期，叫显生宙。又按生物大类明显演变阶段，把隐生宙分为太古代（也叫始生代，即生物开始发生的时代）和元古代（也叫原生代，即原始生物发展的时代）。显生宙又分成古生代（古老生物时代）、中生代（中间类型生物时代）和新生代（新生生物类型时代）。把每一个代还可分成几个纪，每一个纪又分成三个（早、中、晚）或两个世（二叠纪、白垩纪和第三纪只按早、晚世分），世下面又分成几个期。这种宙、代、纪、世、期，就组成了地质年代表中的纪年单位，如同我国历史纪年中的朝代一样。但是研究人类历史可根据历代的文字记录，而研究地球的历史却没有文字可查的，地质工作者就巧妙地利用保存在地层中的化石，它好像书

中的文字，能告诉人们哪些地层新、哪些地层老，但它却无法说出确切的时间概念。用同位素年龄法相配合，就能把地球各阶段经历的时间和生物演化相对应起来。经过将近一个世纪的研究，终于建立起全球性的地质年代表（见表2−1）。

表2−1　地质年代及地壳发展历史简表

地质时代（地层系统及代号）				同位素年龄值（百万年）	生物界		构造阶段（及构造运动）	
宙（宇）	代（界）	纪（系）	世（统）		植物	动物		
显生宙（宇）	新生代（界Kz）	第四纪（系Q）	全新世（统Qh）		被子植物繁盛	出人现类↑ 哺乳动物与鸟类繁盛	（喜马拉雅构造阶段）新阿尔卑斯构造阶段	
			更新世（统Qp）	2				
		第三纪（系R）晚第三纪（系N）	上新世（统N₂）					
			中新世（统N₁）	26				
		早第三纪（系E）	渐新世（统E₃）					
			始新世（统E₂）					
			古新世（统E₁）	65				
	中生代（界Mz）	白垩纪（系K）	晚白垩世（统K₂）		裸子植物繁盛	爬行动物繁盛 无脊椎动物继续演化发展	老阿尔卑斯构造阶段	燕山构造阶段
			早白垩世（统K₁）	137				
		侏罗纪（系J）	晚侏罗世（统J₃）					
			中侏罗世（统J₂）				印支构造阶段
			早侏罗世（统J₁）	195				
		三叠纪（系T）	晚三叠世（统T₃）					
			中三叠世（统T₂）					
			早三叠世（统T₁）	230				
	古生代（界Pz）	二叠纪（系P）	晚二叠世（统P₂）		裸子植物繁盛 蕨类及原始	两栖动物繁盛	（海西）华力西构造阶段	
			早二叠世（统P₁）	285				
		石炭纪（系C）	晚石炭世（统C₃）					
			中石炭世（统C₂）			鱼类繁盛		
			早石炭世（统C₁）	350				
		泥盆纪（系D）	晚泥盆世（统D₃）		裸蕨植物繁盛			
			中泥盆世（统D₂）					
			早泥盆世（统D₁）	400		海生无脊椎动物繁盛	加里东构造阶段	
		志留纪（系S）	晚志留世（统S₃）					
			中志留世（统S₂）					
			早志留世（统S₁）	435				
		奥陶纪（系O）	晚奥陶世（统O₃）					
			中奥陶世（统O₂）					
			早奥陶世（统O₁）	500				
		寒武纪（系∈）	晚寒武世（统∈₃）		藻类及菌类植物繁盛			
			中寒武世（统∈₂）					
			早寒武世（统∈₁）	570				
隐生宙（宇）	元古代（界Pt）晚元古代（界Pt₃）	震旦纪（系Z）	晚震旦世（统Z₂）			裸露无脊椎动物出现	晋宁运动	
			早震旦世（统Z₁）	800				
	中元古代（界Pt₂）			1000				
				1900			吕梁运动	
	早元古代（界Pt₁）						五台运动	
							阜平运动	
				2500				
	太古代（界Ar）					生命现象开始出现		
				4600			地球形成	

注　据李亚美等《地质年代表》修改。

与地质时代单位相应的地层单位称宇、界、系、统、阶等(见表2-2)。

表2-2 年代地层单位与地质年代单位关系

年代地层单位	地质年代单位
宇	宙
界	代
系	纪
统	世
阶	期
时间带	时

(二)绝对年代法

地质历史的相对年代只能确定地质事件的时间次序,不能确定其发生的具体时间。而绝对年代法是通过矿物或岩石的放射性同位素的测定,并按放射性蜕变定律计算出其具体年龄,用数量时间单位来表示。

放射性同位素测年原理如下:岩石中含有的放射性元素,无时无刻不在释放能量,蜕变成稳定元素,如 $U^{238} \to Pb^{206} + 8He$;$U \to Pb + 7He$;$Th \to Pb + 6He$;$K \to Ar$;$Rb \to Sr$;$C^{14} \to N^{14}$。它们在变化过程中以自己恒定的速度进行,不受外界外境的影响。例如1克放射性铀经过45亿年后,只剩下半克铀和蜕变后的稳定元素铝和氦。所以如果测出岩石中已知放射性元素的含量及蜕变成稳定元素的含量,就能计算出含放射性元素的地层年龄。通常所说地球年龄为46亿年,就是用这个方法测定的。

岩石中常含有放射性元素,若所含某一种放射性元素,开始时有 No 个原子,由于衰变现在只剩下 N 个原子,产生新元素的原子数 $D = No - N$,如果测出岩石中已知放射性元素的 N 及其衰变产物新元素 D,则可按下列公式求出岩石形成的年龄 t:

$$t = \frac{1}{\lambda} \ln\left(1 + \frac{D}{N}\right)$$

式中:λ 为该放射性元素的衰变常数,普通形式的放射性衰变以恒定速率进行,不受环境影响;t 为岩石生成的绝对年龄,通常以百万年为单位。

同位素年龄测定法有多种,如 U—Th—Pb 法、K—Ar 法、Rb—Sr 法、Sm—Nb 法、C^{14} 法等。其中有些适用于较长年代的测定,有的适用于较短年代的测定。

(三)与地球演变有关的几种地质年龄概念

现在地壳中最古老的岩石为格陵兰西南部的阿尔曹库正片麻岩,年龄为 3980 ± 170 百万年(Rb—Sr 法)或 3620 ± 100 万年(Pb 法测定)。这表明,在 $30 \times 10^8 \sim 40 \times 10^8$ 年之前地球就已经有了质轻的花岗岩地壳。通过铅、锶等同位素蜕变规律推算,有的认为地壳的年龄约为 45.6×10^8。根据陨石、月岩(壤)和地壳古老岩石所测定的数据估算也发现,其年龄大致在 46×10^8 年左右。由此可见,原始地球形成的时间比地壳年龄早,大致为 $50 \times 10^8 \sim 7 \times 10^8$ 年。因为由冷的星际固体物质积聚而成的原始地球,需经长期变热和重力分异才能形成地壳、地幔和地核。

地球上发现的最早的生物化石是南非和澳大利亚的似蓝藻化石和杆状细菌微化石,其年

龄分别为 $32 \times 10^8 \sim 33 \times 10^8$ 年和 $30 \times 10^8 \sim 31 \times 10^8$ 年，由此可见，在 30×10^8 年前地球上便出现了早期的生命形式——原核生物。

综上所述，与地壳早期演化有关的几种年龄如下：

地球物质（尤其重化学元素）形成的年龄早于地球的年龄；

地球形成的年龄约为 $50 \times 10^8 \sim 70 \times 10^8$ 年；

地壳形成的年龄约为 46×10^8 年；

现有最古老的岩石年龄为 $30 \times 10^8 \sim 40 \times 10^8$ 年；

已知最早的生物化石的年龄为 30×10^8 年左右。

我国泰山杂岩的年龄为 $26 \times 10^8 \sim 28 \times 10^8$ 年。

二、地壳演化简史和古地理概貌

(一) 太古代（距今约 25×10^8 年前）

太古代是地质年代中最古老、历时最长的一个代，即原始地壳以及原始大气圈、水圈、沉积圈和生物的发生、发展的初期阶段。

太古界的地层由变质深的正、副片麻岩组成。已知其中最古老的年龄为 40×10^8 年。据此认为，在此之前地球便出现了小型的花岗岩质地壳。由沉积岩变质而成的副片麻岩的出现，说明当时有了原始大气圈和水圈，并有单纯的物理化学风化。在这些结晶变质岩基底上覆盖着一层变质较轻的绿岩带，其年龄为 $34 \times 10^8 \sim 23 \times 10^8$ 年间。据推测，太古代早期地球表面有许多小花岗质陆块，它们之间有深浅多变的古海洋。后来各小陆块在移运中结合成面积较大的大陆板块。这些最古老的陆块现散布于各大陆中，即通常所说的稳定陆块的核心——克拉通或古地盾区。

太古代的地壳运动和岩浆活动既广泛又强烈，火山喷发频繁，故使大气圈和水圈才得以形成。原始海洋的面积可能比现在大，但平均水深则浅得多。当时的大气圈可能富含碳酸气、水蒸汽和火山尘埃，只有少量的氮和非生物成因的氧。海水也是酸性矿化水（后来才逐渐被中和），陆地是灼热的，荒芜的。在某些适宜的浅海环境中，有些无机物质经过化学演化跃变为有机物质（蛋白质和核酸），进而发展为有生命的原核细胞，构成一些形态简单的无真正细胞核的细菌和蓝藻（20 世纪后半期科学家们在太古代变质程度不太剧烈的沉积岩层中发现了叠层石，这是微生物和藻类活动的产物，图 2 - 6，图 2 - 7），这只是出现于太古代的后期。

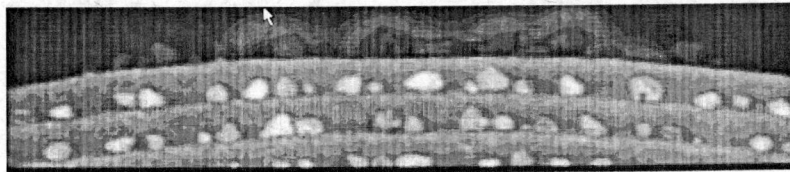

图 2 - 6　蓝藻的生长和叠层石的形成

总的来说，太古代是原始地理圈的形成阶段，陆地是原始荒漠景观，水域是生命孕育和发源之地。当时地壳与宇宙之间以及和地幔之间的物质能量交换比后来任何时候都强烈

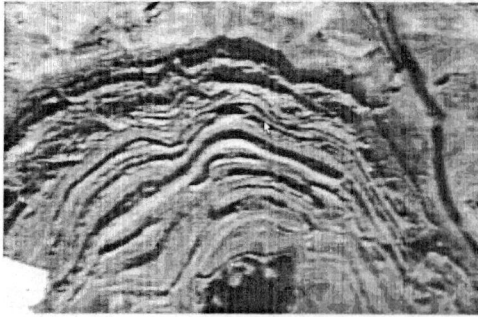

图 2-7 叠层石化石

得多。

（二）元古代（距今 $25 \times 10^8 \sim 6 \times 10^8$ 年）

在元古代，大陆性地壳逐渐由小变大，从薄增厚。火山活动相对减少，岩性也从偏基性向偏酸性转化。下元古界有巨厚的碎屑堆积，大有利于强烈的花岗岩化活动及导致大型侵入体的形成。由于大气中 CO_2 浓度降低和水中 Ca、Mg 离子增多，开始出现有化学沉积的碳酸盐岩，直接影响到岩浆过程的演化，导致碱性派生岩的出现，随着游离氧的增加，大气开始转化为氧化环境；全球进入第一次大冰期。

这时原核生物已进化为真核生物，嫌气生物转化为喜氧生物（这个转折点称尤里点，发生于大气中氧含量增至当前大气中氧浓度的千分之一的时候），物种数量也从少增多。植物得到第一次大发展，出现了数量较多的能进行光合作用与呼吸作用的较原始的低等植物，如绿藻、轮藻、褐藻、红藻等。晚期，原始动物也出现了。澳洲的伊迪卡拉动物群中已有海绵、水母、节虫、扁虫及软体珊瑚等水生无脊索动物化石。北美则有海绵骨针化石。

元古代有多次地壳运动，较广泛的有我国的五台运动，吕梁运动、澄江运动、蓟县运动等；北美的克诺勒运动、哈德逊运动、格伦维尔运动、贝尔特运动等。历次造山运动形成的褶皱带都使原有的小陆块逐渐拼合在一起成为古陆，后来都成为各大陆的古老褶皱基底和核心。

总之，包括太古代与元古代在内的隐生宙最重要的事件，一是生命的出现并开始走向繁荣；二是原始大气圈与水圈成分开始向现代成分转变；三是形成了陆核与地盾。为地壳乃至地理环境未来发展奠定基础。

（三）古生代（距今 $6 \times 10^8 \sim 2 \times 10^8$ 年）

古生代包括寒武纪、奥陶纪、志留纪、泥盆纪、石炭纪和二叠纪。此期间大陆历经分合。在元古代末期（晚前寒武纪），各分散陆块曾联合组成泛大陆，寒武纪时泛大陆发生分裂，在南部成为冈瓦纳大陆，北部分为北美、欧洲和亚洲三个大陆，彼此间被前海西海、前加里东海、前乌拉尔海和前特提斯海（前古地中海）所分隔。奥陶纪末开始发生加里东造山运动。至泥盆纪时，前加里东地槽已褶皱成山，古欧洲与北美合成一块大陆。晚石炭纪时经海西运动后，前海西地槽消失了，使欧美大陆与冈瓦纳大陆合并。至晚二叠纪，前乌拉尔海也消失了，亚欧大陆形成，全球又成为一个新的泛大陆（图 2-8）。

我国扬子古陆在元古代后期曾是冈瓦纳古陆的一部分，大致位于现在印度洋北部，后从冈瓦纳古陆分裂出来并向北漂移，至晚古生代才与中朝古陆碰撞合并在一起，两者之间的秦岭——淮阳山地是个地缝合线（王荃等，1979）。近年来在这里也发现了蛇绿岩套岩层（由蛇纹岩、橄榄岩、辉长岩及枕状基性火山岩等组成的、属于洋壳和地壳喷出的岩层，它是代表大陆缝合线的指示岩层）。

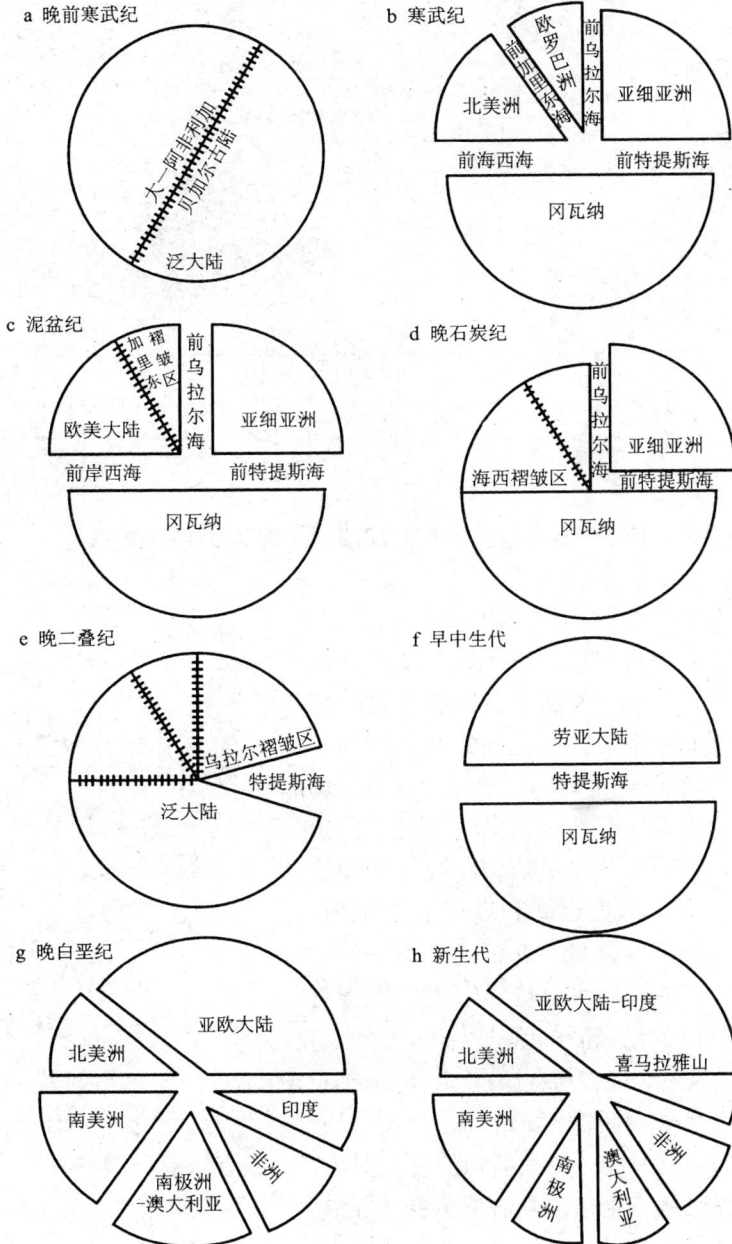

图2-8 7×10⁸年来大陆的分合示意(据 Wilson)

各地质时代的地壳运动和海陆分合,对地理环境带来很大的变化:大陆分裂引起海侵,大陆合并引起海退;对生物演化也有重大的影响。如图2-9表明,自寒武纪以来大陆的分合和海生无脊索动物科数增减变化的对比情况。

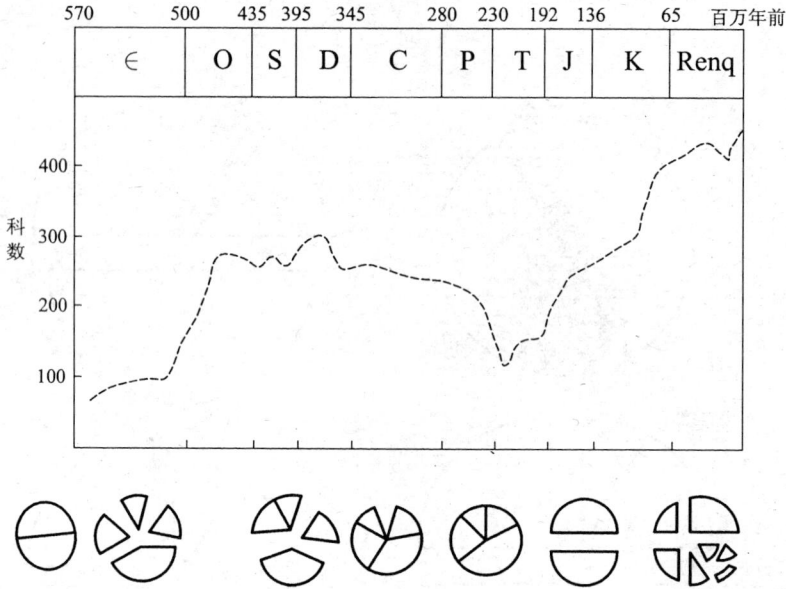

图 2 - 9 寒武纪至新生代海生无脊索动物科数增减图

在寒武纪，泛大陆发生分裂并引起海侵，大陆架广布，海生无脊索动物空前繁盛，节肢动物三叶虫与腕足类数量大增。海生植物也有向陆生植物过渡的迹象。如我国寒武系地区中发现的藻煤就是一例。奥陶纪海底广泛扩张，腕足类、角石、笔石、鹦鹉螺和珊瑚等成为世界性广布种（图 2 - 10）。原始鱼类——无颚鱼（甲胄鱼）出现。志留纪除海生动物继续大量发展外。后因地壳运动和环境变化剧烈，海生动物进入了大陆淡水区域，真正的鱼类——有颚鱼和适于岸边生长的具有水分输导组织的维管束植物也诞生了。自泥盆纪以后的晚古生代，大陆趋

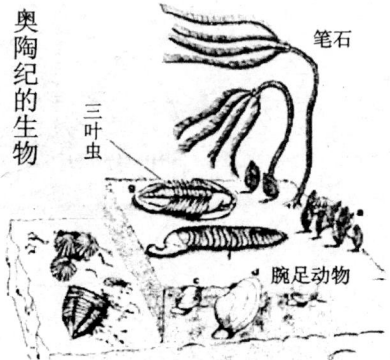

图 2 - 10 奥陶纪的生物

于合并，海退不断发生，许多海生无脊索动物的居留地消失，它们的种类和数量因而大减。相反，鱼类则全盛起来，陆生植物也日趋繁茂。地球表面从此结束了一片荒漠和无臭氧层的时代。至石炭、二叠纪又成为两栖动物的全盛时期，以致有"两栖动物时代"之称。爬行动物开始发展，植物界也从孢子植物发展成为裸子植物。以蕨类为主的大森林遍布大陆，成为地质历史上重要的造煤时期。

总之，古生代早期是海生无脊索动物与低等植物繁荣的时代，晚期则是植物及脊椎动物登上大陆的时代。

（四）中生代（距今 $2.3 \times 10^8 \sim 0.7 \times 10^8$ 年）

中生代包括三叠纪、侏罗纪和白垩纪。晚二叠纪泛大陆在晚三叠纪重新开始分裂，且一直延续到新生代。三叠——侏罗纪时北大西洋开始扩张，北美洲与非洲率先分裂，形成北部

亦很有名。

这些被誉为"天然地质博物馆"的地层剖面及其所含的古生物化石，在区域对比、基础理论研究等方面有着极其重要的意义。也为旅客提供了科学考察和观赏景点。

（二）"金钉子"

根据生物的不同发展阶段，地球有显著生命以来的历史可分为古生代（古老生物时代）、中生代（中期生物时代）和新生代（近代生物时代），每个时代所形成的岩石分别称为古生界、中生界和新生界，这三个界再分为 11 个系、30 多个统和近 100 个阶。为了制定统一的国际地质年代表，专家们必须为年代地层单位界线确定具体的划分标准，这个国际标准称为全球界线层型，它好比划分地球历史的里程碑，称为"金钉子"（Golden Spike）。"金钉子"名称来源于美国修铁路的历史。地质学上借用这一典故，把全球界线层型形象地称为"金钉子"，体现了全球界线层型的真实含义和它在年代地层划分上的重要地位和永久性。

每个"金钉子"都是国际专家历时多年，考察世界各地的候选剖面后选定的。每个候选剖面都须经过由所在国科学家为主的国际工作组系统的研究和论证，并经国际地质科学联合会批准。我国的"金钉子"是我国几代科学家科考研究的成果。在一个国家建立"金钉子"和全球标准地层单位，不仅体现了领先国际的综合科研实力，更是国家的崇高荣誉。

被喻为"金钉子"的标准地层剖面，是一个地质年代起始阶段地层发育最完整、生物化石含量最丰富的地质剖面，它既是识别不同时期、不同等级地质年代的重要标志，也是开展地学研究、开发地球资源的地质样板和对比标准。"金钉子"的确定必须满足三个必要条件，即科学性、权威性和先进性。目前，我国仅取得了 4 个"金钉子"：即①浙江常山黄泥塘中奥陶统达瑞威尔阶界线层型；②浙江长兴煤山全球二叠系 – 三叠系界线层型标准剖面；③湖南花垣排碧中上寒武统全球界线层型剖面；④广西来宾二叠系吴家坪阶底界。位于湖北宜昌王家湾的奥陶纪地层剖面已完成大部分"金钉子"审批程序，正等待国际地科联最后批准，即将成为中国第 5 枚"金钉子"。此外，巢湖平顶山剖面也有望成为"金钉子"。

长兴地质"金钉子"

2001 年 3 月，国际地科联在阿根廷通过投票正式确认：中国浙江省长兴县煤山 D 剖面的 27c 层之底界的微小欣德刺牙形石（图 2 – 13）初现点是全球二叠系与三叠系分界的标准位置点（图 2 – 14）（即：二叠系与三叠系界线的"金钉子"）。该界线层型剖面是地球历史上最重要的三个断代界线之一，在国际地质学界具有至高地位。

全球二叠 – 三叠系界线层型完整地保存了 2.5 亿年前地球史上最大的一次生物灭绝事件的丰富信息，它对于了解地球历史、探求地球生物演化奥秘具有重要的意义。

长兴地质"金钉子"，即是二叠系 – 三叠系界线层型剖面，也是古生代 – 中生代的界线层型剖面。是大界限，这种"代"级剖面"金钉子"在全世界是不多的，所以这个界限很重要。2005 年 8 月 5 日，长兴地质遗迹保护区已被正式批准成为国家级地质遗迹自然保护区。

湖南花垣"金钉子"

位于排碧剖面花桥组底界之上 309.06m，与全球分布的球接子三叶虫 Glyptagnostus reticulatus 的首现一致。以我国地名命名的两个全球标准年代地层单位芙蓉统和排碧阶的共同底界由这个"金钉子"确定。芙蓉统和排碧阶是寒武系内部首批确立的全球标准年代地层单位。

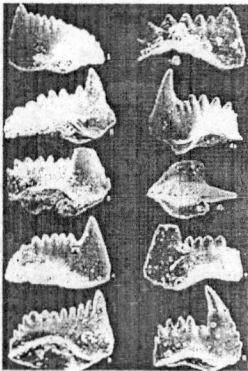

图 2-13 长兴微小欣德刺牙形石

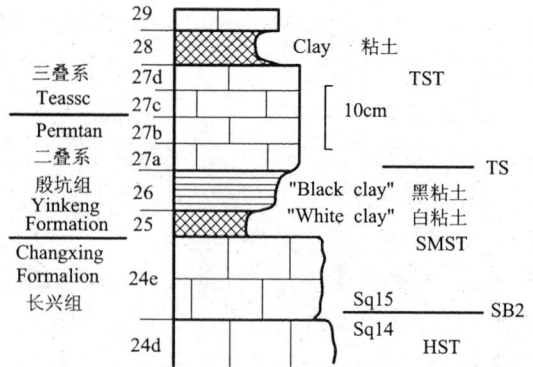

图 2-14 长兴煤山 D 剖面界线处素描图及简要说明

二、化石群

古生物化石指是人类史前地质历史时期形成并赋存于地层中的生物遗体和活动遗迹，包括植物、无脊椎动物、脊椎动物等化石及其遗迹化石。它是地球历史的见证，是研究生物起源和进化等的科学依据。古生物化石不同于文物，它是重要的地质遗迹，是我国宝贵的、不可再生的自然遗产。

古生物化石的综合价值主要有以下几点：

（1）它为国内乃至国际研究动植物生活习性、繁殖方式及当时的生态环境，提供十分珍贵的实物证据；

（2）对研究地质时期古地理、古气候、地球的演变、生物的进化等具有不可估量的价值；

（3）探索地球上生物的大批死亡、灭绝事件研究，提供罕见的实体及实地。

（4）有些特殊、特形化石其本身或经加工具有极高的美学欣赏价值和收藏价值，因此，在一定意义上，它也是一种重要的地质旅游资源和旅游商品资源。

我国是古生物化石比较发育的国家之一，几乎遍及全国各地。特别是近年来先后发现的河南南阳、湖北郧阳、内蒙古二连恐龙蛋及骨骼化石，辽西的鸟化石，云南澄江动物群化石、山东山旺动、植物等珍稀的古生物化石，受到国际上特别是科学界的广泛青睐。

"澄江动物化石群"保存了早寒武世（距今5.3亿年）40多个门类，100余种动物的化石（图2-15）。其中有海绵动物、腔肠动物、软体动物、节肢动物（图2-16）和疑难动物化石等。由于埋藏地质条件特殊，不但保存了生物硬体化石，而且保存了十分罕见精美的生物软

图 2-15 澄江部分动物化石复原图

体印痕化石。为人们研究寒武早期动物大爆发及这个
时期的动物生理结构、生活习性、系统演化、生态环境
提供了实物资料，是极为宝贵的地质遗迹。其与澳大利
亚"伊迪卡拉动物化石群"（距今5.8亿年）、加拿大"布
尔吉斯页岩动物化石群"（距今5.15亿年）并列为"地球
历史早期生物演化实例的三大奇迹"，被称为"二十世
纪最令人惊奇的发现之一"。

　　我国第二个国家级地质自然保护区山东山旺古生
物化石产地，是我国乃至东南亚地区中新世代表性植物
化石群产地。植物化石有苔藓、蕨类、裸子植物、被子
植物及藻类。除100种藻类外，其他植物有46科98属
143种，其数量之多堪称世界之最（其中有三分之一的
种属已灭绝）。它们在研究全球古生态、古气候、动植
物演化等方面有着重要的地位。被中外专家誉为研究
中新世的"综合实验室"。动物化石也非常多，动物化

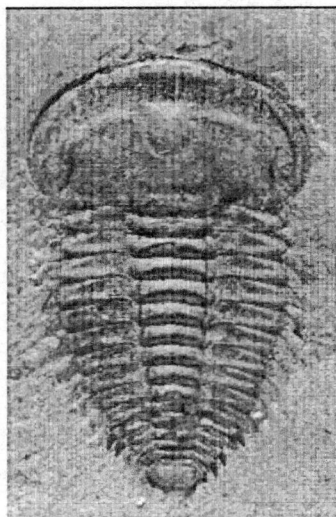

图 2 − 16　节肢动物：云南头虫

石包括昆虫、鱼、蜘蛛、两栖、爬行、鸟及哺乳动物。昆虫化石翅脉清晰，保存完整，有的还
保留绚丽的色彩，已研究鉴定的有11目46科100属182种。山旺鸟类化石是我国迄今为止
发现完整鸟化石最丰富的产地。三角原古鹿化石和东方祖熊化石是世界上中新世该化石保存最
完整的标本。动物化石中著名的有"山旺山东鸟"、"硅藻中华河鸭"、犀牛等化石。山旺化石从
保存的精美程度来说，也属于全国之最。例如发现蜘蛛足上的毛、爪及腹部的细毛，都清晰可
见，蜻蜓的翅脉，蝙蝠的翼膜，老鼠嘴旁的须毛都历历可辨。这在化石保存史上实属罕见。

　　山旺化石这样好的能保存下来，主要是因为山旺地区在地质构造上属于华北的稳定地
区。在距今1000多万年前，这里曾经是一片平静的湖泊，气候温湿，水里生长着大量的硅藻
（一种藻类微生物）；供水生生物的食料，陆上有丰富的植物，使栖息在这里的许多动物有安
居乐业的环境，所以不论是植物还是动物，都非常繁盛。当生物死后又能快速的埋藏起来，
使生物体和空气很快隔绝，就不易腐烂。同时周围的沉积物很细，所以能把生物的微细构造
全部保存下来。这里的地层不仅颗粒细，而且成层性好，形成像纸片状的页岩，这套地层就
象厚厚的一本书。人们称它为"万卷书"。在这本"万卷书"中每一页都展现出当时生物生动
的写照，为我们研究华北中新世生物面貌、古地理、古气候提供了重要的资料。

　　山旺化石在20世纪30年代已发现，并进行研究。现为国家地质公园。

　　"热河生物群"（辽西生物群）在国际上具有独特性、完整性、稀有性，是世界级的古生物
化石宝库，具有极其重要的科学研究价值。热河生物群繁盛的时间距今约1亿3千5百万年
左右，所包含的生物组合十分丰富，它囊括了白垩纪早期众多门类的陆相化石生物，包括鱼、
两栖类、爬行类、鸟类、哺乳类和古植物及其孢粉以及无脊椎动物类群中的双壳类、腹足类、
节肢类（包括虾类、昆虫类和蜘蛛类）、介形虫等等。其中，早期鸟类、带毛恐龙、原始哺乳
动物和早期被子植物的发现成为20世纪古生物学界最为重大发现的一部分，它们的研究成
果涉及现代生物界许多重要生物门类的起源和早期演化问题，为探讨地球陆相生态系统的演
变过程和规律也提供了难得的线索和例证。如"龙模鸟样"的带毛恐龙（中华龙鸟、原始祖鸟
等）的发现，使得更多的科学家相信，一些小型的兽脚类恐龙是恒温动物，鸟类则是从这些恒

温的小型兽脚类恐龙当中的某一种进化而来的。

辽西的中国鸟、朝阳鸟、华夏鸟、孔子鸟、辽宁鸟等一系列早期鸟类的发现和研究,打破了100多年来始祖鸟在鸟类起源研究领域一统天下的格局。因此,国外一位权威学者把这些发现誉为"中生代原始鸟类的灯塔",美国古鸟类学家马丁则说:"我们对早期鸟类演化的的了解,真正革命性的变化发生在中国最近的5年。它们的出现改写了鸟类进化的历史。"由于辽西朝阳已发现了最早的鸟类和开花的植物,朝阳因此被誉为"第一只鸟飞起的地方,第一朵花绽放的地方。"

四川自贡恐龙化石驰名中外,已发现有恐龙化石的地点50余处。其中,大山铺恐龙化石群、属种多、保存完整且集中。在发掘的2800m²范围内,各类恐龙及其伴生动物化石数以百计,组成"恐龙群",包括3个纲、11个目、15个科的十几个属种,有陆生、水生、两栖和空中飞行的古脊椎动物(5),附近还有长达23.3m的巨型乔木化石。

甘肃刘家峡恐龙国家地质公园以成群的恐龙足印为主体。刘家峡恐龙足印群,保存十分完整和清晰。同时,在同一岩层层面上保存有恐龙卧迹、层部拖痕及粪迹等,构成了足印、卧迹、拖痕和粪迹共存的场面。在710m²的岩层面上发现了8类30组270个足印,其中包括两类巨型蜥脚类、两类兽脚类、一类似鸟龙类和其他三类形态独特、尚未归属的足印,代表8个属种。在同地点出现如此多样的食植类和食肉类恐龙足印,在国内尚属首次,在世界上也极为罕见。刘家峡恐龙足印群中最大的一组蜥脚类足印后足印长150cm,宽120cm,前足印长70cm,宽110cm,步幅375cm,左右足印外侧缘间距345cm,为世界之最,而且该类足印前足小,后足大,前后足足印成对出现并有规律地部分叠覆,为国内外首次发现。公园内还发现了恐龙骨骼化石。为进一步研究恐龙的类别和研究足印遗迹与造迹生物之间的关系提供了重要线索。恐龙足印化石是研究恐龙生理和生活习性的珍贵材料,其形态、排列方式和组合特征能够真实地反映相当一部分生理特征和生活习性,如个体大小、四足或两足行走运动方式、群居或独居生活方式等,同时能够为研究恐龙生活环境和生物类别提供重要依据。由于恐龙类别多样,形态古怪,并以体躯巨大而著称,在成功地统治地球长达1.6亿年之后,以大约6500万年前全部消失。恐龙从发生到繁盛、从衰落到绝灭的整个演化过程充满着传奇和神秘色彩。

三、长江三峡地质旅游

通过地质旅游,人们可领略地球亿万年的沧桑巨变。

长江三峡不仅是一个风光秀丽、胜迹众多令游人留连忘返的旅游胜地,也是自然科学研究、观光和实习的自然宝库。当人们在欣赏和领略三峡鬼斧神工的自然风光的同时,顺便作一些野外地质考察,可探索和思考一些隐匿在旖旎风光中的微妙而奇秘的地质奥秘。1924年北京大学李四光教授,在三峡地区(湖北省宜昌市莲沱)工作后,确定了元古代震旦纪地层层序,后来成为国际公认的震旦系标准地层剖面。近30年来,每年都有多批次中外地学界的专家、教授、地质科技工作者和青少年朋友专程来三峡参观、考察、实习和旅游。1987年,在中国举行了三峡国际地质讨论会。1996年在中国成功地举办了第30届国际地质大会,长江三峡被遴选为最主要的地质剖面参观考察地段。

(一)"无字天书"旅游考察

岩石虽然无图无字,但其中隐匿着许多有关地球发展演化、古代生物形成演变及金银宝玉石生成的奥秘；由岩石矿物组成的高山峡谷，就像是一座巨厚的书山。

三峡地区最古老的地层叫"崆岭群"，据今已有28亿年历史，它的主要岩性以混合岩、片岩、片麻岩及大理岩组成，总厚度可达5 300余米。崆岭群主要出露在西陵峡美人沱及崆岭峡一带。此外，在长江三峡地区的石牌－美人沱一带，还出露有花岗岩、花岗闪长岩等岩浆岩侵入体。在崆岭群地层的上面覆盖的就是上元古界震旦系，距今已有6~8亿年历史，岩性以砂砾岩、碳质页岩、冰碛砂砾岩、磷块岩及白云岩组成，厚度多在1 000m左右。

震旦系是我国著名地质学家李四光教授于1924年在长江三峡工作时所命名，后成为国际地学界公认的标准地层剖面。震旦系地层中含有古老的海绵、小壳等远古动物化石，还含有较丰富的磷、锰、钒、银等矿产资源。元古界之上是古生界（由寒武、奥陶、志留、泥盆、石炭、二叠共六系组成）地层，距今已有6~2.5亿年历史，主要由石灰岩、白云岩、页岩、砂岩组成，总厚度约1 500~8 000余米。在石灰岩、白云岩及页岩中常含有丰富的三叶虫、头足类、腕足类、珊瑚、笔石及古植物化石，还含有煤、铁、锰、铝等矿产资源。震旦系标准剖面出露在宜昌市莲沱，古生界地层主要分布在香溪以东至美人沱以西，地貌上组成著名的兵书宝剑峡和牛肝马肺峡。

中生界地层位于古生界之上，由三叠、侏罗、白垩共三系组成，距今已有2.5~0.65亿年历史，岩性以棕红色砂泥岩及石灰岩为主，总厚度约为10 000~13 000余米，地层中含有恐龙类（包括恐龙蛋）、菊石、鱼类、龟鳖类及丰富的植物化石，主要矿产有煤、岩盐、石膏、石油及天然气等。中生界地层主要分布在秭归县香溪镇－奉节县白帝城一带。雄伟的瞿塘峡和神奇的巫峡神女峰，都是由三叠系中下部巨厚的石灰岩经长期风化、溶蚀以后形成的独特地质景观。

新生界位于中生代之上，由下第三系、上第三系和第四纪组成，岩性以红色、棕色砂泥岩、砾岩为主，厚度为2 000~3 000m，最后可达7 000余米，中生界主要分布在宜昌市南津关（白垩系）、秭归、巴东、巫山、奉节、兴山等地。新生界地层中含有丰富的鱼类、大熊猫、剑齿象、犀牛及古猿人类等化石，石膏、岩盐、石油及天然气为其主要矿产，著名的江汉油田就产于新生界第三系地层中；新生界主要分布当阳、枝江等地。

（二）远古时代的古生物化石探秘

长江三峡地区从元古代至新生代沉积地层比较发育，各种岩石类型也较齐全，累计厚度最大可达两万余米。如果在野外认真仔细观察出露的地层岩石，可以从中发现许多精美珍贵的古生物化石。长江三峡地区从老至新可能发现的主要古生物化石如下：

1. 古老的藻类叠层石化石

主要产自西陵峡中震旦系上部灯影灰岩中，在宜昌市至三峡工程大坝的途中（长江北岸的灯影峡地段），就有可能在灯影灰岩中发现这种古老而稀有的古生物化石。叠层石是元古时期由蓝藻在生命活动中留下的遗迹，常形成一层层的不规则同心圆状结构，因而被命名为叠层石。叠层石形态有锥状、柱状、层状及球状等，常出现在碳酸盐岩中。叠层石距今已有6~8亿年历史。

2. 最早的动物三叶虫化石

三叶虫属大自然中种类最多的节肢动物；其主要种类有三叶虫纲、甲壳纲、多足纲、昆虫纲等。三叶虫是一种生活在距今6~2.5亿年前古代海洋中的动物，现在早已绝灭。三叶虫个体最小时仅1cm，最大可达70cm。从寒武纪至二叠系都可以找到它的踪迹；二叠系以后

大的恐龙体长约 40m,体重最大可达 70 吨(腕龙是是其中之一);最小的恐龙是产自中国贵州和辽宁,它的身长最小仅 18~25cm,属于三叠纪或白垩纪的幻龙类,距今 2.1~2.4 亿年。长江三峡地区的秭归至奉节江段及远安、当阳等地,中生界地层分布广泛,极有可能发现恐龙和恐龙蛋化石。唐开疆先生 1963 年曾在远安县新开的公路边三叠系石灰岩碎块中,采集到一块长约 30cm 的小恐龙化石;另外,在宜昌市对岸的白垩系地层组成的红色岩系中,相传也曾发现过恐龙蛋化石。小恐龙化石和恐龙蛋化石是十分珍贵稀有而有限的化石。

13. 高等级哺乳动物化石

自然界的生物发展演化已经有 30 多亿年历史,时至今天生物界最高等的动物就是哺乳胎生动物。哺乳动物属脊椎动物门中的哺乳纲,其下又分为始兽、原兽、异兽及真兽共四个亚纲,再下面又分为许多目、科、属、种。其中有大熊猫、剑齿虎、巨貘、剑齿象、柯氏熊、中国犀、野猪及鳄鱼等动物化石。这些化石的地质时代多属晚第三纪的古脊椎动物,距今已有 200~2 000 万年历史、在长江三峡地区凡是有上第三系分布的地区,如当阳、枝江、枝城等地带,都有望发现和采集到包括古猿人在内的哺乳类动物化石。

14. 人类的祖先 – 古猿人化石

自然界的猴类、猿类及古人类都属于哺乳动物中的灵长目。据生物学家研究,现代人是从森林古猿 – 拉玛猿 – 能人 – 猿人,最后才发展进化成现代人。猿(包括猩猩)的形态、结构与人类的亲缘关系十分相近,都是灵长目中最具智慧的高等动物。森林古猿最先于 1856 年发现于法国中新统地层中,距今已有 600~2 000 万年;拉玛古猿于 1932 年发现于印度中新统;能人于 1960 年发现于坦桑尼亚,距今约 180 万年的第四纪早期;巫山猿人于 1985 年发现于中国长江三峡地区的巫山县龙骨坡,距今 170~205 万年。

长江三峡地区的古人类化石丰富,1956~1985 年间,先后在巫山龙洞坡遗址发掘出多颗猿人牙齿和牙床,又在建始县高店子一穿山洞中发掘出很多颗古猿牙齿,同时出土的还有熊、虎、牛、兔、等丰富的动物化石碎片。

15. 丰富秀美的植物化石

自然界的生物化石分为动物和植物两大类,远古的植物化石又分为古藻(包括蓝、绿、钙、硅、轮藻等)类、苔藓类、蕨类、裸子及被子植物等门类。在漫长的地质史中,植物的演化是从简单而低级的菌藻向复杂而高级的被子植物进化。研究古代植物化石是推断古地理、古气候的极好标志,同时也是划分对比陆相地层的主要地质依据之一。

长江三峡地区植物化石丰富,几种常见或较容易采集植物化石标本的地方有:①长江三峡东段西陵峡新滩一带的志留系泥页岩中,是三峡地区最早出现古老的裸蕨植物的地质时期,距今已有约 4 亿年历史。这种蕨类化石的特征是光秃秃的柔软枝干无花无叶。但由于蕨类植物在当时还较少,又不易保存成化石,因此不易发现和采集。②西陵峡的香溪、新滩及巫峡神女峰以西地段的长江三峡赋存煤炭的地层中(二叠系乐平煤系及侏罗系等地层),植物化石十分丰富。在煤系地层中最常见的植物化石有:繁茂的鳞木(属蕨类植物石松纲),它的特征是树皮像鱼鳞状。高人挺拔的柯达树、银杏树(属裸子植物),还有丰盛的各种羊齿植物及芦木等古植物化石,它们都是当时形成煤层的主要植物。③长江三峡地区的红色地层(中生代侏罗、白垩纪)中,植物化石也十分丰富,常见的有芦木、银杏、杉类、苏铁等植物化石。

值得提出的是,在一些地层中有时会遇见假植物化石,这些外观恰似精美植物化石的标本,大多是因为含有某种矿物质的水体,沿岩石层面浸泡、沉淀的结果。

第三章　地质营力与风景地貌

在漫长的地史期间中，地球的岩石圈（或地壳）从成分、结构、构造直至地球表面的形态无时无刻不发生变化，这种由于自然动力引起地壳的物质成分、构造和地面形态发生运动、变化和发展的各种作用，称为地质作用。使地球的岩石圈（或地壳）发生变化的力量叫地质营力。地质营力分为内（营）力和外（营）力，内（营）力由地球内部的能——主要是放射性元素蜕变产生的热能和重力能所引起，外（营）力由地球以外的能源所引起。

地壳的组成物质和地貌形态永远处在不断变化发展中。风景地貌形态及它们的成因、发展规律是非常复杂的。改造地表起伏、促使风景地貌形态变化发展的基本力量是内、外（营）力。风景地貌发育的基本规律就是内、外（营）作用的对立统一。

第一节　内力作用

内力是由地球内部产生的可以改变地表形态、岩石特征的力量。

火山作用引起的岩浆上涌和喷发，构造运动引起的地壳隆起、拗陷和断裂等都属内力作用。

产生内力作用的地球内部能量主要是热能，重力能和地球自转产生的动能对地壳物质的重新分配、地貌形态的变化也具有很大的作用。

有相当一部分风景地貌是在内力作用下形成的，如长白山天池的火山口和火山地貌景观，断块状隆起而形成的北岳恒山等。

内力作用的主要表现是地壳运动、岩浆活动、地震等。

一、地壳运动

地壳运动使地壳发生变形和变位，改变地壳构造形态，因此又称为构造运动。

根据地壳运动的方向，可分为垂直运动和水平运动两类。这两类运动并不是截然分开的。它们在时间上和空间上可以是交替出现的，有时也可能同时出现。

（一）水平运动

水平运动的方向平行于地表，即沿地球切线方向。现代科学技术的发展，证实了世界大陆曾经历了长距离的水平位移。水平运动使板块互相冲撞，形成世界最高的山脉，如喜马拉雅山、安第斯山。印度大陆向喜马拉雅山脉方向运动的速度达5cm/年，我国山东郯城至安徽庐江的断裂，其西北一盘与东南一盘相对错动达150～200km，这些都反映了地壳存在水平运动。

（二）垂直运动

垂直运动也叫升降运动或振荡运动。运动方向垂直于地表（即沿地球半径方向）。这种运动表现为地壳大范围地区的缓慢上升与下降。它出现于大陆和洋底具有此起彼伏的补偿运动的性质。作用时间长,影响范围广,是垂直运动的一个显著特点。

垂直运动在不同地区、不同时期速度有快有慢,升降的幅度也有差别。在地壳活动带,升降幅度从一千米到一万米左右,在稳定带则不过数百米。我国西藏高原和喜马拉雅山区,是世界上上升速度及幅度最大的地区。第四纪(距今约 2 - 3 百万年)以来,西藏高原的上升量达 4000m。在四千万年以前,喜马拉雅山还是海洋,二千五百万年前开始从海底升起,二百万年前初具山的规模,到现在已成为世界上最高的山脉。据估计,喜马拉雅山开始上升时平均速度约为 0.05cm/年,而 1862 至 1932 年的 70 年间平均速度已增至为 1.82cm/年。又如太平洋西部的一些珊瑚礁,据海上钻探结果,其基部已下降 1300m 左右。

垂直运动对地貌的影响是十分深刻的。在上升和下降交替的接触地带,地貌形态会发生明显的变化。例如大陆和海盆发生垂直运动,运动方向相反,必然引起海进或海退,加强或削弱海岸地带地貌的动力强度,对海岸地貌的形成和发展产生明显的影响。除了上述交替地带外,对于广大陆地而言,长期稳定的持续上升也会影响地貌动力的强度,甚至改变外力的性质,例如大陆上升,海面下降,引起流水侵蚀作用加强。如果上升导致温湿气候转变成寒冷气候,外力性质也将发生变化,冰川作用取代了流水作用,地貌也随之发生明显的变化。

大量证据表明,水平运动是主导的,垂直运动是次要的、派生的。

二、岩浆活动

岩浆活动是地球内部的物质运动(地幔物质运动)。岩浆侵入地壳形成各种侵入体,喷出地表则形成各种类型火山。

三、地震

地震是地幔物质的对流作用使地壳及上地幔的岩层遭受破坏,把所积累的应变能转化为波动能,从而使地面发生颤动。地震往往是和断裂、火山现象相联系。

四、板块学说对中国大地构造地貌的解释

板块构造学说是现代最引人注目的全球性构造理论。它是在大陆漂移、海底扩张等学说的基础上继承、发展起来的。板块学说认为,地球的岩石圈不是整体一块的,而是被一些构造活动带如大洋中脊和裂谷、海沟、转换断层等分割成相互独立的构造单元。这些构造单元或岩石圈的块体,称为板块。几大板块相互作用是大地构造活动的基本原因。

内动力形成的地貌近年来多以板块学说来解释中国西部与东部地质构造和地形的差别。认为:在中国西部,属于冈瓦纳古陆一部分的印度板块,以很小的角度斜插到亚洲板块之下,并有时互相顶撞。两个陆地板块的重叠,形成西藏地区的巨厚地壳和高拔地势。印度板块向北推动,而亚洲大陆又有总体的向南运动,二者所产生的南北向的巨大压力,造成西部山脉近似东西的走向,以及沿山边的长大的逆掩断层;准噶尔、塔里木和柴达木几个较刚硬的地块,受南北向的巨大压力,破裂成为由北西西和北东东断裂所围限的菱形断块,长轴近似东西方向。再者,印度板块向北推动,遭到西藏地块的抵抗,向东西两方寻求应力的释放,于是出现喜马拉雅山脉东西两端的弧形转折,以及在该地区的近似南北向的密集断裂和褶皱。对比从晚第三纪上新世、尤其第四纪以来急剧抬升的西藏高原、天山和阿尔泰山的南侧与北

侧，南侧的山坡均较陡峭，山前拗陷的山麓相堆积亦较深厚，表明至少从那时起印度板块向北推动的力量较为强大。

中国东部是西北太平洋板块对东部亚洲大陆板块互相作用的场所。东部亚洲大陆板块有总体的向南移动，由于印度板块向北偏东推动所引起的巨大压力，使它发生向东南蠕动；而太平洋板块则从沿海岛弧的外侧，向西北斜插到东亚大陆板块之下。两种性质不同的板块发生互相挤压和扭动，因而在中国东部，除去时代较老的纬向构造带依然存在，普遍形成上述的近似北东向的时代较新的拗陷带与隆起带。这种构造体系的特点是：拗陷带的盆地底部都是西部深而沉积厚，东部浅而沉积薄；拗陷盆地西侧的隆起山地，东坡陡而西坡缓，朝东的陡坡之下与拗陷最深带上均有巨大的断裂。拗陷带与隆起带的全体有如几列平行的波峰与波谷，坡峰一律向东倾侧，反映太平洋板块的活动似占主动地位。与此同时，岩浆活动亦有从内陆向沿海愈来愈强烈的现象，反映愈靠近海洋板块与大陆板块的相互作用带，提供岩浆上升的通道的张性断裂就更多更大。

第二节　外力作用

外力是在地壳外部，由气圈、水圈、生物圈产生的改变地表形态、岩石特征的力量。

风化、重力崩塌剥蚀、搬运及堆积作用等都属外力作用。

外力作用的主要能源来自于太阳能。地壳表面直接与大气圈、水圈、生物圈接触，它们之间发生复杂的相互影响和作用，从而使地表形态不断发生变化。外力作用总的趋势是通过剥蚀、堆积（搬运作用则是把它们两者联系成统一过程）使地面逐渐夷平。外力作用的形式很多，如流水、地下水、波浪、冰川、风沙等等。各种作用对地貌形态的改造方式虽不相同，但是从过程实质来看，都经历了风化、剥蚀、搬运和堆积（沉积）几个环节。

不少风景地貌是在外力作用为主的条件下形成的，如岩溶地貌中的石林、溶洞、峰林地貌、冰川地貌、风成地貌等。

一、外力作用的主要类型

外力作用主要有以下六种类型：即风化作用、流水作用、地下水作用、冰川作用、海浪作用、风沙作用。

形成中国地貌的外动力中，分布地域最广的是流水作用，它集中表现在河流的侵蚀地貌与堆积地貌上。冰川作用是中国地貌形成的重要外动力之一，特别在中国西部高山地区，在相当大的程度上改造了流水作用所造成的地貌。风力作用作为地貌形成的外动力，其领域主要是在干旱地区的沙漠和戈壁。

二、外力作用的过程

（一）风化作用

风化作用就是指矿物、岩石在地表新的物理、化学条件下所产生的一切物理状态和化学成分的变化，是在大气及生物的影响下，岩石在原地发生的破坏作用。换言之，地壳表层的岩石在大气和水的联合作用以及温度变化和生物活动的影响下，所发生的一系列崩解和分解作用称为风化作用。风化作用无处不在，经过风化作用后的岩石，一般说来，都是由坚硬转变为松散，由大块变为小块。据研究，花岗岩在地表经过 300～1500 年后，风化深度就可达 5cm。大理岩也只需经过 340～1200 年，就可完成这一过程。岩石是一定地质作用的产物。在高温高压条件下形成的矿物，在地表常温常压条件下，就会发生变化，失去它原有的稳定性，通过物理作用和化学作用，又会形成在地表条件下稳定的新矿物。所以，风化作用是使原来矿物的结构、构造或者化学成分发生变化的一种作用。对地貌形成和发育来说，风化作用是十分重要的一环，它为其它外力作用提供了有利的前提。

岩石的风化作用按作用因素与作用性质的不同，可分为物理风化、化学风化与生物风化三大类，事实上这三者常是联合进行与相互助长的，划分只是为了讨论的方便。

1. 物理风化作用

物理风化作用是指岩石发生物理疏松崩解等机械破坏过程，一般不引起化学成分的改变。引起岩石崩解成碎屑，有以下几方面的原因：

（1）因岩石卸荷释重而引起的剥离作用

岩石卸荷释重而引起的剥离作用，是指形成于地壳深处的岩石，后来受到地壳运动的抬升，上覆的岩层逐步被蚀去，释放了原来受压的应力，由此而引起出体膨胀。当膨胀超过了弹性限度之后，岩石就合发生破裂而产生许多可见的裂隙或隐伏的纹理，称为卸荷裂隙。这种作用称为剥离作用，在花岗岩分布地区最为常见。

卸荷裂隙多发生在岩层表面，这种裂隙大致平行于地表，有人称其为席状节理。它的厚度从十几厘米到几米不等，深处厚度大，愈近地表裂隙愈薄愈多（图 3-1）。有的卸荷裂陷沿较陡的河谷谷坡发育，这是因河流深切，使岩体发生侧向应力释放的结果。

图 3-1　花岗岩体因卸荷释重，在表层形成的席状节理（根据 W. Kenneth Hamblin）

（2）因温度变化引起矿物岩石的差异性胀缩

地球表面昼夜与四季都有很显著的温度变化。四季温度变化可多至 40～50℃，一般在干旱地区尤为突出，例如某些沙漠里的昼夜温差可达 60～70℃。由于温度变化的频繁与迅速，使岩石各部分产生不均匀的胀缩，相互顶挤而破碎。例如岩石一般都是热的不良导体，热的传递很慢，白昼岩石表面升温快而膨胀，内部温度仍然很低，于是岩石内外之间出现温差及胀缩不一致，使其产生与表面平行之风化裂隙；夜晚则外面降温快而收缩，而内部岩仍在缓慢地升温膨胀，此时出现的风化裂隙垂直于岩石表而，这个过程反复进行，风化裂隙日益扩大和增多，使岩石表皮层层剥落，坚硬的岩石便崩解成碎块。图 3-2 从 A 到 D 就说明这个风化的过程。

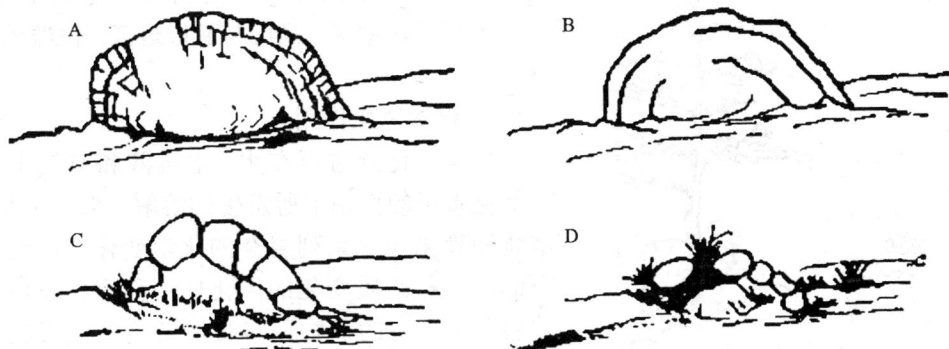

图3-2　因温度变化引起岩石胀缩不均而崩解过程示意图

A. 白天在太阳照射下，岩石表层迅速增温时形成的温差；B. 夜间降温，岩石表层迅速冷却时形成的逆温温差；
C、D. 天长日久，岩石因发生风化裂隙而崩解。

另一方面，岩石由不同的矿物颗粒组成，不同的矿物膨胀系数不同，比热不同，又因颜色深浅不一，接受的热量不同，当温度反复变化时，产生矿物颗粒之间的胀缩差异，造成岩石的崩溃。

据记载，我国汉朝的虞诩，在甘肃南部疏竣河道时，曾将堵塞江中的礁石用柴烧得滚烫，后再"以水灌之，石皆罅裂"，说明古人对岩石因冷热变化而破裂是早有认识的。

（三）外来晶体在岩石裂隙中的挤压作用

当岩石裂隙或孔隙中的水结冰时，体积要增加1/11，对孔隙周围会产生巨大压力，将造成岩石的崩溃。这种作用对含水多的岩石（如砂岩含水10%～20%）特别明显。寒冷的高山与高纬度地区，冰融交替频繁，这种作用的破坏力也特别大（图3-3）。盐类在岩石裂隙中如因过饱和而结晶时，晶体的长大对周围也产生压力，都能破坏岩石。

（四）矿物的水化膨胀作用

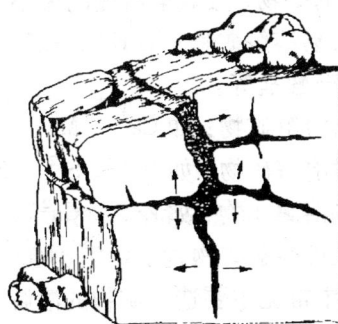

图3-3　冰楔作用（根据 W. Kenneth Hamblin）

岩石中有些矿物，如蒙脱石吸水后膨胀显著，又如无水石膏等矿物，遇水后也会增大体积。

（五）生物活动对岩石机械风化作用的影响

树根沿岩石裂隙生长，楔入岩隙，扩展裂隙，把岩石挤开，这种作用称为根劈作用。植物的支根、须根等细小根系，可以在岩石裂隙中盘根错节，甚至深入到很细的裂隙中去，使岩石加速破坏。生活在地下的大小动物，往往把地下的土层、岩屑翻到地面上来，有人估算：，在热带每英亩可以有15万个如蚯蚓等各种小动物，每年能够翻土10～15吨。也有人描述过非洲荒漠草原的大蚂蚁，到处修筑高大巢穴，形成一种特殊的微地貌。因此，如果以地质年代来度量，生物活动的机械破坏力量也是不可忽视的（图3-4）。

物理风化的结果产生许多岩石碎屑，大大增加了岩石与空气的接触面积，为化学风化创

如黄铁矿经氧化形成褐铁矿

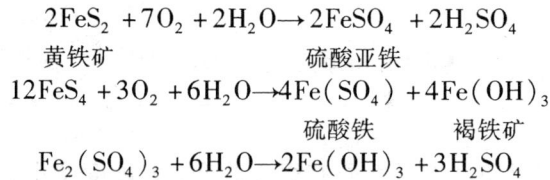

$$2FeS_2 + 7O_2 + 2H_2O \rightarrow 2FeSO_4 + 2H_2SO_4$$
黄铁矿 　　　　　　　硫酸亚铁

$$12FeS_4 + 3O_2 + 6H_2O \rightarrow 4Fe(SO_4) + 4Fe(OH)_3$$
　　　　　　　　　　　硫酸铁 　　　褐铁矿

$$Fe_2(SO_4)_3 + 6H_2O \rightarrow 2Fe(OH)_3 + 3H_2SO_4$$

黄铁矿是内生的低价的硫化铁,在地表条件下被氧化,逐步形成高价的硫酸铁。再由于水解作用形成不易溶解的氢氧化铁(褐铁矿)残留在原地。另一方面产生出具有较大腐蚀性硫酸(H_2SO_4),它又可以进一步引起其他矿物的腐蚀。由于铁是地表分布最广的元素之一,褐铁矿呈黄褐 – 棕红色,所以,经氧化作用的岩石表面或风化产物,也都被染成黄褐 – 棕红色;或者随水下渗,在岩石表层形成同心圆状并染成黄褐色的风化轮,以砂岩最明显。

只有位于地下水面以上的岩层,氧化作用才能强烈进行。如岩层长期位于地下水面以下,几乎所有孔隙都被不大流动的地下水充满,游离氧很少,氧化作用就很难进行。前者称氧化环境,后者称还原环境。长期位于地下水面以下的粘土,其孔隙中的水缺少游离氧,处于还原环境中,粘土多呈灰蓝色,一旦出露水面以上,与空气接触,粘土中的铁与空气中的氧发生氧化作用,则很快变成黄褐或红褐色。

(6)生物化学风化作用:生物在新陈代谢过程中分泌出各种化合物,如碳酸、硝酸和各种有机酸等,它们对岩石起着强烈的腐蚀作用,甚至在岩石表面溶蚀成许多根的印痕。有人做过试验,将一克正长石放入含有10%腐殖酸的氨水溶液中,经过64.5小时,正长石就全部分解。生物化学风化作用中微生物的作用尤为重要,它们无孔不入,甚至在云母解理面中也有细菌。有的吸收空气中的氮制造硝酸;有的吸收空气中二氧化碳制造碳酸;有的吸收硫化物制造硫酸。事实上,矿物的氧化、还原作用都是在微生物参与下进行的。如铁细菌促使亚铁盐变成高价铁盐。

$$4FeCO_3 + O_2 + 6H_2O \xrightarrow{\text{铁细菌作用}} 4Fe(OH)_3 + 4CO_2$$
　　　　　　　　　　　　　　　　　　　　　褐铁矿

应该指出,化学风化作用实际上是多种方式的综合作用过程,以某种单一方式的化学风化在自然界是比较少见的。就是物理风化作用与化学风化作用,在自然界也是紧密联系在一起的。事实上,岩石经物理风化后,其碎屑的最小粒径一般在0.02mm左右,而化学风化则进一步使颗粒分解变细,直到形成胶体溶液和真溶液。从这个意义来讲,化学风化作用也是物理风化作用的继续和深入。

(二)剥蚀作用

各种外力作用(包括风化、流水、冰川、风、波浪等)对地表进行破坏,并把破坏后的物质搬离原地,这个过程或作用称为剥蚀作用。狭义的剥蚀作用仅指重力和片状水流对地表侵蚀并使其变低的作用。一般所说的侵蚀作用,是指地表流水对陆地表面的破坏作用。但广义的侵蚀作用包括各种外力的侵蚀作用,如流水侵蚀、冰蚀、风蚀、海蚀等。

（三）搬运作用

风化、侵蚀后的碎屑物质，随着各种不同的外力作用转移到其它地方的过程称为搬运作用。根据搬运的介质不同，分为流水搬运、冰川搬运、风力搬运等。在搬运方式上也存在很多类型，有悬移、拖曳（滚动）、溶解等。

（四）堆积作用

被搬运的物质由于介质搬运能力的减弱或搬运介质的物理、化学条件的改变，或在生物活动参与下发生堆积或沉积，称为堆积作用或沉积作用，按沉积的方式可分为机械沉积作用、化学沉积作用、生物沉积作用。

三、外力作用的地带性

外力作用在很大程度上受气候条件控制。因此，地球气候带决定了外力作用的地带性规律。不同气候区具有与该区气候条件相适应的外力作用特点及地貌形态特征。地带性包括纬度地带性和高度地带性。下面简单介绍不同气候带外力作用的特点。

（一）寒带气候区

这里全年大部分时间处于低温条件下。岩石受寒冻风化作用十分强烈。在具有适宜的气候和地形条件的地区，发育着现代高山冰川，在南北极、高纬地区则发育着大陆冰川。在寒带没有冰川覆盖的地区，广泛分布着冻土以及其他冰缘现象。

（二）温带气候区

本区可以分为三个逐渐过渡的区域，即森林区、草原区、沙漠区。

森林区：有足够的降水，外力作用以流水作用为主，但由于森林覆盖，流水作用强度不大，地形变化很缓慢。

草原区，这里具有明显的大陆性气候，地表覆盖着草本植物，在日光照射下，水分容易从土壤表面蒸发。春季雪融时，融水多转为地表径流，地面切割强烈，形成无数暂时性流水作用的沟谷。我国黄土高原就分布在温带草原气候地区。

半沙漠和沙漠区：本区属于非常干旱的大陆性气候地区，降水量极少，气温年较差和日较差均很大，岩石受物理风化作用十分强烈，大部分地表无植被覆盖，外力作用以风沙作用为主，形成各种形态的风蚀地貌和风积地貌。

（三）热带气候区

全年气温很高，而降水量随不同的地理位置而变化，分配极不均匀。热带气候包括常年高温多雨的热带森林及干燥炎热的沙漠和草原。除沙漠外，热带气候区外力作用以强烈的化学风化和流水作用为主。

地貌的分带性除了受气候控制外，还受地势高度的影响。在相对高度很大的山地地区，随着高度的增大，气温也发生明显的变化。每上升100m高度，气温下降约0.6℃。随着高度不同，外力作用也有明显的差异，具有垂直分带现象。如果山地高差不大，从山体上部到山麓外力作用性质并末明显变化，仅仅在作用的强度方面有微小的差别，那么山地上下不可能出观地貌分带观象。所以地貌垂直分带不是所有山地都存在的现象。

第三节　内力和外力的对立统一是
风景地貌演变的基本规律

内力和外力的对立统一是风景地貌发育的基本规律。绝大多数地貌景观，都是在内力与外力的相互地质作用下形成的，如长江三峡自然景观，是地壳运动与河流的不断侵蚀下切而形成的；雄伟粗犷的五岳，是由断块构造隆起与差异剥蚀作用而形成。

美国学者 W.K·汉布林从运动的观点则发，把不断改造地表形态特征的这两种巨大力量及其所引起的各种变化和它们的作用过程称之为两大动力系统。

由太阳能所引起的对地表的作用和过程称为水文系统。这一命名突出了在外力过程中水的巨大作用。可以这样认为：没有水的存在和运动，就没有外力作用。

水从太阳那里取得能量，从大洋开始循环，先进入大气圈，然后再回到陆地和海洋（图3-5）。在水的循环（运动）过程中，它以各种方式（如地表流水、地下水、冰川、波浪等）通过侵蚀和堆积作用改造着地表形态。

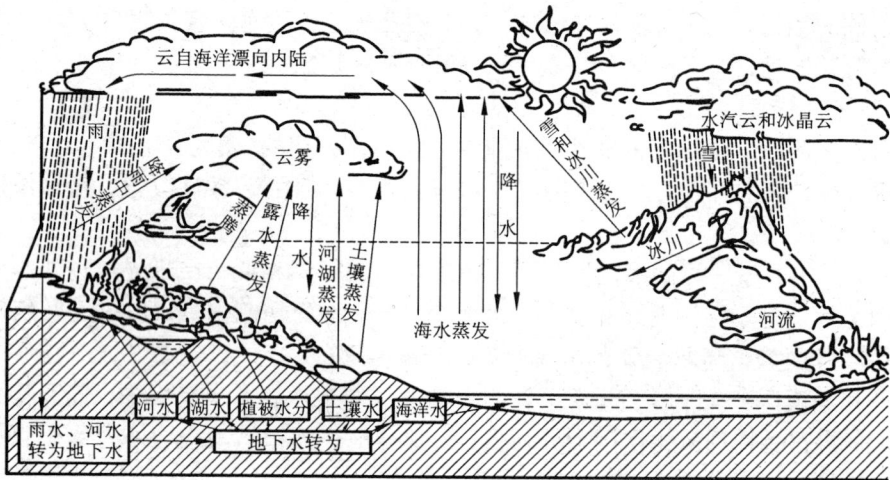

图3-5　水的循环

由地球内部地幔的放射性热能引起的各种变化和过程称为构造系统。这是一个内能系统。地幔物质的对流引起海底扩张、新地壳产生、大陆漂移、火山活动、地震、地壳运动等。

内力和外力在地貌发育过程中始终处于对立的地位。内力作用的总趋势是加大地表起伏，形成地球表面基本起伏形态。外力作用则是对地表形态进行侵蚀加工、削高填低，力图夷平由内力作用所造成的不平坦的地表。这两种作用相互影响、相互制约。地壳上升，引起外力侵蚀作用加强；地壳稳定或下降，外力侵蚀将逐渐减弱甚至转变为接受沉积。世界上内力作用微弱的平缓地区，其侵蚀量每千年为 1~3cm；而内力作用强烈、垂直上升强度不等的山地，其侵蚀量每千年可达 20.6cm 到 91.5cm。内力作用制约和影响外力作用的情况可以我国青藏高原及其邻近地区地貌发有为例：第四纪前，青藏高原是亚热带森林和森林草原，到了第四纪，地壳强烈上升，外力作用发生质的变化，原来的流水作用让位于冰川作用和强烈的寒冻风化作用。我国西北地区，如塔里木盆地，由于青藏高原和昆仑山脉的隆起，气候转为干燥。到第四纪中期，青藏高原及昆仑山脉不断上升以致阻隔南来的水汽、随之形成了我国的大沙漠地带。

外力作用对内力作用也有一定的影响。外力作用长期进行，逐渐夷平地表起伏，降低了地面的高度，这样就改变了地壳各部分之间的均衡，在这种情况下，内力作用将使地壳发生不同幅度的升降运动，以求达到新的均衡。当某地区地面重量增加，该地区将发生下沉，把地壳下部物质挤开一些。同样，当山地遭受强烈侵蚀，上部岩石重量减少，该地区地壳就会上升以补偿被侵蚀掉的物质重量。这些就是地

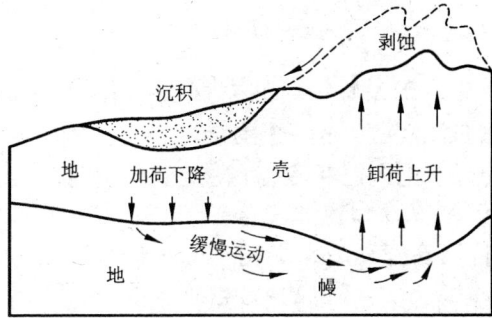

图 3 - 6　内、外力地质作用与地壳均衡示意图

壳各部分之间的一种固有的重力平衡的普遍趋势（图 3 - 6）。例如，当冰期时，数千米厚的大陆冰川的重量打破地壳的平衡，引起下面地壳沉陷。南极洲和格陵兰岛上冰层重量已把陆块中部压低到海平面以下。又如，在冰期中，欧洲波罗的海地区和北美洲加拿大哈德逊湾地区发育了厚度巨大的大陆冰川，也发生过类似的均衡调整，现在冰川消失了，这两个地区的某些部分还在海平面以下，但地壳正以 5～10cm 每千年的速度回升。

总的来说，在地貌发展过程中，内力和外力具有同等意义，但就具体某一时期、某一地区而言，往往又表现为某一种作用（内力或外力）占优势，或处于支配地位。某一区域的地貌形态特征，是该区域的岩石性质、内力作用和外力作用的性质与强度等诸因素综合的表现。在地貌发展过程中起决定作用的因素不是固定不变的。随着时间的进展，条件的变化，这种因素也在发生变化。一旦原来取得支配地位的作用发生变化，地貌形态也随之发生显著改变。

对中国地貌形成的外动力，能够系统地或成套地追索其作用过程的，在时间上很难越出晚第三纪，多数是在上新世晚期到第四纪。因为：第一，晚第三纪喜马拉雅山褶皱隆升后，东亚季风体系才基本建立。在上新世晚期到更新世初期，西藏高原整体急剧抬升达到一定高度时，印度洋季风受阻，出现中国东南部湿润，西北部干旱的气候格局，从而控制了地貌外动力的地域分布。第二，在第四纪时，全球性气候变化，中国亦发生多次冰期与间冰期的交替，改变了地貌外动力原先在地域上的分配，而冰期与间冰期所引起的海面下降与上升，又导致海岸带的大幅度水平移动。第三，喜马拉雅运动第一幕、尤其第二幕的强烈的构造变动，使原先地面上存在的某些地貌外动力的结果，受到很大程度的干扰和更改。

地貌形态并非是瞬间形成的，也不可能立即消灭（地震和人为因素对局部地貌形态的影响例外）。在内入或外力作用发生变化后，原来的地貌形态一般保持相当长时间，此时，新的地貌形态使"叠加"在旧的地貌形态之上。例如，由寒冷的冰期气候转为温暖的间冰期气候，外力作用从冰川作用转为流水作用，在冰川地貌形态基础上逐渐发育各种流水地貌形态，地形显得十分复杂。当然，这种转化也遵循量变到质变的规律，开始并不显示出质的变化。天长日久，旧的形态逐渐消灭，新的形态不断扩大，最终将完全取代旧的形态。

第四节　从大峡谷成因看地质营力作用

一、雅鲁藏布大峡谷成因

雅鲁藏布大峡谷(简称大峡谷)位于中国西藏雅鲁藏布江下游,是一个围绕着喜马拉雅山东端的最高峰——南迦巴瓦峰(海拔7787m)做了一个马蹄形大拐弯的奇特峡谷(图3-7)。该峡谷长达504.6km,最深处为6 009m,峡谷底河床宽度仅为35m。雅鲁藏布大峡谷的种种地理特征都远远超过

图3-7　雅鲁藏布大峡谷

原认为世界之最的美国科罗拉多大峡谷(长度:370km,极值深度2 133m)、秘鲁的科尔卡峡谷(长度:90km,极值深度:3 200m)和尼泊尔的喀利根得格峡谷(长度:60km,极值深度:4 403m)。

世界上任何地形都是内外营力作用的现阶段表现。大峡谷当然也不例外,不过更有它自己的特性而已。

(一)内营力

形成高山峡谷的内营力主要是板块构造的作用,地幔物质的上涌,"热涡"的出现,壳幔物质的交互作用和运动,导致的地壳强烈上升,物质的流动、变形、变质(包括地缝合线在内的这样深大断裂构造,以及正断层、压性断裂构造变形在内)。

(二)外营力

外营力主要是年平均2 000m³/s的雅鲁藏布江巨大水量的侵蚀和切割;谷坡山坡的各种坡面重力作用的侵蚀剥蚀以及高山部分冰雪作用的侵蚀、啮蚀作用。

带着上千流量的巨大水量的世界最高大河的雅江中上游,主要适应东西向的地缝合带发育,由西向东来到米林县派乡以下,迎面遇上以南峰为首的北东向东喜马拉雅山的阻挡,它必然只能寻找地壳上的薄弱部位,穿凿在强烈上升的南峰和加峰之间,围绕南峰作大拐弯而流,从而形成了世界最奇特的拐弯、最深峻的大峡谷。当它从墨脱以下离开南峰还是继续流动切割在同样作强烈阶段性上升的青藏高原东南急斜坡上,从而形成了连续的峡谷。因此,形成了世界上最大的连续V形的峡谷,总长达504km。

二、世界三大峡谷成因的异同

雅鲁藏布大峡谷、美国科罗拉多峡谷、秘鲁科尔卡峡谷成因基本相似,是地幔上涌体或地幔热涡作用的结果,引起岩石圈的减薄和类似的岩浆作用,相应的地壳的快速抬升形成了大峡谷。但作用的形式、力度等方面有差异。

(一)内营力条件分析

我国地质和大气物理研究表明,雅鲁藏布大峡谷拐弯地区,地幔体上涌、构成地球上为数不多的地球"热涡",这里15万年以来平均年上升量达30mm,是世界上上升最强烈的地区。这种内营力的条件是科罗拉多峡谷和秘鲁科尔卡峡谷所无法相比的。科罗拉多峡谷所在的地下岩浆作用已溢露地表,玄武岩以夹层方式出露,这里的年上升量不过6~15mm;而科

尔卡峡谷所在地下岩浆作用以火山爆发的形式出现，形成峡谷一侧的火山岩高山。只有在雅鲁藏布大峡谷地下地幔体上涌并作旋扭运动的强大应力作用和热作用，最为强烈。

（二）外营力条件分析

雅鲁藏布大峡谷处在巨大的水量循地壳薄弱部位强烈侵蚀切割下，而科罗拉多峡谷、科尔卡峡谷，它们处在水量小的干旱环境下河流切割侵蚀下。故雅鲁藏布大峡谷成为世界最大最雄伟峻险的大峡谷是非它莫属了。

三、褶皱构造

岩层在侧方压应力作用下发生的弯曲叫褶曲。褶曲仅指岩层的单个弯曲，而岩层的连续弯曲则称为褶皱。褶曲的形态可用褶曲要素来表示（图4-4）。

褶曲的基本类型有两种：背斜和向斜。通常，背斜是向上拱起的弯曲，核部的岩层相对较老，两翼的则较新。向斜是向下弯曲，剥蚀后中间（槽）的岩层相对较新，两翼的则较老。

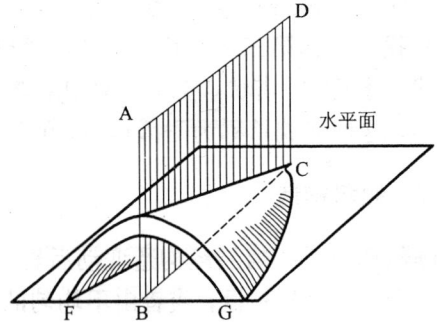

核:B; 两翼:EF与EG; 轴面:ABCD;
轴:BC; 枢纽:EC; 倾伏端:C

图4-4 褶曲形态要素示意

在自然界，褶曲的产状和形态多种多样，规模有大有小。按褶曲的轴面产状（剖面形态之一）可分为：直立褶曲（图4-5）、倾斜褶曲（图4-6）、倒转褶曲（图4-7）、平卧褶曲（图4-8）、翻卷褶曲。

轴面直立，两翼岩层倾向相反，倾角相等。

图4-5 直立褶曲

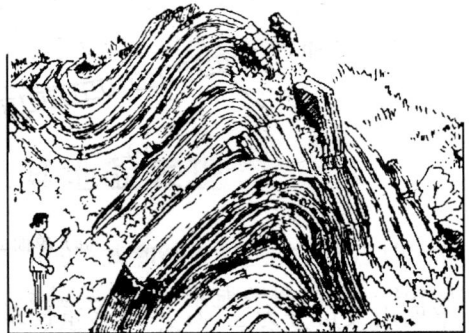

轴面倾斜，两翼岩层倾向相反，倾角不等。

图4-6 倾斜褶曲（四川开江）

按褶曲两翼间弯曲形状来分，有圆弧形、扇形、箱形、尖棱形和挠曲等褶曲形态（图4-9）。从图4-10可以看出，在背斜和向斜相伴生的紧密褶皱中，图左为尖棱褶曲，图中为扇形褶曲，图右为圆弧褶曲，右端还出现断层。在外力作用下，这个褶皱构造在地貌上成为三座山和两条谷。图左的背斜为山，向斜为谷，这种保持或顺应构造形态发育的地貌，称为顺地貌。图右的背斜被侵蚀为谷，而向斜则为山丘，这种原生构造形态与次生地貌形态不相协调的现象，称为逆地貌或地貌倒置。

从平面上来看，褶皱构造及其地貌表现也是多种多样的。常见的有短轴褶曲、长轴（线状）褶曲、穹窿构造（等轴褶曲）和构造盆地等类型（图4-11）。

轴面倾斜，两翼倾向一致，一翼地层层序正常，另一翼地层层序
倒转（广西桂林）

图 4 − 7 倒转褶曲

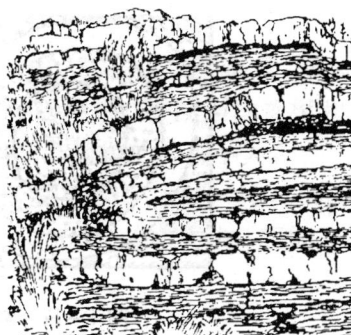

轴面产状近水平，一翼地声能层序倒置，
两翼呈上下重叠，核部张裂发育

图 4 − 8 平卧褶曲（四川龙门山）

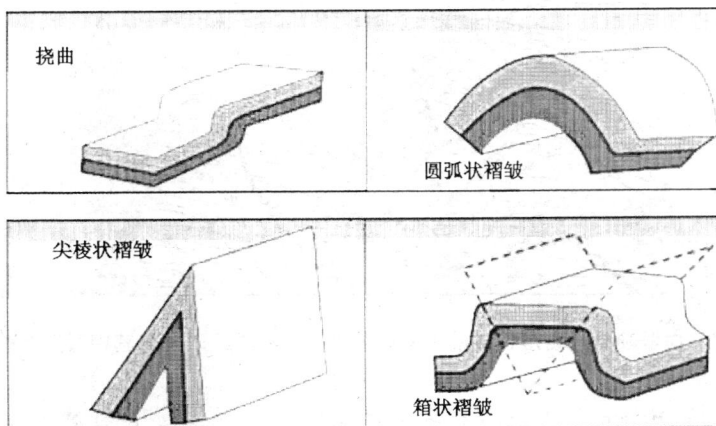

图 4 − 9 挠曲、圆弧形、尖棱形、箱形等褶曲形态

图 4 − 10 由尖棱褶曲、扇形褶曲和圆弧褶曲组成的紧密褶曲及其地貌表现

图 4 - 16　背斜轴部出现的张节理(广东阳山)

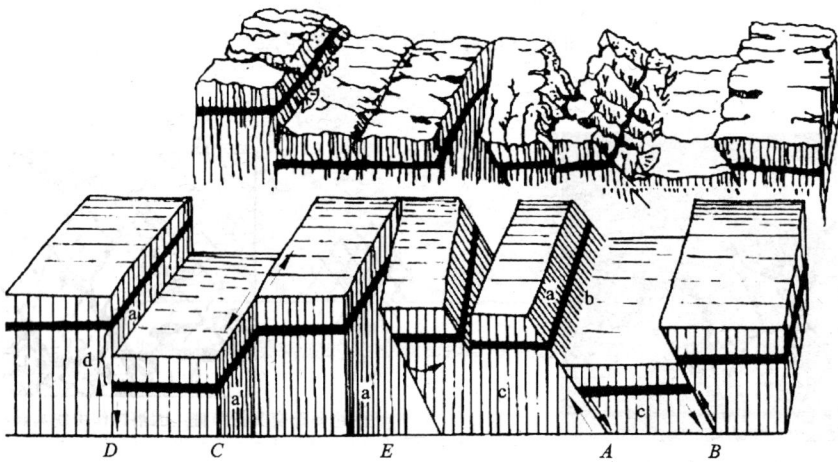

图 4 - 17　断层要素与主要断层类型

a. 断层面；b. 断层线；c. 断盘；d. 断距

A. 正断层；B. 逆断层；C. 平移断层；D. 垂直断层；E. 掀转断层

　　自然界，断层往往不是单条出现，而是由若干条断层构成一定的组合型式。例如，阶梯状正断层是由几条产状大致相同的向一侧依次下降的正断层组成的。地垒和地堑是由几条平行走向的断层使断盘产生差异升降造成的，中间相对突起的地块称为地垒；中间相对降落的地块称为地堑(图 4 - 18)，如西欧的莱茵地堑，我国的汾渭地堑。又如有些平推断层组成一系列的错动带。如图 4 - 19 所示，沿短轴背斜边缘形成一列弧形错动带。

　　在野外，识别断层的重要标志有：断层镜面(摩擦的光滑面)，断层擦痕和阶步，断层构造岩，牵引构造以及构造线的不连续，如地层或岩脉的突然中断，侵入岩或变质岩与围岩的接触线突然错开、沉积地层的重复与缺失，等等。在地貌上，断层带常形成断层崖、断层三角面(图 4 - 20)、断层谷(图 4 - 21)、断陷盆地、错断山脊、飞来峰，带状延伸的湖泊与上升泉，等等。

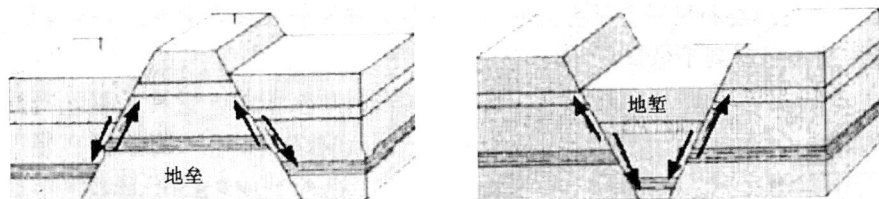

图 4-18 地堑与地垒

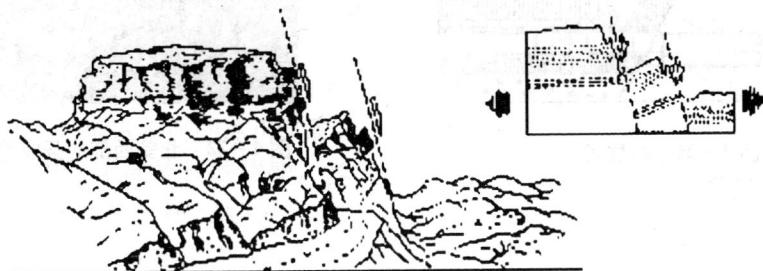

图 4-19 阶状断层（平行正断层）（广东仁化）

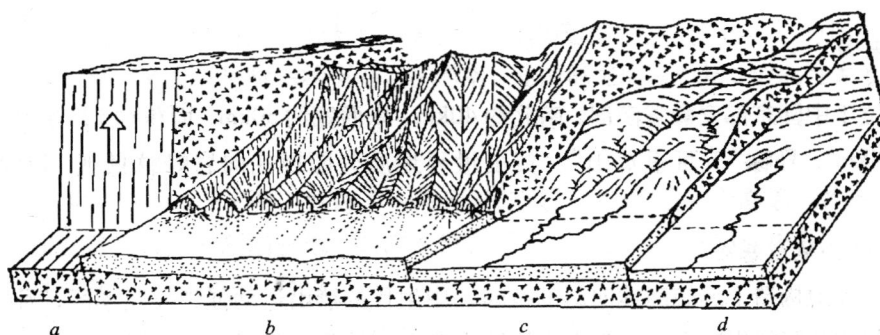

图 4-20 断块山地在剥蚀作用下的演化

a. 幼年期，把断崖切成梯形断面 b. 壮年早期，出现断层三角面和洪积扇 c. 壮年晚期 d. 老年期

　　断裂构造在成因上和时空上同地震、褶皱、岩浆活动和变质作用等内动力作用都有密切的联系。断层的规模有大有小，大者如东非裂谷、北美西部的圣安德列斯断层等。各种规模的断层组合在一起呈带状分布时，称为断裂带。其中有些深大断裂带广达全球，深达上地幔（图4-22），如岩石圈各大板块间的一些边界就是由各种深大断裂带构成的。

　　有许多由一上升断盘形成的断层崖和山地，由下降断盘形成的谷地和断层湖，都具有陡峻、雄险、幽深的美学特征，是断裂构造景观的佼佼者。我国由断层崖构成的风景点很多，仅峨眉山就有东向峨眉断层、北西向万年寺断层、南北向报国寺断层、金顶舍身崖等。

断裂带与建筑物

　　2004年北京市地勘局的专项地质调查报告指出，北京奥运公园场址位于黄庄—高丽营断裂带附近。这条断裂带属于活动断裂带，重大建筑物如果横跨断裂带，安全会受到威胁。在调查

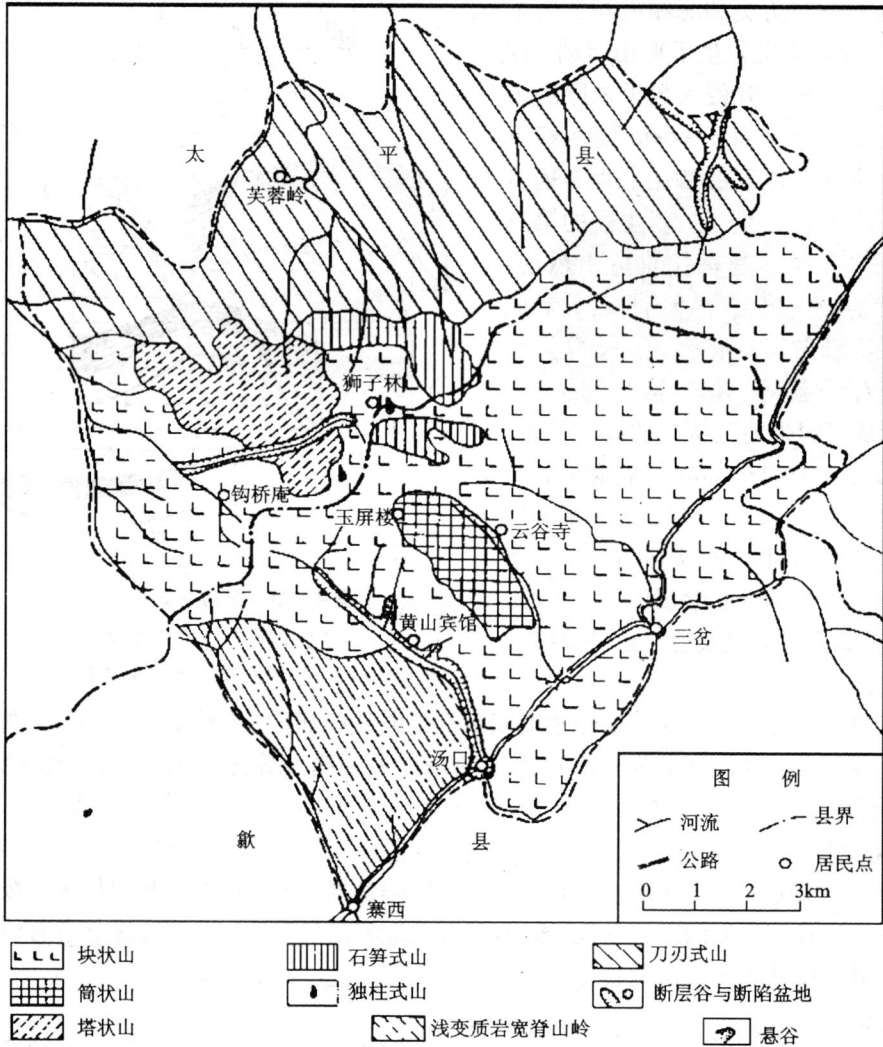

图 4－24　黄山构造地貌图

二、庐山

庐山位于江西九江市的南部，兀立于长江、鄱阳湖之间，南北长约25km，东西宽约10km，主峰汉阳峰海拔1474m，为世界地质公园。公园内发育有地垒式断块山及第四纪冰川遗迹，以及第四纪冰川地层剖面和早元古代星子岩群地层剖面，另外还有基层拆离带、褶叠层、上剥离断层构造、构造窗、滑来峰、大型走滑构造等，保存系统、完整，极具代表性，具有极高的美学价值及科学价值。

庐山从山脉位置来说，位于幕阜山余脉的东端；从大地构造来说，属于我国淮阳弧形山系。

（一）庐山地质构造基础

庐山处于江南台背斜与下扬子淮阳弧褶皱带之间，具有两者的部分特征。

庐山位于淮阳弧顶端的东翼
（图4-25），燕山期受淮阳弧和江南台
背斜北西——南东向主压应力作用，形
成一短轴复背斜（复背斜中包含了几个次
一级的背斜和向斜，如虎背岭背斜、牯岭
向斜，大月山背斜、七里冲向斜和五老峰
背斜等，图4-26、图4-27。这一构造
型式对庐山的形成有着决定性影响。

由于短轴背斜中部上升量大，活动
性强，断裂特别显著。燕山期中酸性花
岗岩类侵入岩以岩株、岩墙、岩脉大量侵
入断裂带。庐山南、北端则较少侵入岩。

庐山内的褶曲，有背斜及向斜二列，

图4-25　庐山地区附近构造形势图

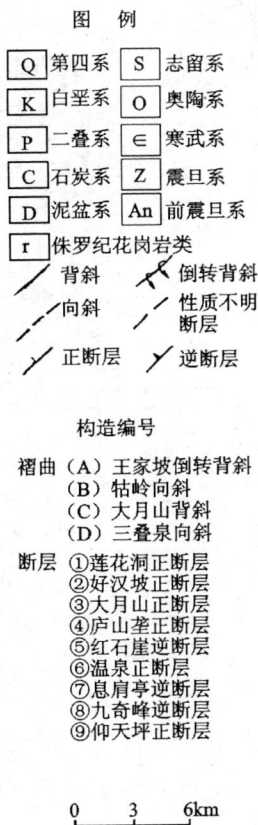

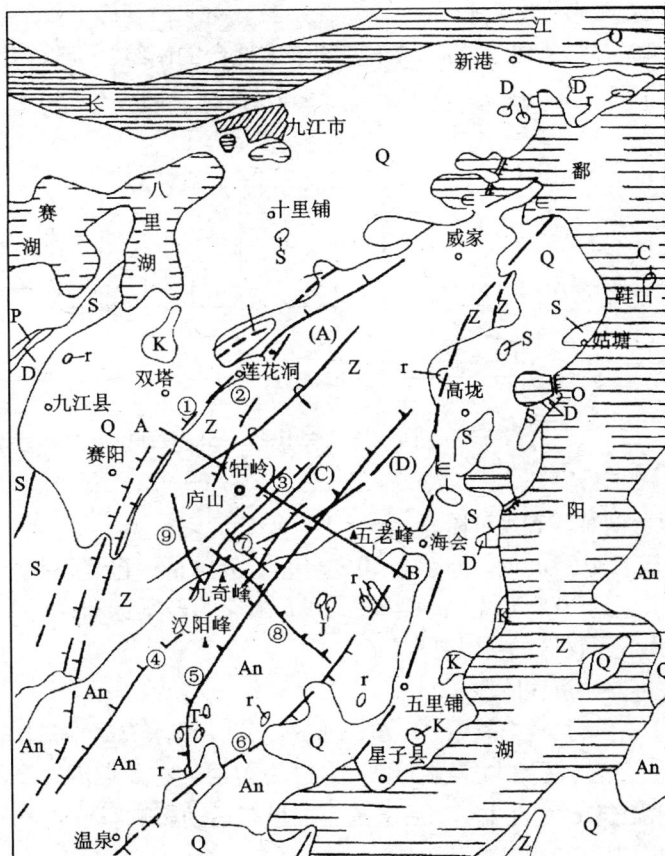

排列由北向南是：（A)大马颈——虎背岭背斜；（B)牯岭向斜；（C)大月山背斜；（D)三叠泉向
斜。不论背斜或向斜均作 NE 走向。它们奠定了庐山的地质基础。

图4-26　庐山地区地质简图

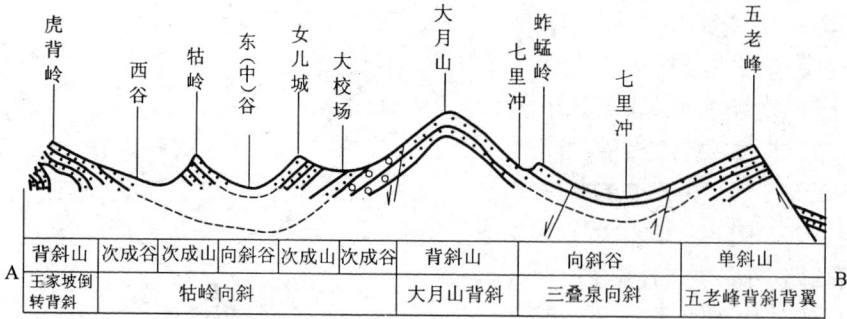

图4-27 庐山地质地貌简剖面(A—B)示意图

主要断层有二组，其中一组 NE 走向的有：①莲花洞正断层；②好汉坡正断层；③大月山正断层；④庐山垄正断层；⑤红石崖逆断层；⑥温泉正断层。另一组 NW 走向的有：⑦息肩亭逆断层；⑧九奇峰逆断层；⑨仰天坪正断层。

其中最主要的有二列，即北侧的莲花洞正断层和南侧的温泉正断层。二者将庐山包围，成为庐山断裂上升的主要机制。

（二）庐山地质发育史

庐山地区是一个古老的陆块，在扬子准地台的南缘。准地台比较稳定，其中的庐山地区前期下沉，后期缓慢上升，发育过程可分4个阶段(见图4-28)。

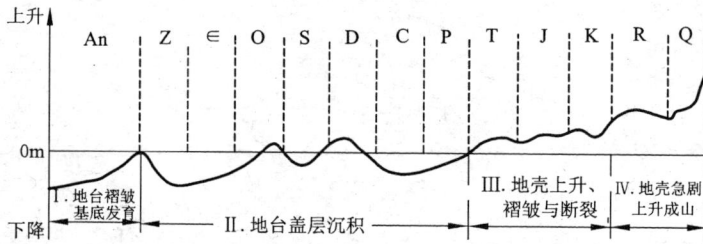

图4-28 庐山地区地壳变动过程示意图解

1. 地台褶皱基底发育阶段

在前震旦纪(An)时，即距今10亿年前，庐山地区已经下沉，成为滨海及浅海(<200m)环境，沉积了厚约3000m以上的碎屑岩。An 末期的吕梁运动，使 An 地层发生褶皱，变质和流纹岩喷出，构成了该区的褶皱基底。

2. 地台盖层沉积阶段

由震旦纪(Z)—二叠纪(P)，地壳仍然下沉，海水有时加深，故沉积层中除了碎屑岩外还有白云岩和石灰岩岩层，共厚约5 000m，成为盖层。在此期间，曾经有过二次短暂升起，即晚奥陶纪及志留纪末—中泥盆纪，后者是受加里东运动影响所致。

3. 地壳上升和褶皱断裂阶段

晚古生代二叠纪沉积以后，在海西运动影响下，地壳稳定上升，从此脱离了海侵历史，侏罗纪(J)—白垩纪(K)时，由于受到剧烈的燕山运动影响，使盖层(Z—P)发生褶皱、断裂和微弱的花岗岩侵入（花岗岩零星分布在五老峰以南到温泉一线，呈岩株状或岩盆状产出）。庐山亦由此断裂升起，但其四周在晚白垩纪（K_2）时下降，发生过陆相沉积。

第三纪（R）喜马拉雅运动时，庐山地区再次全面上升（因而缺失第三纪地层）。

4. 地壳急剧上升或成山阶段

自中更新世（Q_2）到现在庐山的新构造运动十分明显，使庐山主体沿南北断裂带急剧上升，从而造成了日前断块山的形态。上升证据：

（1）从网纹红土的分布高度上看，日前庐山的红土发育高度在海拔 300m 左右，但古红土（中更新统）在山上分布的高度为 800～1200m，上升幅度为 500～900m。说明高度 800m 以上的 Q_2 红土沉积之后随地壳上升而成。

（2）分布在 1100m 左右的古河谷（宽谷）和古谷中沉积的中更新统红土层，仍然得到良好的保存，说明上升的时间不长。

（3）由断裂上升而成的断层崖仍然很明显，高度大（1000m 以上），未遭强烈破坏，只有少数河流切过断层崖伸入山内而形成峡谷和深沟。说明断层崖的生成时代比较新近。

（4）山麓四周广泛堆积了第四纪的砾石层，它与该山快速上升及高差大有关。

（三）庐山的构造地貌

庐山是由北东—南西向断裂作用上升而形成的断块中山（＞1000m）。山体内的褶皱、断层和单斜构造地貌都很明显，河谷地貌特殊。此外，还有尚在争议中的第四纪山岳冰川地貌。

庐山由构造（褶皱和断层）所控制的山脊主要有 5 列：五老峰、大月山、女儿城、牯岭、虎背岭。山脊之间为谷地，主要有 4 列：七里冲、大校场－船洼、中谷（东谷）、西谷（大林冲），山脊和谷地平行排列，而且均作北东－南西走向

褶皱构造主要地貌如下：

（1）五老峰单面山。它由五老峰背斜的北翼所成，其南翼因断层陷落于山南。五老峰高 1358m。

（2）七里冲向斜谷。位于大月山于五老峰之间，发育在三叠泉向斜构造之上。

（3）大月山背斜山。大月山背斜山受大月山背斜构造控制，走向北东－南西，主要由石英砂岩组成。大月山高 1453m。

（4）大校场（谷地名称）及西谷次成谷。前者在大月山于女儿城之间，后者位于虎背岭于牯岭之间。成因是牯岭向斜两翼的软弱岩层受外力的强烈侵蚀、破坏而成，地貌特别低下，故成为谷地。

（5）女儿城（山名）及牯岭次成山。位于莲谷－东谷的两侧，原是牯岭向斜的两翼，由于岩石坚硬未被侵蚀而成为低矮的山岭，故称为次成山，山岭的相对高度不大。牯岭的日照峰海拔 1310m。

（6）东谷（又称中谷）－莲谷、王家坡谷向斜谷。受牯岭向斜控制，位于女儿城与牯岭之间，两谷地本来向同一方向延伸，但因受剪刀峡断层的错动影响，故使莲谷、王家坡谷向东北倾斜，而东谷向西南倾斜。

（7）虎背岭单面山。它是虎背岭倒转背斜残留的南翼（北翼断线），成为单斜层及单面山。

断层构造主要地貌如下：

（1）虎背岭断层崖地貌。它是因虎背岭北侧的莲花洞大断层把虎背岭错开，使其北翼断

落而成。该断崖在石门洞和莲花洞一带高达 1000m，向东北方和西南方降低，断层崖呈阶梯状下降，如好汉坡一带呈二级阶梯。

（2）五老峰断层崖地貌。因庐山正断层切过五老峰背斜南翼而成，它在秀峰、海会一带崖高达 1000m，向东北方递降。断崖亦分 2～3 级，断崖受流水下切和溯源侵蚀，形成许多的垭口，所谓五老峰就是五大垭口之间的山峰。

2. 山地夷平面地貌

夷平面在山北分布的高度为 1000～1100m 左右，生成于第三纪末 - 第四纪初，即地壳上升之前。夷平面的地形起伏和缓，高差不大，有略为高起的岭脊（齐顶）和相对低凹的宽谷（如西谷、东谷、莲谷 - 王家坡、大校场谷、七里冲等）。宽谷属古老河谷，谷内发育了 Q_2 红土层，二者均表示为庐山上升前夷平面作用期的产物。夷平面的发育对庐山的建设及旅游业的发展起着巨大的作用。

三、峨嵋山

峨眉山屹立在四川盆地西南部，位于峨眉山市西南 7km，东距乐山市 37km，是我国四大佛教名山之一，主峰万佛顶海拔 3099m。

（一）峨眉山地质发育史

元古代时（距今约八亿年），峨眉山这一带是波涛汹涌的汪洋大海，有大量的岩浆从地球内部侵入地壳，形成了峨眉山底层的花岗岩。在黑龙江峡谷以及张沟等地现在还可以看到这种花岗岩。大约在距今六亿年左右的震旦纪，峨眉山地区仍是浩渺大海，在海底沉积了厚达10 米左右的白云岩地层。从洪椿坪到九老洞，一路上可以看到这种白云岩。它的表面是灰白色，易风化成方形或近于方形的碎块。它往往具有一些同心圆状的花纹，许多花纹聚在一起，又象一束葡萄似的。这是地球早期的生命 - 藻类的遗迹。

在距今六亿到五亿年的古生代的寒武纪，这里的海水变浅了，在浅海里沉积了页岩、沙岩和石灰岩。从九老洞经遭仙寺到洗象池的途中，可以先后看到这三种岩石。

在距今四亿多年的奥陶纪中后期，有地壳运动把岩层抬升出海面，成为陆地。

此后经过志留纪、泥盆纪、石炭纪三个纪，延续差不多一亿九千万年的时间，都在陆地的环境下，没有形成沉积岩层。

到了距今大约二亿七千万年，也就是古生代末期的二叠纪，地壳又下沉没入海中，沉积了石灰岩地层。峨眉山黑龙江一线天和雷洞坪都属于这同一层石灰岩。

在距今大约二亿三千万年，地壳又上升露出海面，并有岩浆喷出地面。当时峨眉山地区是一片浓烟滚滚，岩浆奔流的景象，金顶王峰和消音阁等地的玄武岩就是这时形成的。

在距今二亿二千五百万年到距今七千万年的中生代，在其初期的三叠纪，蛾眉地区是浅海环境，沉积了以石灰岩为主的地层，龙门洞的岩层就是这时形成的。

中生代的中后期的侏罗纪和白垩纪，四川是一个大型的内陆湖，沉积了紫红色的沙岩、页岩地层。在峨眉山它分布于报国寺附近。

在距今七千万年以前的白垩纪，过去八亿年以来所沉积的全部岩层，被地壳运动全部抬出海面。从此以后，峨眉山地区再没有下沉入海。

从上面简要地叙述的地质历史看来，峨眉山地区经历了一个漫长而复杂的发展过程，形成了巨厚的岩层，其总厚度为 8098m，它成为峨眉山的物质基础。

（二）峨眉山地质构造

白垩纪的地壳运动，把峨眉山地区的岩层抬升上来的同时，还形成了峨眉山各部份的不同地质构造，有断层，也有褶皱。峨眉山主要褶皱构造有峨眉山大背斜、牛背山背斜、五显岗向斜、李家山向斜。峨眉山主要断层有峨眉山大断层、万年寺断层、报国寺断层、峨眉山大背斜西面的黑山埂断层等。

峨眉山主要的断层和褶皱情况如下（图4-29）：

1. 峨眉山大断层。从峨眉山南部的龙池向东北，经过高桥附近继续向东北延伸是一条大断层。在这条大断层以西，岩层上升为峨眉山山地，大断层以东，高桥、青龙场以北，下降为峨眉平原的基底。高桥、青龙场以南上升为二峨山．在峨眉大断层附近的岩层，因受强烈的挤压非常破碎。

2. 峨眉山大背斜。峨眉大断层以西上升的峨眉山山地，其构造形式是一个背斜。该背斜南起张沟，向北经二道桥，止于万年寺附近，南北延伸约10km，两端皆因断层所阻而告终止，轴部为洪椿坪到四季坪一线。西翼是金顶、雷洞坪、洗象池等处，东翼是张山等地。因受峨眉山大断层的影响，岩层破碎，地层缺失较多。

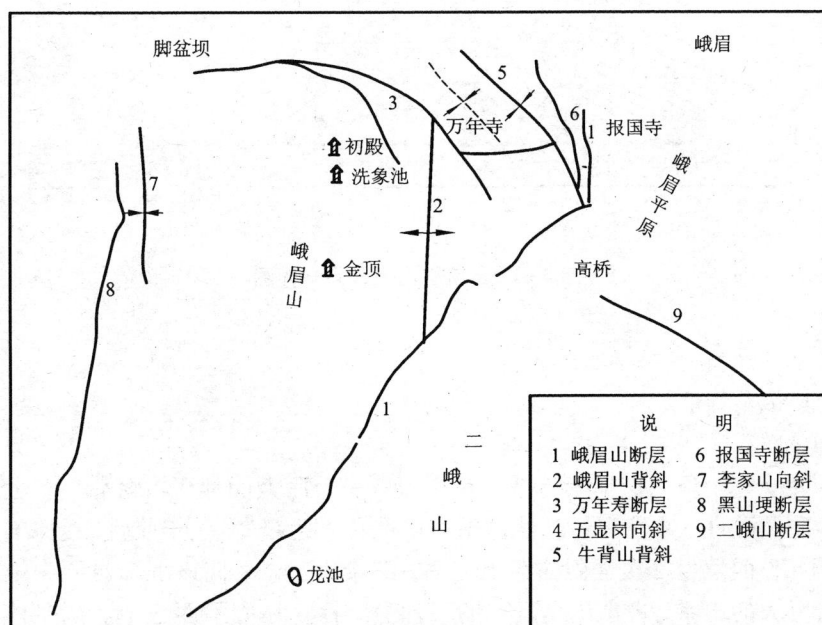

图4-29　峨眉山构造平面图

3. 万年寺断层。从峨眉山后的脚盆坝，经万年寺背后，切过白龙江和黑龙江下游，断层线呈北西-南东向，略向东北凸出成弧形。断层的西南面为峨眉山大背斜，东北面是五显岗向斜。地壳运动把二者都抬升上来，但抬升的高度不同，峨眉山大背斜比五显岗向斜多抬升了2000多米。所以同是一层玄武岩，前者在3000多米高的金顶，而后者在700多米高的清音阁。

4. 五显岗向斜。位于万年寺断层的东北面，北西-南东走向。出露的岩层主要是二叠系的玄武岩和三叠系的紫红色砂岩和页岩。五显岗向斜是一个比较平缓的向斜。

5. 牛背山背斜。牛背山背斜长约 7km，牛背山是这个背斜的轴部，北西－南东走向。轴部有挖断山断层。断层附近是二叠系玄武岩和石灰岩。其东北翼为三叠系岩层，岩层被挤压得近于直立状。这就是在龙门洞一带所看见的直立岩层。

由于有以上的许多断层，把峨眉山地区的岩层，分裂成为峨眉山大背斜断块、五显岗向斜断块、龙门洞断块等等。这些断层有时造成地层的重复，有时造成地层的缺失，有时形成险峻的地貌，有时形成深切的沟谷。

（三）峨眉山最高峰成因

峨眉山大背斜断块构成了峨眉山的主体。峨眉山大背斜的东翼，因峨眉山大断层的揉搓，岩层很破碎，也易于剥蚀，现在只留下了张山等低矮山地。峨眉山大背斜的西翼，岩层的破碎程度比较小，流水冰川等对它起的作用比较慢，虽然也剥蚀掉了玄武岩以上的四千多米的岩层，但还没有剥蚀到玄武岩以下的岩层，从而得以矗立三千多米高，成为峨眉山的最高三峰。（图 4 - 30）

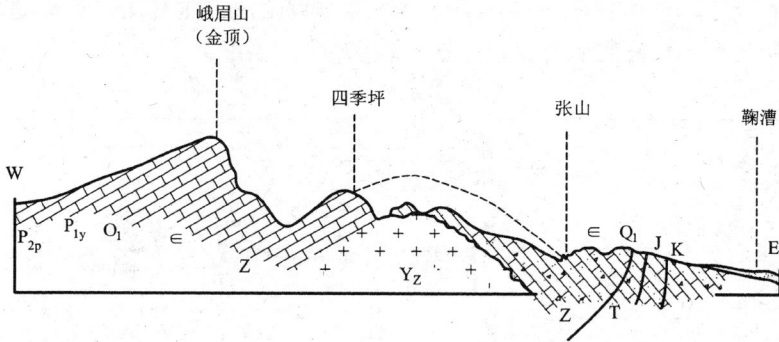

图 4 - 30　峨眉山大背斜剖面图

四、泰山

（一）泰山地质发育史

1. 古泰山阶段

太古代时期，整个鲁西包括泰山地区在内，是一个巨大的地壳沉降带，有上万米厚的各种砂质、泥砂质及酸性、基性和超基性火山物质堆积。距今 24 亿年前后，受来自西南和东北两方的挤压力，鲁西发生一次强烈的造山运动，即泰山运动，使该沉降带原先堆积的岩层褶皱隆起，成为巨大的山系，古泰山是其中的一部分，耸立在海平面之上。同时伴随岩层的褶皱，产生一系列断裂。岩浆活动和变质作用使原先沉积的岩石变质，随后经历多次强烈的混合岩化和花岗岩化作用，逐渐成为今日在泰山上所看到的各种变质岩和混合岩。

2. 海陆演化阶段

经过了 18 ~ 19 亿年的风化剥蚀，古泰山地势渐趋平缓。至古生代初期，随着华北地区沉降，海水侵入，它又沉没在一片汪洋大海之中。

中奥陶世末，在加里东运动的影响下，泰山又缓慢地上升为陆地。中石炭世初，华北地区发生了短暂的升降交替，整个鲁西处于时陆时海的环境，而后，又持续上升，进入大陆发展阶段。

3. 今日泰山形成阶段

在距今 1 亿年左右的中生代后期，受燕山运动影响，山南麓产生数条北东东向高角度正断层，其中最南一条，就是泰前断裂。处于断裂北盘的古泰山，一方面抬升隆起，另一方面经历风化剥蚀，原覆盖在古老变质岩上的近2000m厚的沉积盖层全被剥蚀，20多亿年前形成的变质岩重新出露地表，从而开始形成今日泰山的雏形。至距今6千万年至7千万年的新生代，受喜马拉雅山运动影响，泰山沿泰前断裂继续大幅度抬升；至距今3千万年的新生代中期，今日泰山轮廓基本形成。尔后，经长期风化剥蚀，以及其他外力地质作用的加工塑造，逐渐形成今日泰山的地貌景观。

（二）泰山地质构造

鲁中山地，因受东西向（或西北—东南向）和南北向（或东北—西南向）两组断层彼此交错的影响，成为近似方格状的地垒与地堑体系，所以鲁中诸山都为断层所割裂，分为各个不相连属的断块山，其中，尤以泰山的断块地貌为典型。

泰山风景名胜区，在地质上位于华北地台东南部的次一级构造单元——鲁西弧形断裂构造区之内。这个区内的断裂构造很发育，构造活动也很明显。对泰山地貌有着深刻影响的断裂构造，是泰山南麓的泰安大断层。这条断层，沿地层的走向，略成东西方向。自泰山山区东南侧的口镇至泰安，长达50多km，上升盘为太古界的泰山杂岩，组成了高峻的泰山的山体，下降盘为古生界的寒武系，组成了低平的汶河谷地的基底。山下的泰安城，海拔为153m，而山上群峰，海拔多在千米以上，甚至有高逾1500m的，断裂升降之痕迹，可见一斑。泰山北坡东西走向断层的规模都较小，例如狼窝附近的断层，康王顶断层和兴隆山断层等，对地貌的影响也不显著。

另一组沿岩层倾向的断层，使泰山山区再受到南北向的切割，例如，津浦铁路的通道，泮河、北砂河谷地就是一个小型的地堑，在中宫镇一带，也是如此。

概之：泰山地区地质构造以断裂为主，新构造活动较强烈。其构造特点为断块掀斜抬升。南部上升幅度大，北部上升小，因而地形南高北低，南坡陡北坡缓，造成南坡拔地通天之势。山南三条北盘上升的正断层，即云步桥断层，中天门断层和泰前断层，形成泰山南坡陡峻高拔的三大台阶式的地貌景观，构成"朝天"景观并带上富有节奏感的自然美。

泰山因裂隙构造发育，所以裂隙泉分布很广，从山麓到山顶，有名的泉水有数十处。这些名泉不仅水质优良，而且又是有名的景点，如王母池、月亮泉、玉液泉、龙泉、黄花泉、玉女池等等。

泰山的岱道庵－泰前断裂带、灵岩寺箱状褶曲等地质构造十分典型。

五、张家界

张家界大地构造跨越江南古陆和扬子准地台两大一级构造单元。总的为较为稳定的陆地台块，以上下升降运动为主，褶皱运动不强烈，也没有岩浆活动出露，断裂构造只在两大构造单元接触部位即市区澧水河谷一带较为发育，其他地区不多。这样稳固的地壳基础，是武陵源景区内几千座石英砂岩峰林千百万年永不崩塌的真正奥秘。

在区域地质构造上·索溪峪处于新华夏系武陵、雪峰山隆起带东北段的石门——桑植复式向斜内的木耳山背斜倾伏瑞，和三官寺向斜翘起端（图4－31）。这一区域内的地壳，在距今一亿八千多万年（中侏罗世）以前的漫长地史发展阶段内，虽有过多次上升运动，但都以下沉为主。而到中侏罗世以后和距今约二千五百万年以前的这段地史期内，地壳变动频繁，这里又经历了好几次大的地壳运动。特别是"燕山运动"，使得整个湘西北地区，自此上升隆起为陆地，并迫使海水退却（现在索溪峪的"西海"景点当时是靠近"古陆"的滨海区）。

由于地壳运动，区内地壳受来自水平方向的挤压力，使原始岩层的水平形态产生各式各样的弯曲、褶皱以至折断。石门——桑植复式向斜构造，就是受到这种挤压力后，把原始岩层挤压成在大的向斜之内，又产生次一级的小背斜与小向斜的复式褶曲。

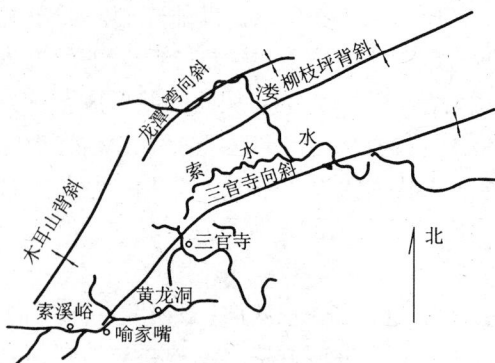

图 4-31　索溪峪旅游区区域地质构造示意图

索溪峪景区景观，从区域地质构造来看，主要是受到"三官寺向斜"和"木耳山背斜"的控制作用。在地壳运动中，这一区域，受到来自近乎东西方向反时力偶作用的影响，使"三官寺向斜"的轴部，被推向北东 45°的方向，宽展延伸，使景区象翘尾巴一样扬起。"木耳山背斜"轴的走向，又朝北东 30°方向展布，砂岩景区如十里画廊等正处于这个背斜的倾伏端，有点象乌龟一样，从突起的龟背，逐渐到了尾部，就往下倾伏平缓起来。故此，对旅游区的自然景观、山山水水，峰峰洞洞的形成和发展，起到有力的控制作用：河流如索的索溪，基本上就是按"三官寺向斜"走向和形态呈"S"形展布；岩层的倾角平缓，也是由于处在这种有利的构造部位。即大多数景点正位于木耳山背斜的倾伏端，岩石所遭到的构造挤压作用相对轻微，使得那里的石英砂岩的岩层倾角不同于背斜两翼的岩层倾角那样大．而趋于水平。

因地壳运动的影响，索溪峪景区构造裂隙十分发育。其中对石英砂岩组成的地形、地貌和奇异景观起到控制作用的构造裂隙，主要有三组：一组是北东 30°左右，一组是北西 310~330°，另一组是近东西向。其中前两组裂隙较发育。由于北东和北西两组裂隙在地形图上几近垂直相交，故谓之"棋盘格状"。本区十里画廊谷地、西海谷地、矿洞溪、龙尾溪、沙刀沟、琵琶溪等就是由北西方向分布的节理裂隙发育而成。金鞭溪、王家裕、百丈峡乃至百溪相汇的索溪，则主要受控于北东方向的一组节理裂隙。虽然索溪在中途受则北西或近东西方向的两组裂隙系统干扰，使索溪溪水流向局部改变，但索溪仍然朝着北东方向流去。此外，这三组裂隙还严格控制着景区拔地而起的柱状群群的发育，造就了各种几何图形和棱角兀立的石柱。取名"金鞭岩"的高大石峰拔地而起达 320m，就是由索溪沿北东和北西方向两组节理裂隙的破裂面下切和重力崩塌等作用下形成的。

六、华山

第三纪以来，华山快速上升，因不断抬升的事实和连续性、继承性，使华山山麓大断裂造成了地貌的巨大反差。华山"削成而四方"，是因为华山南、北两侧具有两条断层，在地壳运动中，中间的华山山体上升；再加上华山东西又有黄甫峪和仙峪两条河流侵蚀下切所形成（华山仙掌崖是"削成而四方"典范）。

由于这个巨大的花岗岩体具有一组很发育的近水平的和二组近垂直的节理面，并不断受地壳运动的造山作用和外动力的风化作用影响而不断抬升，因而在地质演变史上，促使它形成巍然壮观的东峰、南峰、西峰、北峰和中峰，而且还有 70 多座小峰环卫而立，形成了众所周知的千尺幢、百尺峡、苍龙岭、擦耳石、上天梯、长空栈道等险道。也就是说可贵的华山风景资源是地球内、外动力的产物。

七、恒山

北岳恒山位于山西省北部和河北省西北部的塞上地区。号称108峰，绵延五百多里，属北方碳酸盐岩山岳地质景观。坐落于山西浑源县城南的恒山主峰天峰岭海拔2017m，气势雄伟。它与西面的翠屏山夹谷对峙，浑水中流，形成了南北交通的天然咽喉。"人天北柱"、"绝塞名山"、"塞北第一山"都是人们对恒山的称誉。恒山高度为五岳之冠。

特殊的地质构造决定了恒山山脉的气势。恒山是山西高原大断裂谷北段一系列断块山与断陷盆地相间出现中的一座大山。恒山山脉沿着北东向的恒山大断裂骤然隆起，与相对下陷的浑源盆地高差达一千多m。所以，恒山山脉从东北向西南绵亘数百公里，具有磅磅雄伟的气势。恒山沿断层面西北翘起，山势陡峭峻拔，东南倾斜，山坡较缓。恒山主峰分东、西两峰，东是天峰岭，西为翠屏峰。这两座山峰是孤山式断层山。从北仰望，只见层崖叠嶂，山势雄峻。天峰岭一带一层断崖，一层绿带，层次很明显。这样，就形成恒山与众不同的既朴实、又壮观的版画式山形。加之翠屏峰的悬空寺等人文景观，景色更为壮观。

恒山主峰天峰岭与翠屏峰之间，被一条断层切开，浑河沿断裂深切，出现陡崖紧束的峡谷，名叫金龙峡。金龙峡全长约1500m，两岸石壁万仞，青天一线，最窄处不足三丈，形成了胜似龙门、险似剑阁的绝塞天险，是古代兵家必争之地。

恒山的西北侧，是一道长达30多km、高度超过千米以上、倾角达70°左右的断层，所以从北面往南看恒山，它仿佛是从地面挺出来似的，其绝壁十分壮丽。

八、五台山

五台山位于山西省忻州地区，平均海拔1000m以上，最高点北台叶门峰海拔3058m，被称为"华北屋脊"。五台山为中国四大佛教圣地之一。

五台山地质历史悠久，地层发育典型，为典型的断块山地。山北麓受断层控制，坡陡沟深，断崖几乎直落滹沱河谷；山南麓坡势较缓，为层层起伏的阶梯状山间断陷盆地，自东北到西南分别为豆村、茹村、台怀和东冶盆地。其中台怀盆地海拔1700m，南北长约42km，东西宽约32km，位于五台怀抱之中，五台山绝大部分的寺庙都集中在此。今人们所见的"五峰耸出，顶无林木，有如垒土之台"的五个台顶，是五台山在第三纪准平原时的大地夷平面残迹。这些夷平面高度并不一致，说明五台山的差升降运动表现强烈。

注：火山风景地貌将在下一章中专门讨论。

第五章 火山与熔岩风景地貌

世界上现有火山约 3000 座，其中活火山 500 余座。许多国家都利用火山资源来开展旅游活动，如意大利维苏威火山、日本富士山是著名的观光游览地。美国夏威夷岛还建立了火山公园，这里的基拉厄威活火山，经常白烟蒸腾，岩浆翻滚，火星四溅，非常壮观。每年接待游客达百万人次以上。我国火山分布在东北、内蒙古、山西、山东、雷州半岛、海南岛、长江下游、闽浙沿海、台湾、澎湖列岛及滇西等地，火山旅游资源丰富。

第一节 火山与熔岩地貌

一、火山地貌

火山是岩浆喷出地面后形成的山体，它由火山口和火山锥两部分组成。

（一）火山口

火山是火山喷发的出口，平面上呈圆形或椭圆形。火山喷发时，首先是气体把上覆的岩层爆破，造成火山口(图 5 - 1)，然后是火山碎屑物和熔岩从火山口喷出，随后部分喷出物在火山口周围堆积下来，构成高起的环形火口垣。于是火山口便成为封闭式的漏斗状洼地，内壁陡峭，中央低陷，直径由数十米至数百米，少数超过千米，深几十米至百米以上。口内往往积水成为火口湖，如我国白头山上的天池，面积 $9.8 km^2$，最大水深为 373m。

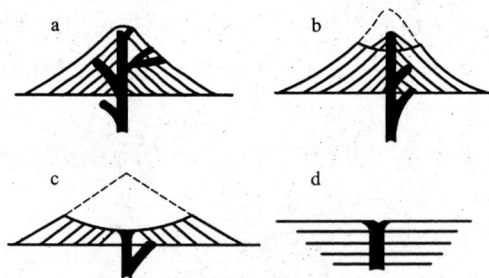

图 5 - 1 火山口的各种形态

a. 火山口 b. 寄生火山锥的火山口 c. 破火山口 d. 低平火山口

世界上许多大型火山口是经过破坏扩大而成的，又称为破火山口，成因类型有：

1. 爆破型破火山口

它是后期火山的再次猛烈喷发，将原火山口周围的锥体摧毁，使火山口扩大。直径一般由几百米至二千米，深 20~400 多米。

2. 塌陷型破火山口

火山熔岩经过大量喷发后，引起地下岩浆房的空虚，在上覆岩石的重压之下，火山口周围便发生大量崩陷。这种破火山口最常见，规模也最大，直径 10 ~ 15km，个别达到 20km，深达数百米。

3. 侵蚀型破火山口

火山口四周被沟谷侵蚀扩大而成。

（二）火山锥

火山锥以火山口为中心，四周堆积着由火山熔岩及火山碎屑物（包括火山灰、火山砂、火山砾、火山渣和火山弹等）组成的山体，形态主要有锥状火山、盾状火山和低平火山等三种（图 5 - 2）。火山锥的形态与喷发的熔岩性质有关。

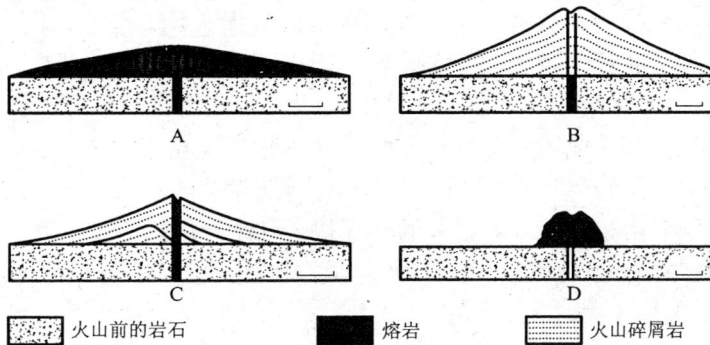

图 5 - 2　火山锥的类型（根据 **M. P. 毕令斯** 修改）
A. 盾状火山（熔岩锥）　B. 锥状火山（碎屑锥）　C. 锥状火山（混合锥）　D. 溶岩滴丘

1. 锥状火山

形态呈截顶锥形，上部坡度大，为 30 ~ 40°，下部坡度较小，锥顶有火山口或破火山口。组成火山的物质主要是火山熔岩和火山碎屑物。

锥状火山属爆裂式喷发火山，如意大利的维苏威火山（1186m）和印度尼西亚的喀拉卡托火山。这种火山喷发物主要是中、酸性熔岩（如安山岩、英安岩、流纹岩和粗面岩等），化学成分中的 SiO_2 含量较多，故粘性大，不易流动和扩散，加之冷凝快，故喷出地面后易在火山口附近堆积，造成坡度大的锥形。若熔岩在火山口内冷凝成为火山塞，堵住火山喉管，为下次火山喷发造成更大的爆炸性。该类火山喷出时带有大量气体和碎屑物，因此它不但具有较大的爆炸威力，而且火山碎屑物堆积也较多，往往形成厚层的火山碎屑岩，并具有较大的倾角，这是火山坡度大的重要原因之一。锥状火山有时通过多条火山喉管喷发，或者在同一喉管上多次喷发，结果会在火山口内或山坡上，产生次一级火山锥，这种火山称为复式锥状火山（或称多重火山）。组成锥状火山的岩石有三种：一是由熔岩组成的熔岩锥，包括中、酸性岩和基性熔岩；二是由层状火山碎屑岩组成的碎屑锥；三是由熔岩和火山碎屑岩互层组成的混合锥。

由火山碎屑岩组成的山坡，易被流水侵蚀，产生辐射状沟谷，它由锥顶向四周散开，这种沟谷称为火山濑。

我国第三纪以来由中、酸性熔岩形成的火山有东北的白头山(碱性粗面岩)、台湾北部大屯、基隆火山(安山岩)等。

2. 盾状火山

它是宁静喷发的火山,如美国的冒纳罗亚火山(4170m),该类火山主要喷发基性熔岩(玄武岩),因熔岩中的 SiO_2 含量较少,故粘性小、流动快,加上温度高(1200℃),不易凝固,故扩散面广,形成的火山基座大而坡度小,一般只有 $5° \sim 10°$,似盾状。由于火山气体喷发较少,故少有强烈的喷发。

我国由基性熔岩(玄武岩)喷发的火山有东北长白山区的五大连池,山西大同的火山群和华南琼雷火山群等等。这些火山有成盾状的,如雷州半岛的螺岗岭。也有不少是锥状的,如海南岛北部的雷虎岭,高168m,由火山碎屑岩组成,有火山口,直径50(下) $\sim$ 280(顶)m,深80m。

还有介于盾状与锥状火山之间的,如大同东部的许堡火山,基座是由火山碎屑岩组成,但西坡上覆了熔岩流,故坡度较缓,东坡露出火山碎屑岩层,故坡度较陡。

3. 低平火山

它是形态低矮的火山,成因主要是地下大量气体一次性喷发所成,形态有二种:一是漏斗状的火山口盆地,直径约 $200 \sim 3000m$,火山口下连接喷发喉管,火山口内堆积了喷发碎屑物,有时四周还堆积着由松散喷发物组成的环形堤,但没有熔岩溢出,也不具山形。二是低丘状,如我国琼雷玄武岩地区所见,是由碎物组成的山丘,相对高度 $10 \sim 20m$,火山口直径数十米,深仅数米。

二、熔岩地貌

熔岩是由溢出地表的炽热的熔融物质或熔岩流凝固形成的岩石。常见的熔岩有流纹岩、安山岩、玄武岩等。

(一)熔岩高原及台地

由裂隙式或中心式喷出的玄武岩熔岩,冷凝后可形成高度较大的玄武岩高原和高度较小的玄武岩台地。前者如冰岛高原、印度德干高原和美国的哥伦比亚高原;后者如我国的琼雷台地,它是我国第一大玄武岩台地,面积共 $7290km^2$,台地上除了火山锥分布外,台地面和缓起伏,风化壳薄,有时还见到原始的熔岩流痕迹,还有火山渣、火山弹及玄武岩块等。台地在外力作用时间不长的情况下,只发育出短浅的河谷与沟谷。如果被深切的台地,往往造成顶平坡陡的熔岩方山,如东北的敦化、密山等地的方山,长江下游的江宁方山、句容县赤山、六合县灵岩山等。

(二)熔岩隧道

它是埋藏在熔岩台地内的长形洞穴,如夏威夷的 Kazumura 洞,长达 12km,我国琼雷台地的熔岩隧道分布也很普遍,其中卧龙洞长达 3km,高7m宽10m,景色壮观奇丽。各隧道的长宽和高度相差十分悬殊,洞顶呈半圆拱形或屋脊形,有熔岩钟乳石、天窗(崩塌)和天然桥。洞底有岩柱(崩落)、熔岩堤(残余的熔岩流)。洞壁有绳状流纹和岩阶。

隧道的生成与熔岩流的物理性质有关,它是在温度高、粘度小、含气体多、易流动的熔岩流内产生。当熔岩流冷凝时,由于表里凝固速度不一致,虽然表层已经凝固成岩壳,但里层仍然保持高温和继续流动。如果熔岩来源一旦断绝,里层熔岩就"脱壳"而出,留下了空洞。

（三）熔岩堰塞湖

熔岩流进入河谷后堵塞了河道，就会形成堰塞湖，如我国牡丹江上游的镜泊湖，是由全新世玄武岩熔岩阻塞牡丹江而成，形成面积为 $96km^2$，长约 40km 的湖泊。

第二节　我国典型火山与熔岩风景地貌

我国现有火山 1060 座，著名的火山与熔岩风景地貌有属流纹岩的浙江雁荡山、属玄武岩的黑龙江省五大连池、镜泊湖、吉林长白山天池火山、吉林龙岗火山、云南腾冲火山、海南琼北火山、山西大同火山等。

一、雁荡山

雁荡山世界地质公园位于浙江东南沿海地区温州市乐清市，面积 $203km^2$。雁荡山是一座距今 1.28～1.08 亿年的大型破火山，以古火山机构及火山岩地貌为主要地质遗迹。雁荡山火山岩活动具有多种作用方式，涵盖了陆上喷发流纹岩类不同结构和成因，是一座天然的早白垩纪流纹质大型破火山机构的"立体模型"，它保存了火山爆发—坍陷—复活溢流—再爆发的全过程。它一山一石记录了距今 1.28 亿年至 1.08 亿年间一座复活型破火山演化历史，被中外地质学家称为"流纹质岩石的天然博物馆"。

雁荡山以"峰、嶂、洞、瀑"四绝著称。雁荡山地貌由流纹岩所成。这种岩石成分和花岗岩一样，但是产状不同，它是喷出地面的火山岩。它的成分（长石、云母、石英）没有结晶，因而密致而坚固，不易风化和侵蚀。故节理垂直的雁荡山，就多峭壁和峡谷了。流水只能集中在狭窄的节理中流动，是以瀑布易成，洞穴易生。由此风景中心出在灵峰和灵岩，加上百丈大龙湫，这叫"二灵一龙"。

雁荡山处在西太平洋亚洲大陆边缘，即北自俄罗斯，经日本、朝鲜半岛，南至中国东南沿海一条长达 5000km 的巨型火山（岩）带上，在 1.28～1.08 亿年前（中生代晚期早白垩纪），由于全球性板块运动，西太平洋亚洲大陆边缘发生了火山大喷发。雁荡山就是在这 2 千万年中经历了四个爆发时期、数十次喷发的最具代表性的火山。

（一）四期爆发形成四个岩石地层单元

雁荡山火山每一期喷发，相应形成一个岩石地层单元。

第一岩石地层单元即火山第一期猛烈爆发的产物，代表性岩石为低硅流纹质融结凝灰岩。分布在西起燕尾瀑，经响岭头等风景区，在景区溪流谷底可看到这种岩石。

雁荡山火山第二期喷发，形成了第二岩石地层单元。这些地层岩浆平静溢流和侵出形成流纹岩层和流纹岩穹。该岩石单元叠置在第一岩石地层单元之上，分布于火山内环，西至大龙湫，经灵岩、灵峰，转向东部的五峰山下、七星洞，再转向北部仙桥、仙姑洞等景区。雁荡山的嶂、洞、瀑等景观大都是这次喷发造成的，十分壮观。

第三岩石地层单元为火山第三期喷发的产物，它的代表性岩石有凝灰岩、熔结凝灰岩并夹有流纹岩。我们现在可以看到的就是灵峰底座、方洞至沙帽峰与仰天斗的下部。最典型的岩石还显露在方洞外公路两侧等景观处。

第四层岩石地层单元，是雁荡山经受的又一次猛烈的火山喷发的产物，代表性岩石是流纹质熔结凝灰岩，这一岩层都处于最高处。景区中的"夫妻相拥"的头部就是这期喷发所形成的。

（二）部分典型地貌景观的成因

1. "接客僧"——三次火山爆发的碎屑组成

接客僧岩是由距今 1.28 亿年左右、雁荡山火山最早喷发的熔结凝灰岩组成的。接客僧的头部、身部和底座三部分岩石均为熔结凝灰岩，这可能代表了连续三次火山爆发。第一次爆发的岩石基本保留成为基座石；第二次爆发的岩石经过崩落后保留了一个柱体，成为"身体"；第三次爆发的岩石仅保留了一个"头"部。每次爆发岩石内部结构都有差异，经历长期风化剥蚀，所以接客僧也是大自然塑雕而成的。

2. "龙"字天书原是岩浆喷溢口

在锦溪边观景平台，一个遒劲有力的繁体草书"龙"字十分壮美。天书"龙"字让人生出无穷的遐想。

一般火山喷发的熔岩的流动构造是近于水平的，而此处流纹却从下而上，由直立到弧形，这表明岩浆是从这里挤出地表成为一个岩穹。岩穹已破裂保留了右半部分。从某种意义上讲，岩穹即为岩浆溢出地表的通道，大龙湫流纹岩是距今 1.27 亿年前从这喷溢出的。

3. "梅花桩"的纹路为何像树木的年轮

"梅花桩"是一块高约 3 米的奇石，斜立于铁城嶂之旁。该石玲珑剔透，具古梅之桩的铁骨气势，石纹累累，像树木的年轮一般。梅花桩为何孤立于铁城嶂旁？纹路为何像树木的年轮？其地质原因是："梅花桩"是从铁城嶂巨厚流纹岩层中崩落的一个岩块。空洞与石纹的形成是因为它是一次火山喷溢岩流之中的下部岩石，其中含有的角砾岩剥落后成了空洞，而绕过角砾的流纹则保留了下来。

4. 一峰裂二成"合掌"

"合掌峰"由灵峰与依天峰合成，峰高 270m，在群峰环拱中直插云天。夜看峰影恰似夫妻二人，又人"夫妻峰"、"情侣峰"。"合掌峰"是两峰合一，还是一峰裂二？其实，合掌峰是周围的流纹岩嶂崖中分裂出来的一座峰，其中发育一条断裂，使一峰裂开为二，并沿裂缝发生岩石的崩塌，构成高 113m 的观音洞。

5. 雁湖的来由与消失

在高达 899~985m 的山顶岩岗上为什么会出现平湖？从地质学上考察，雁湖处于雁湖尖-百冈尖石英正长岩体之上。这种岩石不是火山喷发的产物，而是火山喷发停息后岩浆从地下沿北东走势的断裂侵入而成的，称侵入岩。石英正长岩由长石、石英、角闪石等矿物组成，较为粗粒的石英正长岩比周围的火山岩易于风化剥蚀，从而易于成土，易于成为稍有起伏的岩岗。岩岗的低洼处成了积水之地。昔日植被茂盛，发育成原始森林，在雨水充沛的气候环境下，雨水一方面在较平坦的岩岗上流入洼地。另一方面，雨水由植被吸收、蒸发或渗流入土，起到良好的水土保持作用，从而积水成湖。湖中芦苇丛生，成了大雁秋居的好地方。

为什么昔日有大雁群居，而如今湖面减缩，甚至成了"片片凹陷的龟裂土地"，大雁"失踪"了呢？至少有两方面的原因：一是雁湖湖底为石英正长岩，缺乏良好的隔水层，水易于渗流。二是人们连根砍伐树木，将原始的植被改变为人工的茶场，导致水土保持能力大大减弱。

6. 显胜门

岩崖壁上部有著名的石佛洞，此洞为沿裂隙岩块剥落而形成。洞内有硅质水溶液淋积成微型柱状体。门内有倒石堆积的"透天十八洞"。该倒石堆证明了显胜门是流纹岩岩峰断裂、岩块崩落而成豁口。

雁荡山的洞穴徐了这种沿垂直裂隙崩塌形成的竖洞外，还有一种是流纹岩熔岩流动时由于固结不均，局部岩浆流失或两次熔岩流中间未充满而形成的熔洞，例如方洞及关刀洞等。

7. 三折瀑

三折瀑的瀑壁均为巨厚的流纹岩层，"三折"地貌反映了三次火山喷溢，三次岩流全置。

8. 观音峰

从下而上依次为：流纹岩、凝灰岩、熔结凝灰岩。观音峰地貌反映了雁荡山火山第二、三、四期火山喷发形成不同岩石的垂直剖面。

9. 球泡流纹岩

位于进入大龙湫景区的路旁。这里的岩石有许多"石球"，这些石球其实是空心的，在地质学上称为球泡构造。它是含有气体的岩浆溢出地表后，熔岩在流动的过程中，气体局部聚集，形成有空腔的球泡。

二、五大连池

五大连池世界地质公园位于黑龙江省五大连池市，占地总面积 $720km^2$，是我国著名的火山游览胜地。公元 1719～1721 年，由于火山的喷发，喷溢的岩流将讷谟尔河支流的白河截为五段，形成了五个湖泊，像一串珍珠般排列着，五潭池水，波波相映，池池相连，蜿蜒曲折，这就是我国著名的第二大火山堰塞湖－五大连池。环五大连池分布十四座火山，层峦毗邻，雄伟壮观。

五大连池火山群保存完好的火山口和各种火山熔岩构造，如多层流动单元构造、结壳熔岩构造、渣状熔岩构造、喷气溢流构造（喷气锥和喷气碟）、熔岩隧道构造等，以及浩渺的熔岩海，堪称火山奇观，加上区内特有的兼为饮用与治疗的碳酸泉，使其成为旅游观光和治病、疗养的著名火山风景区。

1. 火山锥

五大连池火山分布严格受断裂控制，现在所见的十四座主火山多是排列在北东向断裂上，形成四条火山链，最东的火山链有东龙门山与东焦得布山，第二条有莫拉布山，西龙门山、西焦得布山，第三条有火烧山、老黑山、笔架山、卧虎山，第四条有北格拉球山与南格拉球山，北东向断裂是控制火山活动的主要断裂，北西则为次要断裂，如尾山、西龙门山、小孤山为一条北西向断裂，北格拉球山、笔架山、药泉山分布在另一条北西断裂上，主火山往往是北东与北西两条断裂的交汇处，如笔架山、西龙门山。

火山锥体分三部分，下部是熔岩层，同熔岩台地连在一起；中间为熔岩与碎屑岩互层；上部和外坡由许多球形、环形、空心、实心的火山弹，扁平的火山饼，气孔众多的浮石块，形状不规则的岩渣，粒径较小的火山砾、火山豆、火山灰等堆积形成的火山碎屑岩，即火山集块岩组成。

2. 熔岩台地

老黑山和火烧山的四周为熔岩台地，总面积达 $65km^2$。

3. 熔岩堰塞湖

新期熔岩台地北部、东部、南部有五个大小不一的池子，故得名五大连池，另外还有南月牙泡、北月牙泡、药泉湖等共八个火山堰塞湖。

1719 年老黑山喷发溢出的熔岩流向北流动，阻塞了白河支流，形成南月牙泡和北月牙泡，之后间歇，再次喷发时熔岩流向北流动后又折东南及南侧，阻塞白河的另一支流，形成二池、头池和药泉湖。1721 年火烧山喷发，熔岩流向北、东流动，再次阴塞白河河道形成五池、四池、三池。

4. 熔岩洞和熔岩隧道

从火山口溢出的熔岩流在流动过程中，如遇坡谷，表层冷却凝固以后，下部熔岩继续向前流动，当火山喷发停止后，岩浆来源不足就出现空隙或出现空洞，即熔岩洞和熔岩隧道。如目前发现的仙女宫、水帘洞、白龙洞、水晶宫等。

5. 喷气锥和喷气碟

喷气锥和喷气碟是熔融状的熔岩使地表水汽化而产生大量气体，不断外逸，而吹动熔岩外掀，每一次气体逸出就有一些液态熔岩跟着上来，在喷口的四周堆叠起一层薄薄环状熔岩饼，形似喇叭，这样间歇喷逸连续多次，并逐渐向上堆叠起来，形成了喷气锥，锥体一般高为 1～4m，堆叠的层数一般为 20～30 层。

喷气锥形态各异，有锥形、塔形等。喷气锥的腹腔都是空的，内部形状上大下小顶部保留一个洞口，少数为封闭状，内壁布满线状尖刺状熔岩钟乳。喷气锥大都分直立挺拔，个别形态歪斜，有的裂成两瓣，也有的横躺在地的。

喷气碟：与喷气锥伴生的还有喷气碟，它是喷气锥的雏形，其成因与喷气锥一样，只不过是液态熔岩间歇喷出的次数少，只有 2～3 层，喷气碟多呈单个分布，形状呈环状（较浅的圆坑状），直径一般为 0.2～0.5m，底座直径一般 1.5～2.5m，大者可达 5m 左右，高一般为 1m 左右。

6. 熔岩流动构造

五大连池在火山喷发溢出岩浆形成的玄武岩台地上，遗留有极其丰富的微地貌景观，主要有千姿百态的熔岩流构成栩栩如生的熔岩造型，如象鼻状熔岩、爬虫状熔岩、绳状熔岩（图 5-3）、馒头状熔岩、树干状熔岩、木排状熔岩、钢轨状熔岩、波状熔岩、鱼脊状熔岩、盘肠状熔岩、瓦楞状熔岩、车辙状熔岩等。

图 5-3　五大连池绳状熔岩

7. 熔岩楔子

分布在火烧山，当结壳熔岩的表层冷凝后，由于内部的熔岩流向外推挤，产生张裂隙，这时熔岩流顺着裂隙侵入并在裂隙中凝固，称期为熔岩楔子。

8. 熔岩坪

在结壳熔岩台地上多见平整、宽广的熔岩，称为熔岩坪，表面岩层多脆裂，多数地方可见清晰的流动构造。

9. 熔岩河

石龙脊上的熔岩流纵横交错，四处流淌。它们是老黑山，火烧山喷发出来的熔岩流向外延伸的过程中沿着较低洼处移动，火山停止喷发后形成的长形沟槽，状似激流奔腾的河流。

熔岩河位于老黑山东约 3km，一条熔岩从老黑山溢出口向东奔流，直抵池边，熔岩流大都表面平坦，有的则为具有纵向条带的熔岩，有的地方形成了熔岩漩涡，全长约 2km，宽 50 ~ 200m。火烧山北熔岩溢出口涌出的熔岩河约 1.5km，宽 30 ~ 80m。

10. 熔岩瀑布

熔岩在流动过程中遇到陡坎，呈散流顺坡而下，形成清晰的熔岩流动构造，极象流水形成的瀑布，瀑布一般宽 3 ~ 5m，最大宽 8m。落差 3 ~ 4m。

11. 其他

熔岩裂隙：结壳状熔岩台地上分布大量的裂隙，裂隙长者可达数百米，一般为 20 ~ 40m，宽一般 0.5 ~ 1m，最宽 2m 多，进入裂隙中，只见两壁悬崖陡峭，顶部一线天。

石海：有老黑山，火烧山周围大片分布的碴块状，熔岩表面崎岖，坎坷不平，远望如波涛汹涌的大海，近看却是岩石碎块，怪石嶙峋。有些块石微有连接，貌似整体，踏之即碎，老黑山东麓的一片石海最为典型，且位于路旁，很是壮观。

石塘：也叫龙门石寨。老期玄武岩台地，多被土壤覆盖，但局部地方可见到大片玄武岩块石分布区，当地人称为"石塘"。西龙门山西部石塘分布最广、最典型、石塘面积数百平方米至数平方千米，石块直径一般为 0.5 ~ 2m，最大者达 5m，站在石塘中近看，块块熔岩参差而立，远望如巨石组成的石流顺坡下，气势磅礴，石塘边缘树高林密，并有爬地松（兴安桧）匍匐于块石之上，相互衬托，显得更加雄伟壮观。

三、镜泊湖

镜泊湖，是熔岩流堵塞牡丹江及其支流而形成的湖（附近的小北湖和大干泡也是阻塞湖）。湖长 45km，面积达 90km²，湖平如镜，山重水复，青幽秀丽，是我国著名的风景区和避暑胜地。被誉为"北方的西湖"。

镜泊湖火山以火山口森林、熔岩洞穴（其中 2 号熔洞最为壮观，长达 500 多米），熔岩型瀑布闻名于世。这里共有 102 个火山锥，外形完整，以景色秀丽、气势雄壮，具有粗犷奔放的自然美。

地下森林：在镜泊湖东北，小北湖附近，有一处 20km 长的条带状地区，这里从东南向西北排列着七个火山口，里面长满了林木，这便是地下森林。

吊水楼瀑布：位于熔岩流下游，瀑布落差 60 余米，是镜泊湖的著名风景点。

熔岩隧道：从火山口森林地区至湖南屯 26km 长的范围内，发育了很多地下熔岩隧道，"熔岩隧道"，给镜泊湖风景区又添上一层神秘的色彩。据科学家推测，"熔岩隧道"是距今四千到八千年前一次火山喷发时形成的。其面貌很像广西桂林石灰岩地区的喀斯特"溶洞"，但与溶洞有本质区别。已发现的熔岩隧道短的几十米，长的在 500m 以上，最长者近 2km。一般宽 5m 余，高 3m。隧道顶呈拱形，内表面全部是黑紫色，如同涂上一层"彩釉"。顶部密布下垂欲滴的熔岩乳。各种奇幻形态，犹如人工雕琢，有的似盘卷的蟒蛇，有的似飞腾跃起的巨龙，有的如花草浮雕，图案精美，分布井然有序。隧道中还可见到直立的石柱以及天然的石床、石阶等等。

镜泊湖火山集中在黑龙江省宁安县小北湖的火山口森林和蛤蟆塘两个火山区，共有 13 个火山口，均为复式火山，其中火山口森林地区包括火山口森林火山、大干泡火山、五道沟火山、迷魂阵火山等 4 个复式火山。这些火山主要由火山弹、岩饼、火山渣、浮岩、火山砾、火山砂等火山碎屑岩和熔岩组成的火山锥体，熔岩分布于火山口周围，大量充填于河谷。

四、长白山天池

长白山天池火山是目前我国境内保存最为完整的新生代多成因复合火山，火山活动经历了造盾(2.77 – 1.203Ma 早更新世)、造锥(1.12 – 0.04Ma 中 – 晚更新世)和全新世喷发三个发展阶段，三个阶段岩浆成分从玄武质→粗面质→碱流质，代表其演化过程。

长白山天池是火山喷发自然形成的火山口湖，是中朝两国的界湖。因为它所处的位置高(水面海拔 2194m)，所以称为"天池"。

长白山天池形成的地质史：长白山是古华夏大陆的一部分。大约在六亿年以前，是一片汪洋大海。从元古代到中生代，地球经历了一系列造山运动后，海水终于从这片几经沧桑的古陆上退走。长白山地区的地壳发生断裂、抬升，地下流出的玄武岩浆液，沿着地壳裂缝大量喷出地面，揭开了长白山火山喷发的序幕。在距今一百万年的地质年代里，长白山地区先后发生过多次规模较大的火山喷发，形成了以天池为中心的、呈同心圆状分布的庞大火山锥。从 16 世纪至今曾有过三次喷发，火山喷发停熄，火口积水成湖。火山喷出的物质堆积在火山口周围，使长白山山体高耸成峰，共有 16 座奇峰环峙，俨若威武剽悍的斗士，依天傲立，拱卫着一泓湛蓝晶莹的池水。这澄澈的湖水仿佛一面巨大的、一尘不染的明镜，映照着蓝天白云。

天池被巍峨陡峻的 16 峰环抱着。这 16 座山峰，座座虎踞龙盘，气势雄浑。"处处奇峰镜里天"，天水相连，云山相映，云中有山，水中有云，倒映在湖水中的岚姿云影是一幅绝妙的泼墨丹青，令人叹为观止。

五、腾冲火山

腾冲火山区位于云南西部腾冲断陷盆地中，包括腾冲县绝大部分及梁河县一小部分，山奇水秀，自然资源丰富，人文景观众多。但区内最壮丽的景观是火山、热海和地震。腾冲火山区有 68 座新生代火山(打鹰山是其中火山锥最完整的一座新火山，山体相对高差为 645m，火山口直径 300～500m，深 90 余米，为我国罕见的高大火山)，139 处温泉。火山口呈南北向排列，呈串珠状。与高黎贡山并列，一高一低，甚为壮观。

腾冲火山群的火山形态保存完好，一般火山锥高度数十米至 200m 不等，火山口深 20 – 50m，直径大者 300 余米，小者 20 – 30m。从高空俯视腾冲，可见在布满环形图案的大地上有一个个蘑菇状山地挺立成整齐的队列。

腾冲的大火山锥周围都有面积较大的黑色玄武岩熔岩台地，火山喷发时间主要在第三纪中新世至第四纪的全新世。由安山玄武岩、橄榄玄武岩、橄榄安山玄武岩组成。台地上怪石嶙峋，坎坷不平，像狮、似虎，如塔、似墓，有的像木排，有的似圆鼓。如果仔细寻找，能找到一些纺锤形、球形、饼状、麻花状的火山弹，以及状如蜂巢，色赭红而质轻，能浮于水的浮石。熔岩台地由熔岩流、火山角砾、火山弹、火山灰组成。层面南倾，表明当时熔岩流是由北向南流的。

腾冲火山区位于印度板块向北和向东碰撞带交界的雅鲁藏布大拐弯附近，如今仍有硫气孔存在，地震频繁，专家认为，腾冲火山有继续喷发的潜在危险。

腾冲是中国西部著名的地震活动区，集火山、地热、温泉、地震活动为一体，这在世界其他地方也不多见。

六、台湾地区火山

台湾是我国火山活动最集中、最强烈的地区之一。自台湾东北的赤尾屿、黄尾屿、钓鱼岛，经北部的大屯火山群，到南部海洋中的火烧岛、兰屿一带，共有火山70余座，组成两列火山岛链。台湾北部的火山，形成两大著名的火山群，即大屯火山群和基隆火山群。大屯火山群最高峰七星山，源源冒出地热与硫磺。台湾已将本地区列为"国家公园"。台湾的台南、高雄、屏东等地还分布有17座泥火山。

此外，广东省西樵山、雷州半岛、湛江市湖光岩都有火山熔岩、火山湖之类景观。雷州半岛和海南岛北部约有100座火山，其中以马鞍形、火山口呈漏斗状的马鞍山，山体呈笔架式的笔架岭，湖光岩的火山口湖为代表（湛江市湖光岩为我国三大火口湖之一，湖面积约2.4km^2）。涠洲岛是我国最年轻的火山岛，典型的火山地貌与海蚀地貌互为增色，是著名的旅游胜地，也是极好的教学、科研基地。

山西省大同盆地东部的大同火山群，包括30余座孤立的火山锥，和大片分布于桑干河两岸的玄武岩。根据玄武岩喷发方式和时代，可将大同火山分为东、西两个区。西区至少有13个火山锥，包括金山、黑山和昊天寺等，以中心式碱性玄武岩浆喷发为主，岩浆可夹于黄土层中。东区则以拉斑玄武岩为主，它们覆盖淤泥河湾组地层之上或与其上部地层呈互层。

第六章　丹霞风景地貌

　　在广东省韶关市东北郊，有一片神奇的山地，红色的石头，红色的山崖，看去似赤城层层、云霞片片，古人取其"色如渥丹、灿若明霞"之意，称之为丹霞山。20 世纪 30 年代，我国著名地质学家、中科院资深院士陈国达教授在对丹霞山及华南地区的红石山地作了深入研究之后，以发育最典型的丹霞山为名，将这一类地貌命名为"丹霞地貌"，并很快为学术界接受与采用。此后凡由红色砂砾岩构成的，以赤壁丹崖为特色的一类地貌均称为丹霞地貌。

　　世界上丹霞山地貌主要分布在中国、美国西部、中欧和澳大利亚等地，而以我国分布最广，类型最齐全。目前我国已发现的丹霞地貌有 650 多处，国外也发现了 50 多处。

　　丹霞地貌分布区，往往是奇山秀水相辉映，是构成风景名山的一支重要类型。我国发育得比较典型的丹霞地貌有"碧水丹山，奇秀东南"的武夷山、"丹崖赤壁"的丹霞山、奇峰竞秀的龙虎山和圭峰山、凌空峭拔的齐云山。广西资源的八角寨、广东坪石的金鸡岭、湖南宁远的九嶷山与新宁的莨山、河北承德的棒锤山、甘肃的麦积山和崆峒山、宜昌至安庆长江两岸的"赤壁临江"等，其风光都很有名。目前我国的 151 处国家重点风景名胜区中，就有 26 座属于丹霞地貌名山。

第一节　丹霞地貌的形成条件及发育的基本过程

一、丹霞地貌发育的物质基础——红层

　　丹霞地貌发育的物质基础是红层，红层是从中生代，特别是从侏罗纪到早第三纪的陆相红色岩系，是一种典型的陆相沉积，是在封闭的、相对干燥的内流盆地环境中形成的。

　　中国地壳构造发展的大阶段包括陆核形成大阶段、地台形成大阶段、联合古陆形成大阶段、联合古陆解体大阶段。联合古陆解体于印支运动期之后。此时，中国和亚洲的主要部分已全部固结。中国境内的主要经历一是青藏地区的一些地块不断北移到位，最后形成青藏高原；二是陆内碰撞和挤压形成大规模的逆掩推覆和不同类型的挤压盆地；三是西太平洋边缘海－岛弧体系形成沿海的一些地体拼贴和陆上的张裂型盆地。

　　燕山运动（印支运动）时我国秦岭——大别山以南的东南地区形成的许多断陷盆地，使水系多向这些盆地作向心集合，盆地接纳和堆积了上千米至数千米的碎屑物——泥沙、砾石，这些泥沙、砾石固结成红色水平的沙砾岩层，称之为白垩——下第三系红层。在后来的喜马拉雅运动中，红色水平的沙砾岩层又受到进一步的改造，但基本格式并没有多大的改变。

　　红层由红色砾岩、砂砾岩、砂岩、粉砂岩、砂质页岩和泥质页岩等交互组成，并夹有一些淡水灰岩、石膏、岩盐等蒸发岩，以及暗色的砂岩和页岩（包括碳质页岩和含油页岩）等，厚度可达 1000 米以上。岩石呈红色是因为岩石颗粒之间的填充物或胶结物主要是氧化铁（以赤铁矿居多，针铁矿和磁铁矿次之），故呈红色。由于沉积环境的差异和后期地质作用的改造，

红层的颜色有棕黄、褐黄、紫红、褐红、灰紫等偏红色调。

二、地质构造的影响

（一）断层节理决定了山块的格局

盆地内部的构造线格局是控制丹霞地貌山块格局乃至山块形态的基本因素。大的构造线控制了山块总体的排列方向，小构造则控制山块的走向、密度和平面形态。丹霞山的山块排列基本沿北北东向的大断层延伸，而山块的走向、石柱的排列主要沿近东西向的断层和大节理延伸。

（二）岩层产状控制了坡面的形态

根据黄进等人（1982，1992）的研究，岩层产状对丹霞地貌形态的影响主要是对于山块顶面和构造坡面的控制。一般情况下，近水平岩层上发育的丹霞地貌具有"顶平、身陡、麓缓"的坡面特征；缓倾斜岩层上发育的丹霞地貌则"顶斜"，具有单面山的特点，其斜顶基本和岩层层面一致。陡倾斜岩层所发育的丹霞地貌若不是保留了古侵蚀面的话，其顶面很难形成平顶或缓斜顶，而往往是尖顶。甘肃刘家峡地区的岩层倾角达 50 ～ 60°（黄可光，1992），其构造坡面已构成陡崖坡。

（三）地壳升降控制了地貌发育进程

地壳升降的影响体现在红层盆地必须是后期上升区，以便为侵蚀提供条件。上升到一定程度而长期相对稳定，有利于丹霞地貌按连续过程从幼年期到老年期逐步演化；间歇性抬升则可能发育多层性丹霞地貌，安徽齐云山的这种陡缓坡组合多达五级。据黄进、刘尚仁等（1994）在丹霞山区河流阶地冲积层中进行的热释光采样分析，得知丹霞山区的地壳平均上升速度为 0.97m/万年。由此可知，丹霞山现代地貌形成于距今大约 600 万年前，其丹崖后退速度平均为 0.5～0.7m/万年。

三、外力作用的影响

直接影响丹霞地貌发育的外动力因素主要有流水、风化和重力等作用，其中流水是塑造地貌的主动力。在干旱区，风力对于外表形态的塑造具有不可忽视的作用；在湿润区，生物对于风化作用具有一定的影响。

（一）流水作用

流水作用在丹霞地貌发育和演化中的主导性表现为流水是下切和侧蚀的主动力；同时流水又不断地蚀去坡面上的风化物质，使风化得以继续进行；流水的侧蚀往往在坡脚掏出水平洞穴，使上覆岩块悬空，为重力崩塌提供了可能。此外，流水对红层中的可溶性成分进行溶蚀，可促进水动力侵蚀的加强和风化作用的进程。

（二）风化作用

风化作用对暴露的红层坡面进行着经常性的破坏，因为红层在垂向上的岩性差异而导致抗风化能力的不同，常使得砂砾岩等硬岩层相对凸出而成顺层岩额或岩脊，而泥质或粉砂质软岩层则凹进而成顺层岩槽或顺层岩洞，形成丹霞地貌陡崖坡上独特的微地貌景观。

黄进（1996）认为由于红层孔隙度大、矿物成分复杂，导温性能差，尤其易于片状风化剥落。他把红层的风化作用归为凸片状风化和凹片状风化两种，前者使山顶、山脊或石块圆化，后者使软岩层凹进。并认为凹进岩槽的某一部分可继续风化发育成扁平洞，进而发育成穿洞,部分穿洞可继续风化及崩塌,发展成为天生桥。

此外,干旱区的盐风化、高寒区的冻融风化使这些地区的丹霞地貌物理风化强烈,而使其形成比较粗糙的表面。

（三）重力作用

因为陡崖坡往往是崩塌面或经后期改造过的崩塌面,是丹霞地貌最具特色的形态要素,所以重力作用在丹霞地貌发育过程中相当重要。重力作用往往发生在流水下切或侧蚀而形成的临空谷坡上,当流水侧向掏蚀而使山坡局部悬空时,悬空岩体便可能沿原生构造节理或减压(卸荷)节理发生崩塌。此外,陡崖坡上的风化凹槽进一步加深,上覆岩体失去平衡也可沿破裂面发生崩塌;洞穴、天生桥的顶板也常因风化而发生局部崩塌等等。

陡崖坡的崩塌大多是沿着某一破裂面的块状崩塌,到坡脚发生机械破碎,因而坡脚常堆积由巨大石块构成的崩积物。例如,丹霞山锦石岩陡崖下的崩积物最大的可达 $30m \times 20m \times 5m$,丹霞山宾馆在上面建了一幢三层楼房。

（四）其他外动力

风沙吹磨可在丹霞崖壁上形成大量的风蚀窝穴;海洋的波浪作用影响海岸丹霞地貌的发育;人工凿石雕凿出人工丹霞地貌。

四、丹霞地貌发育的基本过程

丹霞地貌发育的基本过程:①内陆盆地形成,氧化环境,碎屑堆积(洪积、冲积、湖积)(见图6－1A);②红层盆地抬升,以断裂为主的块状构造发育,局部宽缓褶曲,地壳渐趋稳定(见图6－1B);③红层盆地抬升的同时,流水下切,其原始洼地往往继承性发育主河谷,断层破碎带和大节理成为流水切割的薄弱地带,也可能发育主河谷。巷谷和峡谷发育,上部

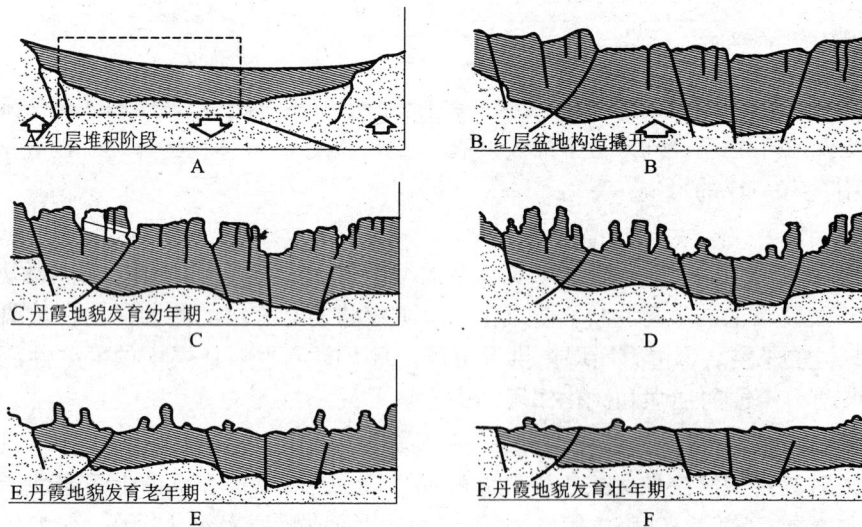

图6－1　丹霞地貌发育的基本过程

A. 红层堆积阶段　B. 红层盆地构造抬升　C. 丹霞地貌发育幼年期　D. 丹霞地貌发育壮年期
E. 丹霞地貌发育老年期　F. 准平原期(消亡期)

保持较大面积的沉积顶面或弱侵蚀平台(见图6-1C);④随着主河谷接近区域侵蚀基面,近河谷地带出现红层峰林,远河谷地带发育红层峰丛,地表崎岖(见图6-1D);⑤主河谷与主要支谷达到侵蚀基面,河谷平原、红层丘陵和红层孤峰相见分布,局部可保存峰林状(见图6-1E);⑥随着流水等侵蚀作用,陡崖坡则不断崩塌后退,山顶的平缓坡面则被切割,并使其面积逐渐缩小,原来的山块则退缩成为"堡状残峰(石蛋)"或成为孤立的石柱——石针(见图6-1F)。上述过程可能随地壳的间歇性抬升或流水的间歇性下切而在一个地区多次重复进行,所以在丹霞地貌区常可见到数级陡缓坡阶梯式地貌(因岩层的软硬差异,也可形成多级陡缓坡面)。

　　此外,根据黄进的研究,当陡崖坡发生崩塌时,巨大的重力使崩塌下来的岩块发生一次剧烈的碎化作用。这样就使堆积在崖麓缓坡上的岩块、岩屑大大增加了与空气、水分和生物的接触面积,使风化作用得以加速进行。而且,当陡崖坡发生一次规模较大的崩塌作用之后,常间以一个稳定时期(图6-2)。这不但使陡崖上的片状、块状风化剥落作用得以进行,而且使崖麓缓坡的崩积物有一个较安定的时期来进行风化作用,使崖麓缓坡上有相当一部分形成红色风化壳及土壤层。这时坡面水流也在缓坡上进行冲刷、侵蚀。当缓坡上某些部分的土层被

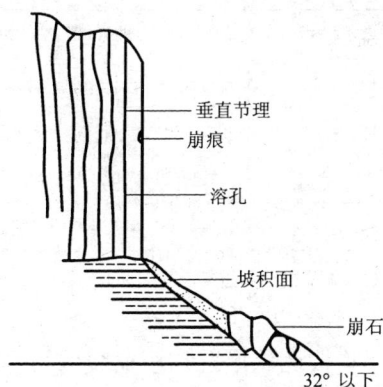

图6-2　稳定岩坡

蚀去,而露出基岩缓坡面时,水流就会沿着岩层的节理进行侵蚀而形成新的陡崖坡(也可以发生在地壳重新抬升的背景下)。然后又在其麓部产生新的崩积缓坡及其下伏的基岩缓坡面,并随着其上方陡崖的崩塌后退而不断扩大。

第二节　丹霞地貌形态特征与分类

一、丹霞地貌的基本形态特征

　　黄进把近水平构造的丹霞地貌坡面,自上而下分为三种类型:

　　(1)受近水平岩层面控制的层面顶坡:这些顶坡一般呈微微上凸平缓坡面,坡度与岩层面的控制有关,同时也与山顶风化物质在湿润条件下的内摩擦角有关。

　　(2)受垂直节理控制的陡崖坡:陡崖坡主要是因为较大面积的岩块沿垂直节理发生崩塌作用形成的陡崖。这种陡崖坡是三种坡面中最重要的一种坡面。在陡崖处于相对稳定状态时,由于风化、片流侵蚀,陡崖面上会发生突出部分圆化、软岩层凹进、坡面形成平行沟槽等微地貌。

　　(3)受崩积岩块内摩擦角控制的崩积缓坡:崖麓崩积缓坡,一般较严格地受崩积岩块内摩擦角所控制,多在30°左右。当崩积物较粗大时,其坡度较陡;反之则较缓。若崩积物及风化层被蚀去,则露出其下的基岩缓坡。

　　"顶平、身陡、麓缓"三种坡面,是丹霞地貌中最基本、最简单的坡面类型,也是丹霞地貌的基本形态特征(图4-1)。

二、丹霞地貌分类

由于发育丹霞地貌的物质基础、构造条件、外动力因素等差异，形成了丰富多彩的丹霞地貌类型。黄进(1992)曾以六个方面的依据对丹霞地貌进行不同系列的分类(表6-1)。

表6-1　丹霞地貌分类

分类依据	类　型
岩层倾角	(<10°)近水平丹霞地貌，(10°~30°)缓倾斜丹霞地貌，(>30°)陡倾斜丹霞地貌
有无盖层	(无盖层)典型丹霞地貌，(有盖层)类丹霞地貌
气候区	湿润区、半湿润区、半干旱区、干旱区丹霞地貌
发育阶段	幼年期、壮年期、老年期丹霞地貌
有无喀斯特化	(有喀斯特化)丹霞喀斯特地貌，(无喀斯特化)非丹霞喀斯特地貌
地貌形态	宫殿式(柱廊状、窗棂状)、方山状、峰丛状、峰林状、石墙状、石堡状、孤峰状等

资料来源：根据黄进等有关文献编制。

彭华按地貌形态和按地貌的组合结构分类如表6-2、表6-3。

表6-2　彭华按地貌形态分类

类　型	指　标	特　征	分　布
丹霞方山	近平顶，四面陡坡，长宽比小于2:1	岩层近水平，山顶平缓，四壁陡立，呈城堡状、宫殿式丹霞地貌	近水平岩层分布区，构造盆地中部
丹霞石墙	长度大于2倍宽度，高度大于宽度	山块顺断裂构造线延伸，呈薄墙状，低缓者可称石梁	近水平岩层分布区，构造盆地中部，或垂直断裂切割成条块状的地带
丹霞石柱	孤立石柱，高度大于直径	方形或圆形孤立石柱，低矮者可称石墩	近水平岩层分布区，构造盆地中部，或垂直断裂切割成方块的地段
丹霞尖峰	由陡崖坡构成的锥状山峰	四面陡坡，局部有陡崖，但山顶面不发育，呈锥状山峰	无明显规律
丹霞低山	局部陡崖，多为30°~60°的陡坡山峰	可能有1~2个面呈局部陡崖坡，大部以陡坡或陡缓坡相间构成山峰或山梁	无明显规律或岩性稍软地段
丹霞丘陵	局部有陡崖，山顶浑圆化的低缓丘陵	无连续陡崖坡，总体上呈圆化丘陵状	老年期的丹霞地貌或软岩地段

注：尚有数种次级地貌与负向地貌，未列出。

表6-3　按地貌的组合结构，又可分为以下类型(据彭华):

类　型	指　标	特　征	分　布
高原峡谷状丹霞地貌区	保持大面积高原面，沟谷深切	山顶面基本保持统一高原面(古剥夷面)，无或少有孤立山块，丹崖集中在峡谷两坡	近期地壳强烈块状抬升区
山岭状丹霞地貌	以起伏较大的锥状山峰为主的红层山地	岩性相对软弱的红层，在高原峡谷型的基础上进一步侵蚀形成的红层山地	地壳抬升，抬升后侵蚀时间较长
峰丛状丹霞地貌	以直立形态为主，但基座相连的丹霞地貌区	岩性坚硬，上部形成直立丹霞地貌，下部尚未切透或地壳再度抬升，基座高度大于上部	地壳抬升，抬升后有较长的稳定期
峰林状丹霞地貌	基座分离，以直立形态为主的丹霞地貌区	岩性坚硬，山块分离，柱状墙状方山状山块林立，沟谷剖面较平缓	地壳抬升，抬升后有较长的稳定期
孤峰状丹霞地貌	山峰孤立，或山峰间距大于山峰高度	丹霞岩峰呈孤立状，不成山区；或峰与峰疏散分布，之间有宽阔的平缓谷地或缓丘	抬升后长期稳定的侵蚀区
丘陵状丹霞地貌	山峰浑圆化，大部分山坡平缓的丹霞地貌区	无丹霞石峰，山顶浑圆，局部保持陡崖，丘顶或谷地偶见丹霞石球	抬升后长期稳定的侵蚀区

三、几种典型丹霞地貌形态

(一)方山

方山是从构造高原或台地分割出来的破碎山体，以平坦的山顶为特征，如我国粤北的丹霞山，高600多米，由厚层坚硬的晚白垩系红色砾岩、砂岩等岩层组成，岩层倾角仅5°~8°，峰平坡陡，形似城堡或山寨，故俗称为"城"、"寨"，如平头寨、扁寨、巴寨等。又如浙江省永康县的方岩，是由红色沙砾岩组成的方山，高384m，附近诸峰群立，顶平形方，四壁如削。此外在我国的湘、赣、川、鄂、甘、冀等地红层堆积的盆地中，都普遍发育出构造台地和方山地貌。

(二)峰林

它由台地和方山演变而来，当侵蚀作用深入到构造台地和方山内部时，它们都遭受强烈的破坏，形成高低参差、面积较小的峰林地貌，其中包括有：①狭长的石岭，如粤北坪石的"一字峰"；②矮窄的石墙；③孤立的石峰，如丹霞山的僧帽峰、姐妹峰、茶壶峰，武夷山的玉女峰、大王峰；④高尖的石柱和石针，如丹霞山的蜡烛峰；⑤圆大的石蛋，如粤北坪石金鸡岭上的金鸡石等。它们都是很好的地貌旅游资源。

(三)崖壁

崖壁是丹霞地貌的一大特色。崖壁的坡度一般超过60°，有的甚至大于90°，或逆坡倾斜。崖壁的形态受岩性支配，种类有：悬崖、额状崖、凹状崖和阶级状崖(图6-3)。当崖壁的后退多沿垂直节理作折线状进行时，形成阶级状崖，又称为构造阶地或假阶地，这种阶地是差别侵蚀而成，

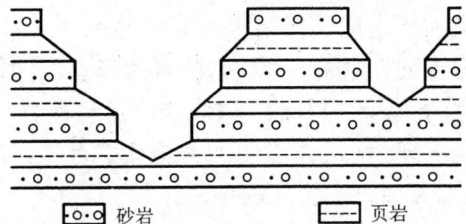

砂岩　　页岩

图6-3　阶梯状崖

与地壳上升及河流作用无关。

崖壁的生成条件是：

（1）岩层垂直节理发达：垂直节理是风化和流水下切作用的通道，它为崖壁的发育提供了构造条件。

（2）岩性坚硬：造崖层主要是硬岩层，它能使出露的崖壁得以长久保存，不易被风化侵蚀而成为缓坡。我国华南红层中的沙砾岩，其硬度大，抗压强度可达 $20 \sim 70$ 兆帕，故能造成台地、方山或峰林的崖壁。相反，红层中的页岩抗压强度小，仅在 20 兆帕，因此只能形成丘陵缓坡。岩石硬度的大小，与胶结物的性质有关，如果胶结物为钙质和硅质，而且含量多时，那么岩性越坚硬。

（3）岩层抬升幅度大：沉积岩被构造运动抬升越高，其侵蚀基准面就越低，地形的高差也越大，这就为崖壁的发育提供了良好的空间条件。我国的白垩纪及第三纪盆地上堆积的红层，被新构造运动抬升至 $300 \sim 1000$ 多米，造成的崖壁高度小则数十米，大则超过数百米。

（4）外力作用强烈：包括流水下切，重力崩塌，片状剥落，寒冷地区的冻融风化，干燥地区的物理风化作用等，都是促进崖壁发育的因素。

在丹霞层的崖壁上，还出现有多种侵蚀形态：①在高大的崖壁上有岩洞，它们都产生在钙质较多的岩层中间，浙江永康的方岩，其最大的罗汉洞，进深达 10m，洞内建有两层楼房（图 6 - 4）。其上方的胡公岩建有庙宇，下层岩洞高 $3 \sim 4m$，进深 6.7m，上层岩洞高 2m，进深 2m 多。岩洞都发育在砂岩层上，其上其下全是坚固的砾岩。湖南宜章的狮子岩，粤北连县的星子水帘洞，洞顶经常滴水，形成小型石钟乳。福建泰宁的虱王巢，岩洞中亦可住人；宝盖岩在宋代已建有庙宇。②崖壁岩体崩

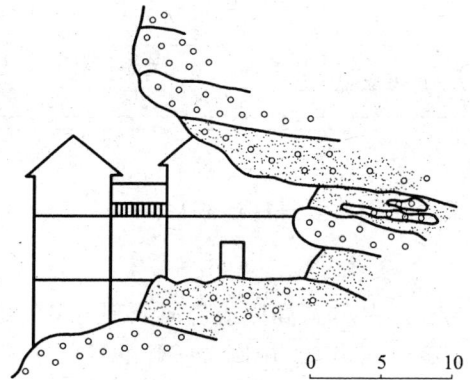

图 6 - 4　永康方岩罗汉洞剖面图

塌。由于砾岩和砂砾岩富有垂直节理，在崖壁边缘，因地表水的渗透，通过机械侵蚀与溶蚀作用的参与，节理不断扩大，终致岩体发生崩塌。岩体崩塌后往往在崖壁上形成凹入的崩坡（凹状崖），崖下堆积了崩落的岩块，如坪石金鸡岭下见到的直径达 20m 的岩块。在单薄的岩墙和岩岭上，岩体崩塌后还会出现石窗或天然桥。③崖壁的片状剥落，在高温多雨的气候条件下，岩面由于冷热与干湿的变化，引起风化表层缩胀交替，往往呈片状列落，通常崖壁上方剥落层较浅，下方剥落层较深，使得崖壁始终保持垂直，甚至呈现上凸下凹的弧形（额状崖）。④崖壁的溜线与溶沟。崖壁富有裸露的垂直节理，节理中又有较多钙质，崖上的地表水和袭击崖面的雨水，每沿崖壁的节理向下渗流，起初形成溜线，逐步变为溶沟，它们多平行排列，构成一种独特的侵蚀形态。如福建武夷山的晒布岩上，就分布着许多互相平行、深宽约 20cm 的石沟，构成奇特的景现。⑤如果雨水溶蚀了镶嵌在沙砾岩中的灰岩砾石后，就会出现大小不一的圆形小洞穴，直径一般为 $10 \sim 20cm$。

（四）峡谷地貌

峡谷出现在构造高原、台地或方山之间，沿构造裂隙发育，两坡由崖壁组成。它初期是一种深窄的巷谷（嶂谷），谷形挺直，两坡壁立，谷底平坦。因谷脑是呈围谷形的陡崖，不具

集水盆特征，故称巷谷。巷谷进一步发展则成为较宽阔的峡谷，此类峡谷谷壁陡峭，但坡麓因堆积而成缓坡，如粤北的锦江峡谷和福建武夷山的九曲溪峡谷等。

（五）溶蚀地貌

砂岩、砂砾岩和砾岩的岩层，其颗粒之间多为钙质胶结，多少会产生岩溶形态。如果砾岩中有较大的石灰岩砾块，或属石灰角砾岩，还能发育小规模的岩溶地貌。坪石红层盆地的西南边缘地带就发现了直径 10～15m 的圆形洼地，洼地呈漏斗伏，边缘为高 2～3m 的陡壁，中央有落水洞。此外在方山、石峰的边缘，每沿垂直节理可以发育很深的地下洞穴，地表水从洞口流入，在崖壁下方的穴口流出，那里就是丹霞层与下伏泥页岩系的接触层面。上方洞口岩层，每因地下洞穴的扩大而发生塌陷。地下洞穴往往靠近崖壁，它们的塌陷又会引起崖壁岩体的倒塌。

丹霞地形是长时期的流水侵蚀作用，并参与一定程度的溶蚀作用的结果，因此随着亚热带到热带的气候条件的差异，丹霞地形也表现出一定程度的地带性。在雨量较少的陇南成徽盆地，每以构造台地、方山群为主，河谷多呈峡谷；在雨量较多的浙江永康盆地的方岩，方山群成分增多，溶沟、岩洞已有发育；在雨量更多的江西与福建，前者如贵溪的龙虎山，南城的戈廉石，兴国的东南山，宁乡赖林金靖山十二峰，会昌的打石冈；后者如泰宁的猫儿山，沙县的性天峰，永安的桃源洞与百丈崖，连城的冠豸山，上杭的撑蓬岩，长汀的三层石，等等，都以"峰"、"石"地形占绝对优势；至于雨量特多的两广地区，丹霞地形更为完美，它并不限于仁化的丹霞山，如广西藤的白石山，容县的都桥山，北流的铜石山；广东南雄的杨沥岩和真仙岩，平远的南台石，龙川的霍山，河源的密集寨等等，都很典型。

我国丹霞地貌类国家地质公园主要地质遗迹特征见表6-4。

表6-4　中国丹霞地貌类国家地质公园主要地质遗迹特征简表

国家地质公园代表	主要地质遗迹特征	控制性地质背景
广东仁化	丹霞地貌、典型、命名地	华南准地台上的断陷盆地
江西龙虎山	丹霞地貌、造型奇特的山石	华南准地台上的断陷盆地
湖南郴州	丹霞地貌、洞、峡、天生桥、绝壁	华南准地台上的断陷盆地
湖南莨山	丹霞地貌、平顶山、蜂柱、峡缝、绝壁	华南准地台上的中生代断隐盆地
广西资江	丹霞地貌、平顶山、峰柱、悬崖统壁	华南准地台上的中生代断隐盆地
福建泰宁	湖南水映衬丹霞地貌的峰柱绝壁、造型奇异的红色砂岩山石	华南活动带上的中生代火山断陷盆地
安徽齐云山	丹霞地貌的丹崖长墙、扁洞、天生桥、谷巷有恐龙化石	华南准地台北缘的断裂带控制的中生代火山沉积盆地

第三节 丹霞地貌的风景价值与丹霞风景地貌实例

典型的丹霞地貌山块离散，群峰成林；赤壁丹崖上色彩斑斓，洞穴累累；高峡幽谷，清静深邃；石堡、石墙、石柱、石桥造型丰富，变化万千，其雄险可比花岗岩大山，奇秀不让喀斯特峰林；红层盆地中又多有河溪流过，丹山碧水相辉映。因此，丹霞地貌是构成风景名山的一支重要地貌类型。在中国100多处国家级风景名胜区中，就有丹霞山、武夷山、龙虎山等20多处名山全部或部分由丹霞地貌构成，另有几十处省级风景区和一批具备国家级风景区条件的丹霞地貌名山。

一、丹霞风景地貌的美学特征

丹霞风景地貌具有以下一些美学特征：

形态美：丹霞地貌以山石造型奇特而著称。其山峰四壁由赤壁丹崖构成，造型各异、拟人拟物、拟兽拟禽的造型地貌，构成其最基本的景观层次。

结构美：丹霞地貌表现为峰林结构，其山石高下参差、疏密相生，群峰林立，组合有序，富有韵律感和层次感。尤其是在晨昏霞光背景下，山群更富有结构美感。

色彩美：丹霞地貌主色为鲜明的红色，赤壁丹崖上受流水作用或有机质沉淀，加上藻类生长，被染成片片黛青色或暗褐色，干燥的红崖上藻类更是五颜六色，在蓝天、白云、碧水、绿树的衬映之下，和谐中产生对比，构成一幅幅多彩的画面。

意境美：丹霞地貌的意境美突出表现为雄、险、奇、秀、幽五字。从古到今文人墨客在咏叹丹霞山水时，留下众多诗文题刻，就是从其山水中抽象、升华出来的意境之美。

雄：高大者为雄，但高大是相对的，主要在于其气势。丹霞地貌山峰一般只几百米，就山高而论，不过是个小字辈，但它的山峰由悬崖峭壁构成，许多崖壁高达几百米，拔起于平川或河岸之上，危崖劲露，光滑齐削，气势磅礴，雄浑而富有力度，充满阳刚之美。就是小尺度的石峰，也似有擎天之力。中国《风景名胜》杂志称丹霞山为"阳刚之山"。古今文人墨客将丹霞比泰岱，比华岳之雄，有"霞山拟岱宗"，"仰觉日月低，俯睨宇宙小"，"巍峨独标峙，登之心旷然"，"赤柱擎天太华雄"等诗句赞其雄伟之美。

险：险峻之美。"无限风光在险峰"，险峻能激发人们的向上、探讨精神，故智勇者上之。丹霞山以赤壁丹崖为其地貌特征，大多山坡直立或呈反坡，令人望而生畏，近而发怵，大部分悬崖无法攀登。古人有"栈道依松划，危楼叠石连"，"绝壁当千仞，危崖一线开"，"飞鸟回翔不敢度"等诗句，形容丹霞地貌的险峻之美。

奇：奇特之美。天下名山各有奇致，而唯丹霞遍山皆奇，古人有"山水有殊致，大块钟灵奇"，"顽山忽入高人手，幻出精蓝似画工"的赞词。丹霞地貌奇，崖奇、石奇、洞奇、桥奇、沟谷也奇，奇的让人不敢相信，又不能不信。纵目丹霞的山堡状、锥状、塔状，形象各异，组合有序，如"万古今城"似千年石堡。尤其晨雾之中或云海之上，仿佛海市蜃楼，又如仙山琼阁。近观赤壁丹崖之上水痕如泼墨，藻类繁生，色彩斑斓，一个角度一幅水墨画。在蓝天、白云、碧水、绿树和花草的衬映之下，和谐中产生对比，构成一幅幅多彩的画面。丹霞地貌的山石个个象形，似人似物，似兽似禽，让你觉得它们是雕塑大师的艺术杰作，但却无一不是出自于大自然的鬼斧神工。丹霞地貌的岩洞又被称为石室，可行可居，多悬挂于崖壁之上。幽洞通天这种穿洞连接的一线天更是奇中之奇。丹霞地貌的谷地竟然也有奇特的造型，丹霞山翔龙湖的龙形湖面就是一个典型例子。

秀：秀丽之美。人说北雄南秀，是指北方山体高大裸露，苍劲雄浑；南方山上树木葱郁，妩媚多娇。丹霞地貌却是既雄又秀，形成阳刚与阴柔的统一。整个山区保挂着较好的亚热带常绿林，四季郁郁葱葱，苍翠欲滴，秀色可餐。

二、丹霞风景地貌实例

（一）粤北仁化盆地丹霞山

广东丹霞山世界地质公园位于广东省韶关市东北的仁化、曲江两县交界地带。地质公园东西宽 17.5km；南北长 22.9km，总面积 290m²。整体为红层峰林式结构，宛如一方红宝石雕塑园，故又称"中国红石公园"。

1. 丹霞山概貌

丹霞山风景区内有大小石峰、石墙、石柱、天生桥 680 多座，群峰如林，疏密相生，高下参差，错落有序。山石不论大小，座座雄风大气，阳刚十足，赤壁倒悬；险峻无比，造型奇绝、鬼斧神工；山间高峡幽谷，古木葱郁；淡雅清静，风尘不染。锦江秀水纵贯南北，沿途丹山碧水，竹树婆娑，满江风物，一脉柔情，超风脱俗，别具一格，乃大自然之瑰宝。

2. 丹霞山地质基础

在距今 1.4 亿年～7000 万年间，丹霞山是南岭山脉中段的一个山间盆地，这是一个巨大的内陆盆地，大量碎屑砂砾石被雨水冲进沉积，因此构成丹霞地貌的物质基础是形成于距今约 7 至 9 千万年前的晚白垩世的红色河湖相砂砾岩。在距今约 6500 万年前，本区受构造运动的影响，产生许多断层和节理，同时也使整个丹霞盆地变为剥蚀地区。在距今约 2300 万年开始的喜马拉雅运动使得本区迅速抬升。在流水的侵蚀下，丹霞盆地的红层被割成一片片红红色的山群，形成了如今美丽的丹霞山。

丹霞山是山间盆地洪积相的砂岩、砾岩互层所构成，岩层上部有钙质粗砂岩、透镜状砾岩，中部为砂砾岩、含砾粗砂岩，下部是中粒和粗粒钙质砂岩、砾岩透镜体（图 6 - 5），总厚度为 700m 左右。这套岩层，通常认为是早第三纪的代表层位，特称为"丹霞层"（丹霞地层是华南地区上白垩统丹霞组标准剖面）。其下面是一套岩性软弱的泥页岩系。丹霞层岩性固结、坚硬，透水性强，呈盆地构造，除盆地边缘倾角较大以外，大部分呈水平排列，垂直节理丰富。

（二）武夷山

1. 武夷山概况

武夷山位于福建崇安县城南 15km，方圆 60km²，四面溪谷环绕，不与外山相连，有"奇秀甲于东南"之誉。九曲溪沿岸的奇峰和峭壁，映衬着清澈的河水，构成一幅奇妙秀美的景观。

武夷山自然风光独树一帜，以丹霞地貌著称于世界。"三三秀水清如玉"的九曲溪，一曲，畅旷豁达；二曲，幽谷丹崖；三曲，虹桥奇观；四曲，秀山媚水；五曲，深幽奇险；六曲，天游览胜；七曲，三仰雄伟；八曲，青山奇石；九曲，锦绣平川。与"六六奇峰翠插天"的三十六峰、九十九岩的绝妙结合，形成以奇秀深幽为特征的巧而精的天然山水园林。坐筏遨游，随波逐流，可尽览秀丽的山水风光：抬头可览奇峰，俯首能赏水色，侧耳可听溪流，伸手能撩碧波。山光水色，意趣无穷。

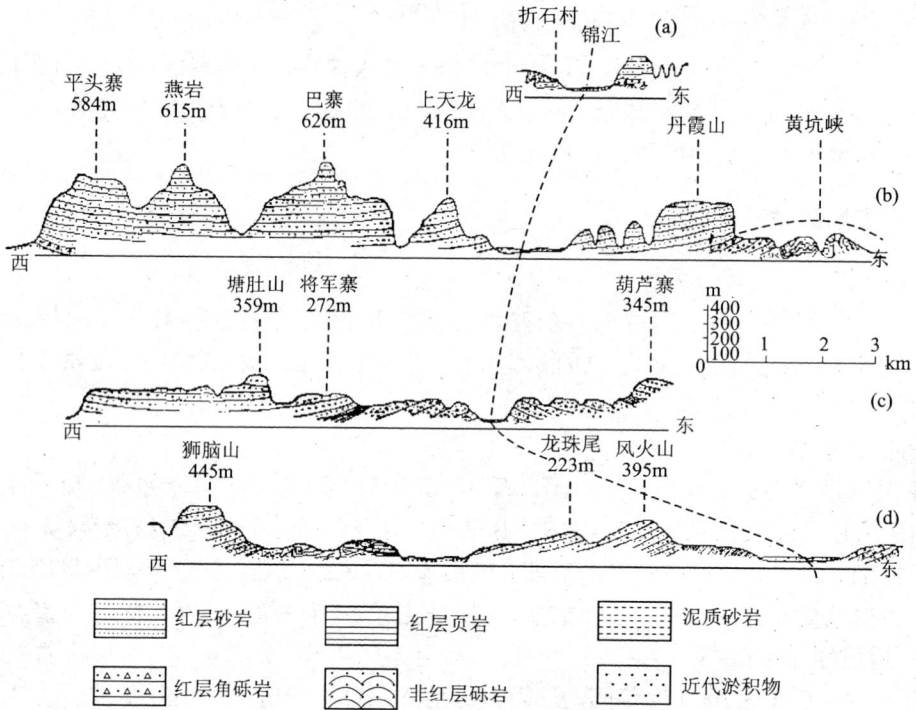

图6-5　广东仁化县丹霞山地貌剖面图

a. 丹霞红盆地北缘锦江两岸剖面　　b. 丹霞红盆地中部锦江两岸剖面

c. 丹霞红盆地南部锦江两岸剖面　　d. 丹霞红盆地南缘锦江两岸剖面

武夷山地貌景观奇特优美，所有峰岩翘首东方，向西倾斜，千姿百态，势如万马奔腾，比水平岩层构成的山峰更富于变化。西部的黄岗山是中国东南大陆的最高峰，山峻坡陡，峰峦层叠，气势磅礴。海拔在1000m以上的高峰有112座。

在山水的结合上，如山之高低，河床宽窄，曲率大小，水流急缓，视域大小均达到绝妙的地步。

武夷山丹霞地貌除具有一般丹霞地貌的地貌类型外，特别是发育了长600余m、高150m具有等距平行和垂向冲沟和冲脊，这是在其他丹霞区所难以见到的特殊地貌形态；长178m、高49m、宽0.3m至数m的武夷一线天与底部水平发育的灵岩洞、风洞和伏羲洞相接，形成了一种缝穴接三洞的罕见洞穴系统；还有丹霞地貌区很少发育的螺丝洞地下河。它们都是成因特殊、科学价值很高、观赏性强的地貌景观。

2. 武夷山丹霞地貌的形成

武夷山的形成，大约经历了5亿年。5亿年前，武夷山地区还是一片海洋，到了4亿年，随着地壳运动，地质构造频繁变化，广泛的世界性"加里东"造山起动，震撼着武夷山区的大地。在这"动荡不定"的年代里，福建和江西的海水全都退出。武夷山脉从东北到西南，呈复式背斜褶皱隆起，横卧在闽赣两省交界处。从此，武夷山脉初具雏型。

上古生代时(距今约四亿年至二亿二千五百万年)，武夷山几经海浸海退。

中生代时，武夷山构造运动强烈。在三叠纪晚期的"印支运动"中，上升不少，在山脉的东西两侧，发生了规模巨大的断层。著名的邵武——何源（广东境内）大断层，也在明显地活动着。

白垩纪时，始于侏罗纪的世界性的地壳运动－燕山运动（我国东部一次重要的地壳运动，因在河北省的燕山地区进行了较早和较深入的研究，故名燕山运动），在这个时期仍然还在广泛强烈地活动。燕山运动使武夷山脉两侧和福建其他地区产生了一系列密集成带和疏密相间的断层。与武夷山脉大致平行的邵武－河源大断层等，错开了武夷山脉原先的古老岩层，致使山脉中部隆起，两侧相对发生下陷，形成了一系列大大小小的山间湖盆。这些湖盆，一直保持到新生代的早第三纪。

在这期间，气候异常炎热，湖盆四周山地的岩石，日晒而淋，强烈风化，又经过流水的侵蚀和搬运，那些风化的细屑物质－砾石、泥沙和尘土，纷纷来到湖里沉积。它们一边沉积，湖盆仍一边下降，日久天长，沉积层也就越来越厚。有的 400～500m，有的 800～900m，有的甚至厚达 1000～2000m。由于气候炎热，岩层中所含的铁质，饱经氧化，经过胶结作用形成的一层层砂岩、砂砾岩、泥页岩等，便呈显出紫红或丹红的颜色。这就是"红色岩层"。

晚第三纪发生的喜马拉雅运动，使武夷山脉和它两侧沉积着红色岩层的红色盆地产生了不等量的断块抬升，形成了单斜断块山。在外力作用的精心雕塑下（流水向下切割、边坡崩塌后退），武夷山形成了具有鲜明个性化的丹霞地貌景观。奇峰、怪石、幽洞是亿万年自然造化的结晶。

3. 武夷山地质构造与地貌

受地质构造的严格控制，西部发育了长达几十千米岩壁陡峭的深大断裂谷和断块山脊，如黄岗山－大竹岚的断层深谷，NW 和 EW 向断裂谷与 NNE 和 NW 向断裂构造产生了曲折多弯的溪流和柱状、锥状、悬崖等丹霞地貌，形成山水相融的九曲溪风光。

闽西北的崇安盆地属断陷倾斜盆地，下第三系红层叠置在白垩系红层盆地之上。下第三系红层，下部为含沙砾岩、含砾粗砂岩、细沙岩，其中央有泥质砂岩和砂砾岩；中部有砂砾岩、粉砂岩；上部主要为砾岩。它们属于山麓相和急流相沉积，岩性具有固结、坚硬、透水等特点。在红层沉积以前，盆地的拗陷中心在东部，在沉积过程中，由于四侧的断陷活动，拗陷中心由东部转到中部，最后偏在西部。所以红层一致向西倾斜，倾角小于30°，全部厚度在2000m 以上。在下第三系的厚层砾岩系上发育了完美的单斜式的丹霞地形（图 6－6），尤其在九曲河沿途最为典型，有名的"峰"、"岩"有 13 座，如三仰峰、铁板岩、仙掌岩、晒布岩、鹰嘴岩等。逆岩层倾向的东坡，赤壁丹崖，更为雄伟。最高的三仰峰，海拔 750m，就是由三列单斜岩组成，自东向西，有一仰、二仰、三仰之分。由于岩层含有钙质，又多垂直节理，所以，所有崖面上都发育了垂直溶沟，尤以晒布岩的崖面上的最为突出，溶沟平行密布，状如晒布。沿着岩层的层面，还发有了岩洞，如著名的"白云宫"就是一个白云岩的岩洞，洞中建有房屋。九曲河两岸有不少岩体的崩崖和坠石，如接笋峰的崩石堆，满布山腰和山麓，宋代曾有崩石毁寺的记载。五曲处的试剑石、七曲处的龟石（即九曲河的第五和第七弯曲处），都是落至江边的坠石。九曲河是嵌入曲流，流向横切红层走向，纵剖面呈阶梯状，故多险滩，著名的有老雅滩、芙蓉滩等。在洪水面附近的岸壁有直径 1m 左右的蚀穴，当地称为"糖罐"、"油罐"等。洪水面以上的岸壁还有高低成排的岩洞，高出河面为 10m、20m，与赤石附近的两级阶地可相对比。屹立在岸边的玉女峰与大王峰，夹河对峙，状如石柱，高出河面 400～500m，额崖峭壁，十分险峻。

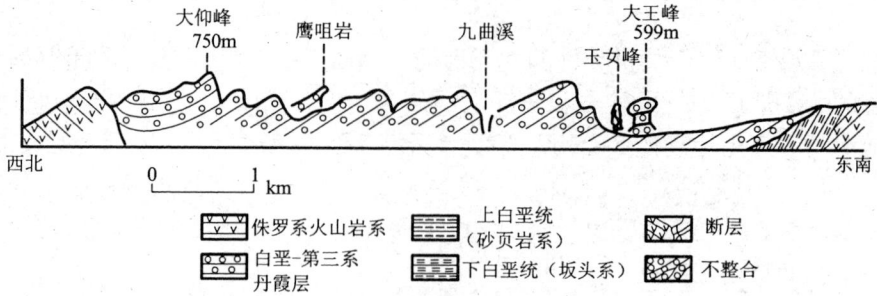

图 6-6 福建崇安县武夷山地貌剖面图(据福建地质局石油大队,略加修改)

（三）福建泰宁世界地质公国

福建泰宁县地处闽西北山区,泰宁世界地质公园面积 492.5km²,其中丹霞地貌面积 252.7km²。这个地质公园以典型青年期丹霞地貌为主体,兼有火山岩、花岗岩、构造地貌等多种地质遗迹,是集科学考察、科普教育、观光览胜、休闲度假于一体的综合性地质公园。

1. 泰宁大金湖地质公园地质遗迹的主要特点

大金湖国家地质公园的地质构造背景十分复杂,处于多组断裂的复合部位。晚侏罗世以来一直处于东亚大陆边缘活动带的构造环境。红层受断裂、节理、流水切割等的综合作用,形成了非常复杂的沟谷系统。沟谷系统在红色盆地的不同部位表现不同,它们有的纵横交错,将山地切割成"石网";有的同向并进,将山体切割成峰墙、石墙;有的九曲回肠,形成深切曲流的奇观。在遥感图像上表现为十分特殊的影纹,有如一幅抽象画,十分引人注目。

（1）逶迤连绵的丹霞群山。金湖的丹霞群山主要集中分布在金湖周围。峰林、峰丛、石柱、石墙,形象各异。它们或赤壁侧悬、危崖劲露,或小巧玲珑、别样精致,疏密相间,错落有致。在晨曦,光映衬下,云海上、晨雾中、群峰峥嵘,丹崖斑斓,仿佛海市蜃楼,又似仙山琼阁,构成一幅幅绚丽多彩的画卷。八仙崖的丹霞群丛,为中国东南丹霞第一高峰·雄风大气,气势磅礴,八座丹霞岩柱似昂首挺立、威猛刚武镇守"天门"的八大"金刚",海拔 913m 的大牙顶傲视群峰,独领风骚。伴随它们的是古老而美丽的传说,给人以无限遐想。

（2）神奇灵秀的水上丹霞。金湖、将溪、上清溪、锦溪、九龙潭等湖泊、溪流、深潭与丹霞地貌相结合,山的雄奇俊逸与水的清丽优雅相得益彰,构成了景色秀丽、雄伟壮观的"水上丹霞"。十里平湖碧波激滟、绿水映丹崖,湖岸绿树簇丹山,峰柱耸立,岩堡突兀,群山竞秀。泛舟乘筏荡漾湖上,山环水绕,宛如人在画中游。水上峡谷迂回曲折、深邃幽长,两侧丹崖高耸,似倾欲坠,崖壁流泉飞瀑喷珠溅玉,丹霞洞穴千姿百态,令人称奇。乘一竹筏穿梭于水上峡谷,曲流通幽,耳畔溪水叮咚,恰似人间仙境。

（3）深邃幽静的峡谷曲流。由 80 多处一线天、150 余处峰谷、240 多条峡谷构成沟壑纵横的峡谷群,以其峡谷深切,丹崖高耸,洞穴众多,生态自然古朴为特色,是大金湖又一独特的丹霞景观。锦溪深切峡谷曲流蜿蜒曲折,曲率度为 3,最狭窄处仅 1.53m,为丹霞地貌之一绝。国内罕见的"水上一线天",峡谷两侧陡崖高近百米,谷底最窄处仅 2m,仅能容一小舟通过。还有"直角一线天"、"二线天"、"石门一线天"、上清溪深切峡谷曲流、网状巷谷等,或直或斜,或宽或窄,尽显峡谷奇观,堪称丹霞峡谷大观园。

（4）造形奇绝的丹霞洞穴。我国有许多著名洞穴多为石灰岩的岩溶洞穴，与之相比，大金湖丹，洞穴是以多、奇、绝为其特色。不论何处，近观远眺，崖壁上洞靠洞、洞连洞、洞套洞、洞穿洞，目光所及满目皆洞，大者可容千人，小者不足寸余，拟人拟物、拟兽拟禽，造形奇绝，堪称丹霞洞穴博物馆。较大规模的洞穴，为历代文人读书修学，并多筑有寺、庙、观、庵。丹，洞穴不仅孕育了泰宁源远流长的丹霞洞穴文化，也蕴藏着深厚的宗教文化。

（5）奇险峻伟的花岗岩地貌。花岗岩地貌位于泰宁县的金铙山，主峰白石顶海拔1858m，是华东花岗岩景观最高地区之一，自宝峰山至白石顶的岩脊似盘龙横亘绵延，"古炮台"、"金字塔"、"鹰嘴岩"、"仙人池"、"天狗"等花岗岩石蛋、石柱、石堡、石笋、风动石似人状物，美不胜收。白石顶雄峰突兀，周围万亩高山草场绿草茵茵。西南山麓落差300余米的龙井瀑布群，似万丈白练从天而降。东面壮阔的大金湖烟波浩渺，碧水丹山，天成美景尽收眼底，使人心旷神怡。朝看旭日升华，夕观晚霞生辉，晴有翠鬓千叠，雨生雾海苍茫。

2. 地质演化史

大金湖丹霞地貌的形成与福建地质演化史背景有关。8亿年前这里还是一片海洋，中国东南大陆在经历了元古代、古生代几次大地壳运动后，进入中生代开始了进入濒太平洋边缘活动阶段，地壳全面隆升为陆地。晚三叠世以来，由于太平洋板块向欧亚板块俯冲碰撞，福建省大地构造运动由褶皱为主转向断层运动为主。形成了一系列的断陷带和拗陷带。晚侏罗世后，板块俯冲运动加剧，表现为在隆起的背景上，大规模断裂运动，强烈的火山喷发，由此产生了一系列北东、北西向大断裂，直到晚白垩世初火山活动趋于平静，沿着断裂形成一些小规模的红色盆地，盆地中形成上白垩统沙县组红色陆相碎屑岩，沉积于距今6500万年的白垩纪时期。在晚白垩世后期，泰宁在沙县组盆地上缘继续发育，形成白垩统崇安组红色陆相碎屑岩沉积，泰宁大金湖的丹霞地貌就是在这个地层上发育的。第三纪以后盆地附近高山林立，气候干热，草木稀疏。每逢下雨，山洪、泥石流经常发生，大量的碎屑物质堆积其间。由于堆积物中富含铁矿物，在干旱炎热条件下氧化，形成红色的氧化铁。使这些内陆盆地的岩层呈现红色。

从距今1500万年开始，地壳复又抬升并产生新的断裂，地壳持续上升，崇安组地层受水热条件影响，经过漫长的外力地质作用，特别是流水侵蚀、风化和岩崩作用，塑造了各种各样的地貌，从而形成了以赤壁丹崖为特征的红色陆相碎屑岩地貌，即丹霞地貌。

3. 地质构造

中、新生代，泰宁大地构造位置属于欧亚大陆板块东南缘，处于白垩纪大陆边缘活动带的西部、华夏古陆武夷隆起的西南部，崇安–石城北东向断陷带与泰宁–龙岩南北向断裂带交汇部位。区内北东向、北北东向、北西向及南北向断裂发育。地层区划属华南地层大区东南地层分区之武夷地层小区。

（1）断层。区内断裂构造发育，主要有北东、南北及北西向三组。

北东向断裂：主要发育于公园两侧。最重要的是坳上—寨下断裂，是崇安—石城北东向裂陷带的组成部分，是控制红色盆地形成和发展的重要盆缘断裂。可供参观考察的观察点有上青崇际（上清溪上码头）、杉溪帐干、寨下和大田金坑等地。

南北向断裂：公园内南北向断裂也十分醒目，主要有猫儿山—陈坑、龙丹口—石辋口二条断裂。猫儿山—陈坑南北向断裂，构成梅口、龙安红色盆地的西界，也是控制红色盆地形成的一条断裂。梅口草堂是可供参观考察的重要观察点。龙丹口—石辋口南北向断裂，地貌上呈南北向直线"V"形谷，断裂切过红层，对水系的发育也有明显的控制作用。

北西向断裂：主要有苦竹坪—龙王岩、寥元—高絮场、松木寨—神下7条断层，构成北西向断裂带，分布于公园西南部。断裂均切过红层，并使红层阶梯状抬升。梅口草堂、大布里坑等地是可供参观考察的重要观察点。上述断裂系统控制了公园地貌的山块排列和形态特征，对红色盆地的形成、发展演化及地貌发育有着重要的意义。

（2）节理。南北向节理：主要分布于公园南部猫儿山—熊象一带及上清溪盆地龙丹口—石辋口南北向两侧。节理多分布南北向断裂附近，其剪切性质与南北向断裂相同，在上述地区，山体呈南北向延伸，丹霞崖壁也为南北向。

北东向节理：主要分布于梅口盆地的东北部李家岩、鸡公山一带，节理发育密集，走向北东35°~40°，节理面平直，砾石常见被平整切错。

北西西向节理：主要分布于金湖盆地的中部寨下一带，走向北西280°~290°。节理较密集，与李家岩地区的北东向节理互相交切，构成共轭节理系统。

北西向节理：主要分布于上清溪盆地的东北部天成岩及西南部状元岩一带，节理较密集，走向约为北西320°。节理面平直，砾石常见被平整切错。状元岩等地区的北西向山峰、崖壁明显受其控制。

北北东向节理：主要分布于上清溪盆地的东北部，节理较密集，走向为北东15°~20°。锦溪曲流峡谷的形成主要受其控制。

节理是构造薄弱部位，也是裂隙水的活动通道，易被流水侵蚀，常形成峡谷、一线天、崖壁等地貌景观；多组节理的相互交切，形成了菱形交织、条块分明的复杂图案，造就了石峰、石柱、峰林等地貌景观。因此，盆地内次级断裂和节理是形成丹霞地貌的重要因素。

（四）湖南崀山国家地质公园

湖南崀山国家地质公园位于湘西南新宁县境内，距新宁县城11km，面积108km²，地质公园以丹霞地貌为特色。崀山丹霞地貌类型多，共有60余处主要地质地貌景点，分别有条带式楔状、分割式的块状、边坡式的墙状、交切式的线状、零散式的柱状和拱状，以及嵌镂其间的凹槽和崖壁溜纹等。其中又以层叠成列的楔状地貌和突起其间的寨峰地貌显目。

崀山丹霞地貌造型惟妙惟肖，栩栩如生，同类异型，各具情态。崀山有六绝，它们是：①天下第一巷。位于牛鼻寨景区，全长238.8m，两侧石壁高120~180余米，最宽处0.8m，最窄处0.33m，可谓世界一线天绝景。此外，在天下第一巷的同一座山上，分布着大大小小不同的一线天竟达七八条之多，且纵横交错，巷巷相通，其质量之高，数量之多，真可谓是举世无双。②八角寨鲸鱼闹海。位于八角寨，俯视峡谷，浮云飘渺，奇峰异石，时而被云雾吞没掩遮，时而露出头尾，恰似千万条鲸鱼在海中嬉戏。故此，被专家誉为丹霞之魂，国之瑰宝。③将军石。位于扶夷江景区，海拔399.5m，石柱净高75m，周长40m，沿扶夷江漂流而下，只见将军石背负青天，下临扶夷江，昂首挺胸，披星执锐，虎虎生威。④骆驼峰，位于骆驼峰景区，峰顶海拔187.8m，长273m，有两处凹陷，分成骆驼头、骆驼背峰和骆驼尾，形象逼真，惟妙惟肖。骆驼峰旁有蜡烛峰，海拔674.4m，尖顶，四面陡崖，周长400m，这些陡崖拔地而起呈圆柱形，通体鲜红状如蜡烛。⑤天生桥。位于八角寨景区汤家坝。桥墩长64m，宽14m，高20m，桥面厚5m，全桥呈圆拱形，划天而过，气势磅礴，被专家称为亚洲第一天桥。⑥辣椒峰。位于骆驼峰景区。整块巨石高达180m，头大脚小，恰似一只硕大无比的辣椒，形象逼真。丹霞地貌学术创始人陈国达教授晚年到崀山考察，大有相见恨晚之感，他题诗道："半生长誉丹霞美，方识崀山比丹霞，胜地有缘何恨晚，并赞南北双奇花"。

　　崀山丹霞地貌从青（幼）年期、壮年期至老年期的遗迹均有发育。构成崀山丹霞地貌的岩层是形成于距今9000~6500万年间的晚白垩世的陆相红色碎屑岩系（砾岩、砂砾岩），岩石中网格状垂直节理极为发育，这些是构成崀山地区丹霞地貌的物质基础与空间条件。由于处于亚热带湿润气候区，降雨充沛，地表径流发育，流水侵蚀作用及其诱发的重力作用，是丹霞地貌形成的主要外营力条件。崀山地区重力堆积发育，它们常构成景点的坡面，有的巨石还形成有观赏价值的景点，如蛤蟆石、美女梳妆等形象石。不少景点由于垂直节理发育加上单斜岩层层理，而出现临空危岩，有的顺层理方向临空，有的顺节理方向临空，如斗篷寨、将军石、蜡烛峰等。

　　崀山丹霞地貌是中国丹霞地貌丰度和品位最具代表性和最优美的景区之一。是一座罕见的大型"丹霞地貌博物馆"，是大自然奉献给人类的自然资源瑰宝。

三、中国丹霞地貌的南北差异及其旅游价值

　　我国以秦岭——淮河一线为界，南方丹霞地貌露头不仅规模大，数量多，色彩鲜明，而且形态多样奇特；北方丹霞地貌露头规模和数量均较小，而且色彩形态呆板。其南北差异的原因一方面是地质作用的影响：地质史上构造盆地的成因有异、地质事件及其相关沉积在南北方表现不一；另一方面是南北方的外动力条件如流水作用、风化作用、胶结作用等均不相同。

　　从旅游价值来说，南方丹霞地貌风景区因地处温湿气候带，常有大大小小的溪流蜿蜒于群峰之间，使得丹崖、秀水、青山相互衬托，山水林洞多样统一，造型与呈色瑰奇绚烂，深深透露出南方丹霞特有的绮丽清婉与雍容祥和的韵味，符合大多数人好奇、求新、审美的基础感应与追求心理，其在回返自然，观光揽胜方面的潜在开发价值极大。

　　北方丹霞地貌风景区丹霞奇景常与石窟艺术和宗教文化紧密结合，高超绝伦的石刻艺术的雕塑壁画、历代名人题刻和庙宇建筑等都为缺水少树的单纯丹霞风光增色不少。许多地方的石窟艺术与丹霞奇峰峭壁达到了高度的和谐，如甘肃的麦积山和炳灵寺等，真正达到了"丹霞为宗教增秘，佛光令丹霞生辉"的完美统一。故北方丹霞区的旅游价值主要体现在丹霞与石窟艺术的紧密结合上。因此，以文化宗教旅游为轴线，以丹霞奇景为载体，开发北方的丹霞地貌旅游资源是极其重要的。

第七章　喀斯特风景地貌

喀斯特地貌是地下水和地表水对可溶性岩石溶蚀和沉淀，侵蚀和沉积，以及重力崩塌、坍陷和堆积等作用形成的地貌。

喀斯特是斯洛文尼亚共和国伊斯特拉半岛碳酸盐岩高原的地名，当地称为 Karst，意为岩石裸露的地方。19 世纪末，地理学家斯威茨将这种奇形怪状的裸露石灰岩地貌命名为"喀斯特"，此后，世界各地的同类地貌均称为喀斯特地貌。中国一度称为"岩溶地貌"。

喀斯特地貌发生在可溶岩分布地区（可溶岩主要是指碳酸盐类，硫酸盐类及卤盐类岩石）。从热带到寒带、由大陆到海岛都有喀斯特地貌发育。喀斯特地貌较著名的区域有我国广西、云南和贵州等省（区），越南北部，南斯拉夫狄那里克阿尔卑斯山区，意大利和奥地利交界的阿尔卑斯山区，法国中央高原，俄罗斯乌拉尔山，澳大利亚南部，美国肯塔基和印第安纳州，古巴及牙买加等地。

喀斯特地区的奇峰异洞、明暗相间的河流、清澈的喀斯特泉等，是重要的风景旅游资源。"桂林山水甲天下"几乎人皆知之，云南路南石林闻名于世。

喀斯特地区的国民经济建设有许多需要研究和解决的地质、地貌问题。例如在喀斯特发育的地区，地下蕴藏着丰富的水源，合理开条和利用喀斯特地区的地下水对工农业生产有重要意义。喀斯特地区有许多溶洞和暗河，因此在喀斯特地区修建水库时要注意漏水问题。在修筑铁路和桥梁时要注意地基的塌陷问题。此外，喀斯特作用还和一些矿产的生成和富集有密切关系，例如溶蚀残留的铝土可以富集成铝土矿、地下古溶洞往往是蕴藏砂矿和储存石油、天然气的良好场所。

第一节　喀斯特作用

可溶性岩石地区，在地表水和地下水的化学过程（溶解与沉淀）和物理过程（流水的侵蚀和沉积、重力崩塌和堆积）的共同作用下，对可溶性岩石的破坏和改造作用，叫喀斯特作用。虽然喀斯特作用是化学的和物理的共同作用过程，但主要是水对可溶性岩石的溶解作用。

一、喀斯特化学作用过程

可溶性岩石以碳酸盐类岩石在地表分布最广，所以这里着重介绍碳酸盐岩石的化学作用过程。

碳酸盐在纯水中的溶解度是很微弱的，只有当水中合有 CO_2 时，碳酸盐的溶解度才显著增大，含有 CO_2 的水对碳酸盐的作用过程如下：

CO_2 与 H_2O 化合成碳酸

$$CO_2 + H_2O \rightarrow H_2CO_3$$

碳酸电离为 H^+ 与 HCO_3^- 离子

$$H_2CO_3^- \rightarrow H^+ + HCO_3^-$$

水中的 CO_2 含量越高，H^+ 也越多，当含多量 H^+ 的水对石灰岩作用时，H^+ 就会与从 $CaCO_3$ 中离解出的 CO_3^{2-} 结合成 HCO_3^-，分离出 Ca^{2+}

$$H^+ + CaCO_3 \rightarrow HCO_3^- + Ca^{2+}$$

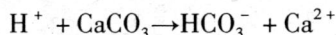

所以含有 CO_2 的水对碳酸盐的作用可用下列化学反应式表示：

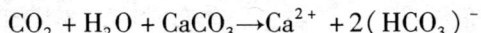

$$CO_2 + H_2O + CaCO_3 \rightarrow Ca^{2+} + 2(HCO_3)^-$$

上述化学反应是可逆的。假如水中 CO_2 含量增多，化学反应向右，$CaCO_3$ 分解；当化学反应进行到一定程度，水中的 CO_2 与离子状态的 Ca^{2+} 和 HCO_3^- 达到平衡，溶解作用不再进行。假如压力降低或温度升高，水中 CO_2 逸出，化学反应向左，$CaCO_3$ 沉淀。只有当水处于流动状态时，被溶解的 $CaCO_3$ 以 Ca^{2+} 和 HCO_3^- 离子状态随水流走，被消耗的 CO_2 又不断得到补充，上述化学反应才能继续向右进行，溶蚀作用不断发展。

二、喀斯特作用的基本条件

喀斯特作用的基本条件有气候条件，生物因素和地质条件，条件愈好，喀斯特作用愈强，喀斯特地貌愈壮观。

（一）气候条件

气候条件对喀斯特作用的影响主要表现在降水量、温度和气压。降水量多的地区，地表径流量大，地表水和地下水交替条件好，水的溶蚀力强。据估算，我国南方湿润多雨喀斯特区的溶蚀量为北方半干旱地区的 10 倍（表7－1）。温度对喀斯特作用的影响比较复杂，温度高，水中 CO_2 含量少，溶蚀作用减弱。但是，温度高，水的电离度大，水中 H^+ 和 OH^- 增多，溶蚀力增强。总的说来，温度高对喀斯特作用有利。气压和水中 CO_2 含量成正比，气压高，由大气进入到水中的 CO_2 增多。

表7－1 不同地区溶液区蚀量计算表（据中国喀斯特研究简化）

地 区	年降雨量（毫米）	气候带	溶蚀量（毫米/千年）
河北西北部	400～600	暖温带半干旱地区	20～30
广西中部	1500～2000	亚热带湿润地区	120～300

（二）生物因素

动植物的生长和活动对喀斯特作用也有很大的影响。动植物可供给土壤大量有机质，土壤中有机质的氧化和分解可产生许多 CO_2。土壤中 CO_2 的含量常可达 1%～2%，最高达 6%。在高温地区，通过有机质氧化作用，CO_2 将大量增加，对促进 $CaCO_3$ 溶解起着重要的作用。藻类的生长，能分泌许多溶蚀性酸，对可溶性岩石也有一定的溶蚀作用。在岩洞中，常积累大量有机质，这些有机质往往是动物作用形成的，如蝙蝠和鸟类的粪，也能强烈地腐蚀石灰岩。珊瑚岛上也常有类似作用，那里有许多海鸟栖息，鸟粪和 $CaCO_3$ 反应产生磷酸盐沉积。

（三）地质条件

影响喀斯特作用的地质条件包括岩石成分、岩石结构和地质构造等三方面。

岩石成分是指岩石的矿物成分和化学成分。可溶性岩石大致分三大类：

（1）碳酸盐类岩石，如石灰岩、白云岩、硅质灰岩和泥灰岩等；

（2）硫酸盐类岩石如石膏、硬石膏和芒硝等；

（3）卤盐类岩石，如石盐和钾盐。

从溶解度看，卤盐高于硫酸盐，硫酸盐高于碳酸盐。虽然卤盐类岩石和硫酸盐类岩石的溶解度比碳酸岩类岩石溶解度要高得多，但它们分布不广，喀斯特地貌仍然是在碳酸盐类岩石中发育最好。

在碳酸盐岩类中，又因 $CaCO_3$ 含量不同而溶解度也有较大的差别。一般来说，$CaCO_3$ 的含量越高，其他杂质（如 MgO，Al_2O_3，SiO_2，Fe_2O_3 等）含量越少的岩石，其溶解度就越大。因此碳酸盐岩石的溶蚀强度顺序为：质纯的石灰岩 > 白云岩 > 硅质石灰岩 > 泥质石灰岩。

岩石的结构与溶解度有密切关系，试验表明，结晶的岩石，晶粒越小，溶解度也越大。中隐晶质微粒结构的石灰岩相对溶解度为 1.12，而中、粗粒结构为 0.32，比前者少 2.5 倍。此外，不等粒结构的石灰岩比等粒结构石灰岩的相对溶解度大。

碳酸盐类岩石中还有许多孔隙，它们或是颗粒之间的孔隙，或是生物骨架间、生物体腔内的孔隙，或是晶粒之间的孔隙（测量岩石的密度和容重，可以得到该岩石的孔隙度）。孔隙度的大小影响碳酸盐类岩石的透水性能；从而影响喀斯特地貌的发育。

岩层的产状和破裂可控制喀斯特作用的方向和程度。在褶皱背斜轴部，纵张节理发育，有利于水的垂直流动，喀斯特作用强，常形成开口的竖井。在两组节理交叉部位，也有利于喀斯特作用。在近于水平的或缓倾斜的岩层，如有隔水层的阻挡，地下水常沿岩层层面流动，发生近于水平方向的溶蚀。在断层发育的地方，特别是张性断裂发育的部位，结构松散，孔隙大，有利于喀斯特作用的增强，常沿这些断裂发育溶洞。

上述各种条件对喀斯特发育是综合影响。如从岩性条件来看，石灰岩地区的喀斯特发育要比白云岩地区强烈，如果白云岩的孔隙度大，张性构造断裂发育；反而比石灰岩的喀斯特化更强烈。例如云南东北部高原上的石炭系白云岩（$CaCO_3$ 3.2%，MgO 15%）与二叠系的茅口灰岩（CaO 54.7%，MgO 0.5%）同时出露地表，但茅口灰岩的喀斯特化程度却不如白云岩强烈，许多石芽、漏斗和洼地都发育在白云岩区。

三、地下径流的分带及其喀斯特地貌发育特点

在喀斯特地区，雨水降到地表后，很快汇集，通过落水洞、溶斗直接流地下，地表水比较缺乏，有雨过不见水的情况。但是，地下水极为丰富、地下河特别发育。通常把喀斯特化岩体中的地下水总称喀斯特水。

根据喀斯特水的流动状态，大致可分四个带（图 7 - 1）。

（一）垂直循环带（充气带）

该带位于地面至地下水高水位之间。大多数情况下这里没有水流，只在降雨或融雪的时候，水沿裂隙或落水洞从地表向下流入到喀斯特地块，这里才有水流。水流在向下运动过程中，如果遇到近似水平产状的隔水岩层，或水平孔道，水流就会成水平运动，而在岩体中形成含水层，或在谷坡上出现泉眼。通常大部分地下水则一直流到潜水面为止。垂直循环带的厚度取决于地下水高水位的位置，而地下水高水位的位置又和地表河流的切割深度有关。在地壳上升区，河流深切的喀斯特高原，地下水位下降，该带厚度很大，有时可达近千米。在

地壳长期稳定的区域，河流切割很浅，地下水位接近地面，垂直循环带就很小，只有数米至十几米。

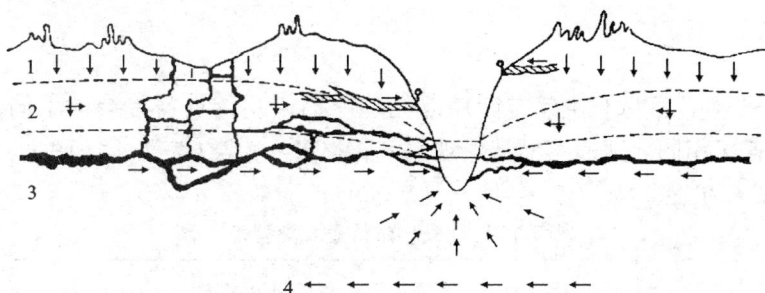

图 7-1　喀斯特水的垂直分带
1-垂直循环带　2-过渡循环带　3-水平循环带　4-深部循环带

水的垂直运动导致垂直溶蚀地貌发育。换言之，水的垂直运动多形成各种大小不同的垂直性溶隙、管道和洞穴。

（二）过渡循环带（季节变动带）

该带位于地下水高水位和低水位之间。由于地下水位是随季节而升降的，在雨季或融雪季节之后，地下水位升高，这时该带的地下水成水平运动，和下部的水平循环带连成一体。旱季时，地下水位降低，该带的地下水为垂直运动，又和上部的垂直循环带连成一体。季节变动带的厚度不仅在不同的喀斯特区是不同的，而且在同一喀斯特区也是变化不定的。这种变化取决于：①渗入充气带中的水量及其时间分配，降水在一年内的分配愈集中，过渡带的厚度就愈大；②充气带中水运动速度快，过渡带厚度大，反之，过渡带厚度小；③地块的喀斯特化程度，喀斯特化程度愈强，过渡带的厚度就愈小；④河水位的涨落幅度，河水涨幅高，过渡带厚度大。

在过渡循环带，垂直溶蚀地貌和水平溶蚀地貌都有发育。

（三）水平循环带（饱水带）

该带位于低水位以下，经常处于饱水状态，水运动总的流向近于水平方向，在接近河谷底部深处，水流流向河谷。如果在岩层稍有倾斜的地区，河谷一侧沿岩层接受地下水的补给，另一例则补给地下水。水平循环带中的喀斯特水大部分具有自由水面。

水下循环带中形成的地貌以水平状溶洞和地下河为主。数量多、规模大，世界上著名的水平洞穴都在该带发育。

（四）深部循环带（滞流带）

在水平循环带之下，喀斯特化岩层是含水的，地下水的运动不受当地河流的影响，而受地质条件控制，流向更远更低的区域侵蚀基准面方向。该带的地下水具有承压性。此带位置较深，地下水运动极为缓慢，以至停滞，因此在达一带中喀斯特作用也非常微弱，只形成规模小的孔洞，且随着深度的增加，喀斯特作用减弱。

第二节　喀斯特地貌

一、地表喀斯特景观

地表喀斯特景观主要发生在垂直循环带(充气带)。在喀斯特发育的不同阶段、不同地区,喀斯特景观各不相同。地表喀斯特景观类型归类于八大类(表7-2,图7-2)。

表7-2　地表喀斯特景观类型表

主要类型		次级类型
小型溶蚀地貌		溶孔、溶窝、溶纹、溶缝、溶沟、溶槽、石芽、石脊、石林
漏斗		溶蚀漏斗、沉陷漏斗、塌陷漏斗
落水洞		竖井、裂隙、锥状
地缝		
喀斯特洼地		溶蚀洼地、塌陷洼地、沉陷洼地、潜蚀洼地
大型盆地		坡立谷与槽谷
喀斯特谷地		干谷、盲谷、袋形谷
喀斯特石山	单体形态	塔状、圆锥状、单斜状
	组合体形态	峰丛、峰林、孤峰(残丘)
喀斯特平原		喀斯特边缘平原、喀斯特基准面平原、喀斯特山足平原

图7-2　喀斯特形态示意图(根据王飞燕)

1.峰林　2.溶蚀洼地　3.喀斯特盆地　4.喀斯特平原　5.孤峰　6.喀斯特漏斗　7.喀斯特坍陷
8.溶洞　9.地下河,a.石钟乳　b.石笋　c.石柱

(一)溶沟和石芽

溶沟和石芽是石灰岩表面的溶蚀地貌。地表水流沿石灰岩坡面上流动,溶蚀和侵蚀出许多凹槽,称为溶沟。溶沟宽十几厘米至几百厘米,深以米计,长度不等。溶沟之间的突出部分,称为石芽。溶沟间的石芽除有裸露的外,还有埋藏的。埋藏的石芽多是在地下水渗透的过程中溶蚀而成。在热带地面植被生长茂密,土壤中CO_2含量较多,渗透水流的溶蚀力特别强烈,形成规模很大的埋藏石芽,覆盖在石芽上部的是溶蚀残余红土和少量石灰岩块。通常,在山坡上从上部到下部,石芽的分布是:全裸露的石芽—半裸露的石芽—埋藏石芽(图7-3)。

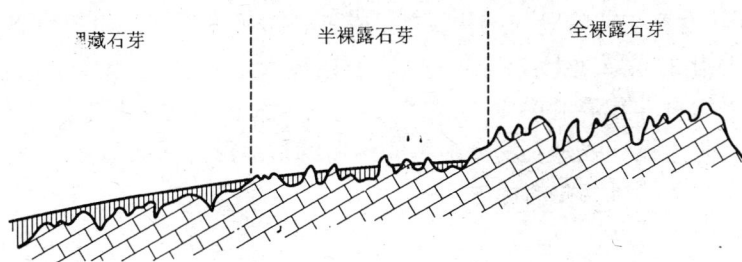

埋藏石芽　　半裸露石芽　　全裸露石芽

图7－3　斜坡上的石芽分布

溶沟和石芽的分布特征常和地形、地质等条件有关。地形坡度较大的地面上，常形成彼此平行的溶沟和石芽，而在平缓的地面上，溶沟和石芽则纵横交错。在石灰岩节理发育的区域，水流沿节理溶蚀，形成格状的溶沟。在纯而致密的石灰岩地面，溶沟和石芽较密集。在硅质灰岩、泥质灰岩和白云岩等组成的地面，溶沟和石芽发育较差。

石林是一种非常高大的石芽。它是在热带多雨气候条件下形成的。云南路南石林高达20～30m，密布如林故名石林。

（二）漏斗

漏斗是喀斯特化地面上的一种口大底小的圆形洼地，平面轮廓为圆形或椭圆形，直径数十米，深十几米至数十米。漏斗下部常有管道通往地下，地表水沿此管道下沉，如果通道被粘土和碎石堵塞．则可积水成池。

漏斗按成因可分为溶蚀漏斗、沉陷漏斗和塌陷漏斗三种。溶蚀漏斗是地面低洼处汇集的雨水沿节理裂隙垂直向下渗漏而不断进行溶蚀的结果（图7－4A）。在有较厚的松散沉积物或砂岩覆盖的喀斯特地区，如有通往地下的裂隙，水流在下渗过程中，带走一部分细粒的砂和粘土物质，使地面下沉形成沉陷漏斗（图7－4B）。塌陷漏斗多是溶洞的顶扳受到雨水的渗透、溶蚀或强烈地震发生塌陷而成（图7－4C、D）。

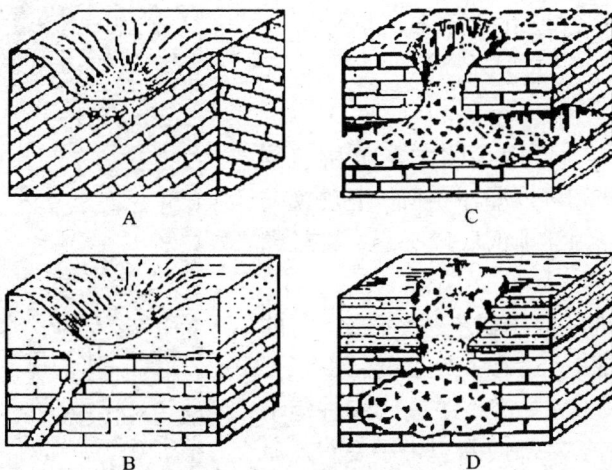

图7－4　几种主要的喀斯特漏斗（根据 J. N. 詹宁斯（Jennings）简化）

A. 溶蚀漏斗　B. 沉陷漏斗型　C. 塌陷漏斗　D. 深层喀斯特塌陷漏斗

  漏斗是喀斯特发育初期阶段的产物,它是喀斯特水垂直循环作用的地面标志,因而漏斗多数分布在喀斯特化的高原面上。例如宜昌山原期地面上,漏斗很发育,溶蚀洼地和落水洞等地形也很多,平均每平方千米达30个之多。这是因为长江的一些支流已溯源侵蚀伸入该区,这里的地下水垂直循环强烈,发育密集的喀斯特负地形。如果地面上有成连续分布的成串漏斗,这往往是地下暗河存在的标志。

  (三)落水洞

  它是从地面通往地下深处的洞穴,垂向形态受构造节理裂隙及岩层层面控制,呈垂直的、倾斜的或阶梯状的。洞底常与地下水平溶洞、地下河或大裂隙连接,具有吸纳和排泄地表水的功能,故称落水洞(图7-5)。直径一般为数米至数十米,深度远较直径为大,已知单段直落最深为可达450m。如果是曲折多变的落水洞深度更长达千米。例如法国的"牧羊人深渊",深1122m,而比利牛斯山上的"马丁石"更深,达1138m。对深度大,洞形陡直的

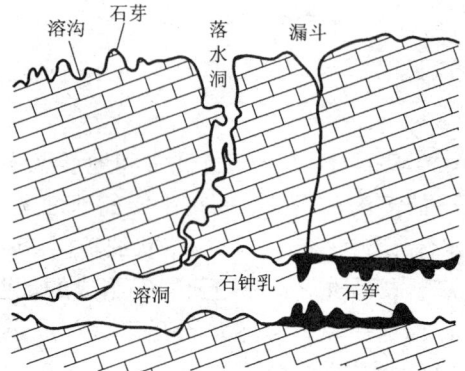

图7-5　漏斗与落水洞

落水洞称为竖井。一些形似井和洞底常有水的,可称为天然井;对洞口小和深度小的可称为消水坑。

  落水洞发育于包气带内,由于它是地表汇水地点,故流量大,流速快,溶蚀强,冲蚀作用也强,甚至造成洞壁崩塌,洞体扩大。在有河流注入的落水洞,会形成"落水洞瀑布",此时的冲蚀作用成了洞的主要破坏力量。

  重庆市奉节县小寨天坑、云阳县云阳天坑,均为较典型的落水洞。

  (四)地缝

  地缝是流水沿石灰岩层中的垂直裂隙侵蚀而成的线形负地貌(图7-6),大小长短各不相同。据最近资料报导,最长可达几十千米,最深处达3000多米。

  (五)溶蚀洼地

  溶蚀洼地是由四周为低山丘陵和峰林所包围的封闭洼地。它的形状和溶蚀漏斗相似、但规模要比溶蚀漏斗大得多。溶蚀洼地的底较平坦,直径超过100m,最大可达1~2km。

  溶蚀洼地是漏斗进一步溶蚀扩大而成。它的底部常发育落水洞和漏斗,还有一些小溪。

  从洼地凹壁流出的泉水,经小溪最后流进落水洞中。溶蚀洼地常在褶皱轴部或断裂带中发育。

  大的断裂带中发育的溶蚀洼地,常呈串珠状排列。

图7-6　地缝

  溶蚀洼地底部如被红土或边缘的坠积岩块覆盖,底部的漏斗和露水洞就被阻塞,将形成

喀斯特湖。

（六）喀斯特盆地

喀斯特盆地是指喀斯特地区的一些宽广平组的盆地或谷地。南斯拉夫学者 J. 司威治最先叫这种地形为 polje（坡立谷），原意为可耕种的平地，现已成国际通用术语。

喀斯特盆地（谷地）的宽度自数百米至数千米，长度可达几十千米。盆地的边坡陡峭，底部平坦。常覆盖着溶蚀残留的黄棕色粘土或红色粘土，有些地方还有河流冲积物。喀斯特盆地中的河流常从某一端流出，到另一端经落水洞汇入地下河流走。在许多喀斯特盆地中还耸立着一些喀斯特丘。桂林山水就是这种奇特的喀斯特景观。

喀斯特盆地的分布和形状往往和地质条件有关。在可溶性岩石与非可溶性岩石接触面上发育的溶蚀盆地多呈长条形，两侧不对称，在可溶性岩石的一侧为峭壁，非可溶性一侧为缓坡。沿断裂发育的喀斯特盆地，亦成长条形，宽度较窄，谷底平坦，其大小取决于断裂带的规模。在向斜轴部和背斜轴部发育的喀斯特盆地，多呈椭圆形。

（七）干谷和盲谷

干谷是喀斯特地区的干涸河谷。由于地壳上升，主河先下切使喀斯特水落石出水平循环带下降，原来由地下水补给的一些小河流失去了水源，同时地表水又不断向下渗漏，因而一些河流变成干谷。

在喀斯特地区，常见河谷的上游的水流从其一陡坝下的泉眼涌出，而河流流向的前方有一陡坎阻挡，陡坎下方有一落水洞，河水沿落水洞流入地下，这种上下游封闭的谷地称为盲谷（图 7 - 7）。转入地下的河流暗流段，叫伏流。我国广西、云雨和贵州等省发育了许多盲谷。在贵阳市西南，红水河的支流涟水时隐时现出现多次伏流。

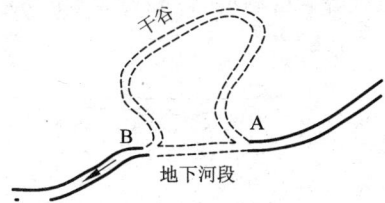

图 7 - 7　涟水的盲谷

（八）峰丛、峰林和孤峰

由碳酸盐岩石发育而成的山峰，按其形态特征，可分为峰丛、峰林和孤峰。它们都是在热带气候条件下，碳酸盐岩石遭受强烈的喀斯特作用后所造成的特有地貌。这些山峰峰体尖锐，外形呈锥状、塔状（圆柱状）和单斜状等等。集合体成峰丛、峰林，有的成孤峰状等。山坡四周陡峭，岩石裸露，地面坎坷不平，石芽溶沟纵横交错，而且分布着众多的溶斗、落水洞和峡谷等等。山体内部还发育着大小不等的溶洞和地下河，整个山体被溶蚀成千孔百疮（图 7 - 8）。

石灰岩山峰的生成大致有两种途径：一是由石灰岩体本身的喀斯特作用所成。当石灰岩出露地面以后，受到地表水和地下水的喀斯特作用，产生众多的溶斗、溶蚀洼地与谷地、盲谷及干谷，以及地下河及溶洞的崩陷，使石灰岩地面遭受强烈的切割，形成山峰。二是在可溶性岩与非溶性岩接触带，由于石灰岩漏水性强，括囊了非溶性岩区的地表流水，使其汇集在接触带上，造成那里的石灰岩喀斯特作用特别显著，并产生一系列的漏陷地貌，如溶斗、落水洞及洼地等。而在非溶性岩区由于流水侵蚀作用剧烈。地面高度迅速降低，逐渐成为低矮的丘陵，致使石灰岩体相对突起成为山峰（图 7 - 9）。

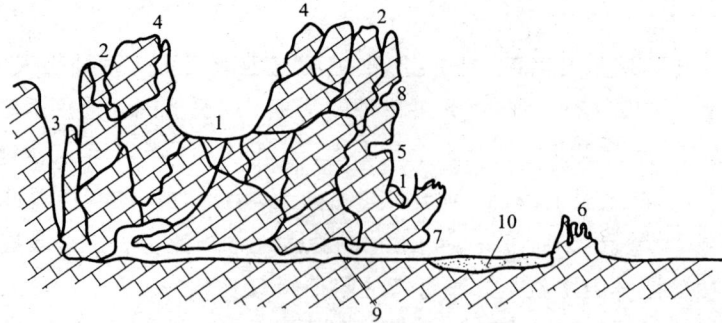

图 7－8　峰林地貌特征示意图

1. 圆洼地　2. 落水洞　3. 石灰岩峡谷　4. 石芽与溶沟　5. 水平半山洞穴　6. 石林式石芽
7. 沿地下水发育的洞穴　8. 倾斜洞穴　9. 石钟乳　10. 红土　11. 崩落岩块

　　1. 孤峰：指散立在溶蚀谷地或溶蚀平原上的低矮山峰，它是石灰岩体长期在喀斯特作用下的产物。孤峰形态明显地受岩石纯度和构造等影响。锥状孤峰是顶部小，基部大的山峰，峰脚坡积物较多。它形成于岩层水平的不纯石灰岩区。塔状孤峰如圆柱形，山坡陡直，它是在层厚、质纯而产状水平的石灰岩上形成的。单斜状孤峰的山坡两侧不对称，一坡陡峭而另一坡和缓，它的形态与岩层的单斜产状有关。

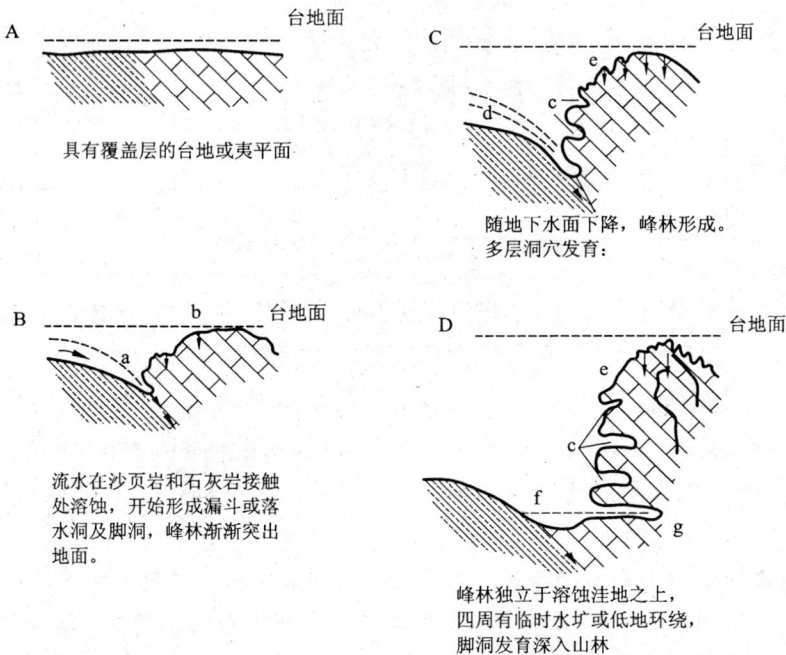

图 7－9　峰林形成过程示意图

a. 落水洞或脚洞庭湖　b. 石芽和溶沟　c. 多层洞穴　d. 砂页岩丘陵　e. 峰林　f. 积水洼地　g. 脚洞

"山水甲天下"的桂林风景名胜区，是孤峰景观的荟萃，其独秀峰、伏波山、叠彩山、象鼻山等，形态各异，美不胜收。

2. 峰林：它是成群分布的石灰岩山峰. 山峰基部分离或微微相连（图7-10）。峰林是在地壳长期稳定下，石灰岩体遭受强烈破坏并深切至水平流动带后所成的山群。与峰林相随产生的多是大型的溶蚀谷地和深陷的溶蚀洼地等。

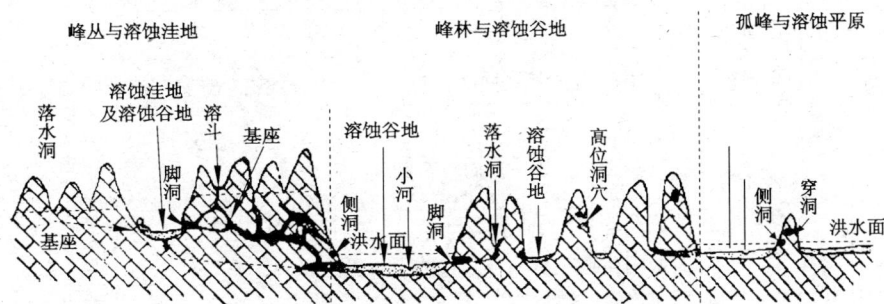

图7-10　峰丛、峰林和孤峰剖面示意图

漓江－阳朔的山水，是典型的热带喀斯特峰林景观。贵州安顺等地峰林也比较典型。云南文山的峰林具"平地涌千峰"的壮景。广东西北部肇庆七星岩，是突于西江平原之上的峰林。湖南南部道县、江华等处，也有比较低矮的热带峰林。

3. 峰丛：峰丛是一种连座峰林，顶部山峰分散，基部相连成一体。当峰林形成后，地壳上升，原来的峰林变成了峰丛顶部的山峰，原峰林之下的岩体也就成了基座。此外，峰丛也可以由溶蚀洼地及谷地等分割岩体而成。在我国南方喀斯特地区，峰丛分布很广，高度也大，如广西西北部的峰丛海拔千米以上，相对高度超过600m，而且许多成行排列，显示它的发育与构造线一致。

一般峰丛位于山地的中心部分，峰林在山地的边缘，孤峰位于溶蚀平原或溶蚀谷地上。

（九）喀斯特平原

喀斯特高原和石灰岩山地经过长期的溶蚀破坏，地形高度逐渐降低，起伏减小，最后发展成为面积广阔的平原。平原面的发育严格地受到地下潜水面和石灰岩内不透水层面的控制，而且多与岩溶区内或边缘地带的河流作用有关。因此它多沿河流两岸分布。平原的发育有的在岩溶区内，由多个坡立谷合拼而成；也有的在岩溶区边缘，是在伏流出口的袋形谷的扩大和地表河的侧蚀共同作用下形成的。

二、地下喀斯特景观

地下喀斯特景观主要位于饱水带，包括溶洞和地下河、湖等（表7-3）。

表7-3 地下喀斯特的主要地貌形态表

分带	分类		形态
水平岩溶带（饱水带）	溶洞	通道	按主轴线倾角：水平的、倾斜的、垂直的 按主轴线形状：直线形、折线形、弧线形 按横断面形状：圆形、椭圆形、拱形、扁平形、窄缝形、方形、三角形、花冠形、锯齿形
		洞室、洞厅	
		石窟	
		溶洞组合	横向树枝状、垂向树枝状、格子状迷宫、蜂窝、楼层状
		溶洞化学堆积	洞顶：石钟乳 洞壁：石幔、石旗、石盾 洞底：边石、钙华板、石笋、穴珠 洞底——洞顶：石柱 附生微型：石花、卷曲石、爆玉米
		溶洞崩塌	天生桥、穿洞、天窗、崩塌堆
	地下河（暗河）		石锅、贝穴、边槽

（一）溶洞

溶洞从广义上说它包括了地下大小不同的各种类型的洞穴，其中也包含了落水洞。但这里所指的主要是发育在饱水带或季节变动带内的水平状溶洞，其次是倾斜成垂直状溶洞，它是世界上规模最大，最富有地理意义和研究得最为详细的是水平溶洞类型。溶洞的作用力复杂，除了溶蚀外，还有地下河的冲蚀、崩塌、化学堆积和生物作用等，形成的地貌形态也多种多样。此外，溶洞内还有矿床堆积，因此研究溶洞地貌是认识喀斯特地貌的一个重要方面。

1. 溶洞的形成机制

溶洞的生成受地质、地貌、水文、气候、土壤和生物等多种自然因素影响，这些因素都通过水文地质（特别是含水层的补给、运动、排泄及水化学）去起作用。根据水文地质特性，解释溶洞生成模式的主要有：

（1）普通非承压含水层（潜水层）成洞模式 即普通洞的形成模式，普通洞的形成一般都经历三个阶段。即初始洞穴、初始管道、系统洞穴。

初始洞穴发育在有利于溶蚀的部位，特别是岩石的层面和构造裂隙处。当裂隙的溶蚀直径或宽度达到紊流出现时，即标志着第一阶段完成，此时洞穴的规模尺度约为5~15mm。

进入第二阶段后，由于紊流作用，使溶洞迅速扩展，当地下水流的的输入补给点和输出排泄点之间出现连通管道时，即表示该阶段的结束，此时的管道称为初始管道。其延伸方向，总是沿着地下水面的最大坡度方向。而具体的发展则是顺着最小阻力的方向。这种补给点和排泄点的连通不但使溶洞发展突然加快，而且还会使同一含水层中相邻的初始管道发生合并。第三阶段的主要过程就是管道的合并、扩大以至洞穴系统的形成发展与完善。

（2）普遍承压含水层成洞模式 普遍承压含水层是指以大气降水为补给和顶、底面被相对隔水层夹持的可溶岩含水层。在此层内裂隙全充水，地下水流动缓慢，沿构造节理溶蚀出两维空间的小通道，其形状和大小较近似，常组合成网状迷宫。

（3）深部热水矿水成洞模式　深部地下水的水温高，含气体和矿物成分也高，这些水的成因复杂，来自火山水、岩浆水、沉积共生水、深循环的大气水等。水的性状、成洞机制与结果都十分复杂，目前只对以下两种热水成洞作用的研究比较清楚：①富含二氧化碳的热水成洞：这种热水上升并进入碳酸盐岩石后产生的溶洞有两种形态，一是直线网格式迷宫，二是由下往上伸展的树枝状洞。其溶蚀机制主要是碳酸化溶解和冷却溶解。当热水与浅层碳酸盐淡水混合时，还发生混合溶解。一些非热水型溶洞虽然形态类似，但不会有热矿水形成的特殊矿物堆积（方解石晶体），也不会有小圆顶的袋形洞。②富含硫化氢的热矿水成洞：油田或气田水常富含硫化氢，这类矿水上升至潜水面后，受氧化而产生溶蚀性很强的硫酸，它对碳酸盐岩石溶蚀对还产生二氧化碳，因而更加强了溶蚀作用。此外冷却溶蚀和混合溶蚀也会出现。

（4）海岸混合水成洞模式　分布于海岸带的碳酸盐岩石，在地下淡水与海水（咸水）混合时的溶蚀，会产生沿岩石裂缝或孔隙发育出的小孔穴，它们常组合成海绵状的迷宫；当洞的规模较大时，易塌顶变成"天窗"。

2. 溶洞形态

溶洞的形态非常复杂，洞的规模大小相差悬殊，这反映了形成机制、形成因素和演化历史的不同所致。基本形态有三种：即通道、洞室与洞厅、石窟（图7-11）。

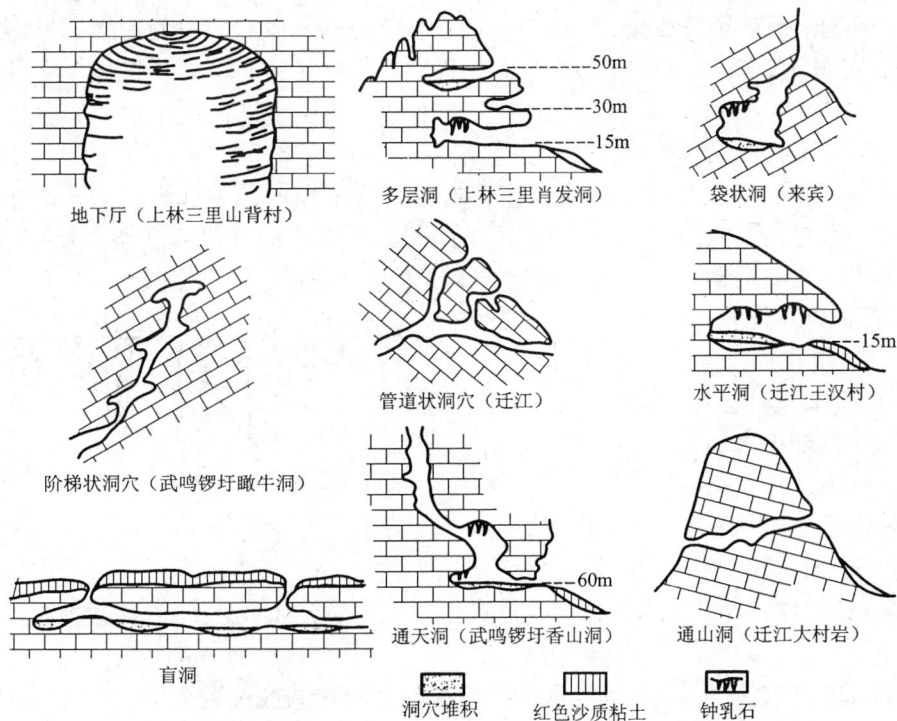

图7-11　广西中部来宾、迁江、上林、武鸣一带溶洞的形态（数字：高程）

（1）通道。是指人能通过的管状洞的总称。通道的划分有多种。溶蚀通道的直径较小，多在数米以内，而长度可超过数百米，如在多补给点的和承压含水层中的通道经常纵横交错，或多层展布，累计长度可达数十至上百千米。通道的发育多与地下河的作用有关，而且在通道顶、侧往往遗留着昔日河水溶蚀的痕迹。如：①洞顶平坦面，显示昔日地下河床完全充水时水面溶蚀的结果。②石锅及贝穴，二者是切入洞顶的小地形。石锅如反置的锅形，直径多在数十厘米以内，散布于洞顶，有的凹入较深如袋形或烟囱形。其成因有水流漩涡说、混合溶蚀说和穹顶气室受压缩而加强溶蚀等多种说法。贝穴呈小浅窝状成群发育，单体如反置的贝壳，直径数厘米至数十厘米，深度较小，纵部面不对称，上游方陡下游方缓。这是长期定向流水溶蚀岩石的结果，故纵轴剖面具有指示流向意义。③边槽，横剖面为平卧的槽形，刻切入洞壁的下方，宽深约数十厘米，长度长，沿地下河床两壁分布。它是在地下河、湖水面长期稳定时，水面对岩石溶蚀所成。

（2）洞室、洞厅。这是长、宽、高度相似的单个溶洞或洞段，规模小的称洞室，大的称洞厅。它们常发育在岩性易溶、裂隙较密集或断裂交叉、水流交汇的地段。洞厅的规模可以很大。洞内崩塌是溶洞扩大成厅堂的重要原因，如体积超过 $1 \times 10^5 m^3$ 的法国维娜宫（Salle de La Vema），洞内可见崩石堆积达数百立方米。

（3）石窟。石窟是沿水平方向切入陡坡、陡壁或洞壁的单个浅洞。大小规模在 10m 以内；洞口大，但深度小，状似神龛，又称"岩屋"。其成因常与河流冲蚀或差异溶蚀有关，也有的是大溶洞崩塌破坏的残余。

组合形态：各种溶蚀通道，洞室、洞厅常交叉连通，构成洞穴系统，其组合方式与结构形状十分复杂离奇，反映了形成机制、地质结构、环境条件及成洞历史的差别。根据组合形态的结构特点可分为：横向树枝状、垂向树枝状、格子状迷宫、蜂窝状迷宫、楼层状等洞穴系统。

3. 溶洞化学堆积形态

洞内堆积矿物已发现有 80 余种，其中大部分为方解石的化学堆积。造成方解石堆积的主要原因是渗入洞内的碳酸水溶液中 $CO_2\uparrow$ 的逸出。$CO_2\uparrow$ 的逸出与水质、水温、洞内空气中 CO_2 的含量、水的运动和藻类生物的化学作用等有关。堆积形态主要有：

（1）石钟乳、石笋、石柱（彩图）。这是一组由洞顶滴水而产生的堆积地貌。石钟乳是从洞顶垂直往下悬挂的堆积形态。最初的堆积是围绕出水口发生，接着形成小管（鹅管），往下加长和往内加厚。当管内水下排欠畅时，水会穿过管壁，然后沿壁外下流，并在管外产生堆积（图7-12）。此时石钟乳的发展已不是简单的向下伸长，而且出现多向复杂生长了。

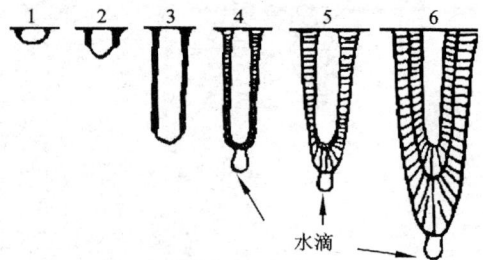

图7-12 石钟乳的形成过程图
（根据 J. N. Jennings）

如果洞顶有足够的供水，石钟乳末端的滴水就会滴在洞底位置上，产生与石钟乳相对应的，但生长方向相反的石笋。它的外形与下滴的水量和高度有关。大的水量或高的跌落都会失去尖笋状的外观，变为山丘状。石钟乳下伸触及洞底，或石笋上长至洞顶，或二者相向对生后连接时，就成为石柱。

并非所有的洞顶滴水都会形成石钟乳、石笋或石柱，如果滴水的碳酸钙含量不饱和，则会产生溶蚀及滴水窝。堆积形态如果在水的自重滴落时会呈直立状，但有时也会弯曲，其原因不一定是地壳运动或洞底、洞顶的破坏，而可能是供水位置或水质水量的改变所致。近洞口或天窗处的石钟乳弯曲，可能是该处气流强烈，或者是藻、苔植物趋光生长所引起。

（2）石幔、石旗、边石坝、钙华板。这是一类由薄膜（层）状溶水所成的堆积地貌，总称为"流石"。当水沿额状洞壁往下漫流时，就会形成布幔状或瀑布状流石，即"石幔"。若水集中沿一条凸棱下流时，会形成薄片状的堆积，称为"石旗"。如果薄层水在洞底斜面上作缓流而又遇到小凸起时，流速就会加快，水中的 CO_2 会逸出，并在凸起处发生堆积。这些局部堆积反过来又加快了流速，再次促进了局部堆积。这样反复作用的结果，最终形成了花边状弯曲的小堤，即"边石堤"（图7-13）。高不超过30cm。平面形态呈弧形、半圆形，或多个相连，或逐级下降，有如莲叶和梯田，故又称"灰华田"或"石田"。边石坝有时也见于喀斯特泉的出口。

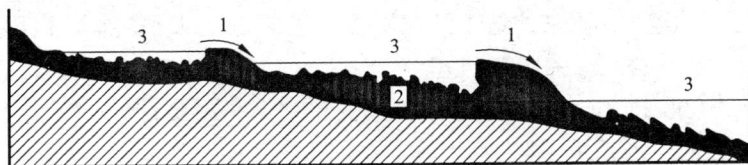

图7-13　边石堤的纵剖面图（根据 A. Bügli）
1. 边石堤　2. 方解石晶簇　3. 边石池

饱和的碳酸钙水溶液在洞底流动时，常形成多孔状的堆积层，称"钙华板"或"灰华层"，最厚者可达数米。结构呈多孔状，这与地表河流瀑布坎的钙华相似，因此跌水急流也可能是钙华板的成因。

（3）石花、卷曲石、爆玉米。这是一类毛发状、草叶状、豆芽状或花球状的微小形态，常附生在其他大型碳酸钙堆积形态上。生长方向乱散，似是不受重力影响。其成因复杂，主要与毛细水的运动有关，同时还受洪水量少、环境较封闭、气温较稳定和气流扰动少等条件影响。石花的"花瓣"呈针状向外辐射，形似蓟草的花球（图7-14），常由文石组成。卷曲石似豆芽，其卷曲可能是晶格错位所致。爆玉米是群生的小瘤，是毛细水蒸发的产物。

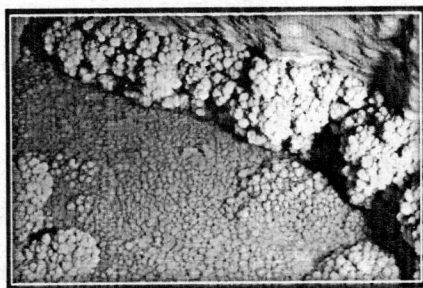

图7-14　石花洞中的石花

4. 溶洞崩塌地貌

溶洞内周围岩石的临空和洞顶的溶蚀变薄，会使洞穴内的岩石应力失去平衡而发生崩塌，直到洞顶完全塌掉，变为常态坡面为止。所以崩塌是溶洞扩大和消失的重要作用力，形成的地貌主要有：

（1）崩塌堆。溶洞崩塌主要发生于洞顶岩层薄、断裂切割强以及地表水集中渗入的洞段。崩塌发生后，洞底就会堆出崩塌堆，若有地下河活动时，崩塌堆会逐渐被搬运，只留下一些较大的崩石。洞内化学堆积的发展，也会引起溶洞的崩塌，如巨大的石钟乳坠落；石笋、石柱的增大把洞底压陷，使下层洞顶变形和引起上层洞底的破坏，把石柱拉断、拉倒。

（2）天窗。洞顶局部崩塌并向上延及地表，或地面往下溶蚀与下部溶洞贯通，都会形成一个透光的通气口，称为"天窗"。若天窗扩大，及至洞顶塌尽时，地下溶洞则成为竖井。

（3）天生桥、穿洞。地下河通道塌顶后就变为箱形谷或峡谷，但这种崩塌常常不是一次性完成的，如果通道上、下游两端先崩，中间局部保留，此时就出现横跨谷地的桥状地形，称为"天生桥"。可见它是洞顶崩塌的残余地形，呈拱形，宽度数米至百米。桥下的洞，两头可对望的，称为"穿洞"，如桂林的象鼻山、阳朔的月亮山等。

（二）地下河

有长年流水的地下溶洞称为地下河或暗河，它和地表河一样，发育有瀑布、冲蚀坑、壶穴、深槽地貌沙砾堆积物。河流过水面积受到石质河槽的限制，不能自由扩大。流向受断裂构造节理或层面走向的支配，显得十分曲折和不连续，宽窄也不一致。在溶蚀作用参与下，石质河槽的顶面平坦，有石锅和贝穴，两侧有边槽等特殊地貌。当地壳上升和潜水面下降时，河水便渗入更深的地下，原来的地下河槽则变成了干涸的水平溶洞，以后就会发育出各种各样的碳酸钙堆积地貌。

重庆奉节兴隆镇和湖北恩施板桥镇交界处的龙桥地下暗河全长50km，拥有竖井、支洞多达108个，为目前世界上最长地下暗河。

第三节　喀斯特地貌发育和地貌组合

喀斯特地貌发育和组合可从两方面来看。一方面，在不同的气候区喀斯特地貌发育不同，地貌组合也不相同，这是喀斯特地貌发育的地带性特征。另一方面，在同一气候区，喀斯特地貌的发育阶段不同，喀斯特地貌组合也有差异，这是喀斯特地貌发育的阶段性特征。此外岩溶地貌在长期发育过程中，由于气候条件和构造条件有变化，对喀斯特地貌发育产生变异。

一、喀斯特地貌的地带性特征

1. 热带喀斯特

在我国南方的广大石灰岩区，地处热带，高温多雨，喀斯特作用非常强烈。虽然CO_2在水中的含量与水温成反比，但热带雨量充沛，水循环快，对石灰岩的溶解作用可以不断地进行。同时，热带气温高，化学反应快，植物分解产生大量的CO_2，并分泌出有机酸，这些都大大地加速喀斯特作用过程，因而热带的地表喀斯特和地下喀斯特都很发育。这里有规模较大的溶蚀盆地和洼地，洼地间留下许多塔状峰林；石芽和溶沟发育极好，有时成为石林式石芽；地表和地下发育的水系相互连通，地下洞穴系统发育，地面多塌陷。

2. 温带喀斯特

温带喀斯特又分两种：即温带季风气候区喀斯特和温带干旱区喀斯特。

温带季风气候区降雨分配不均匀，有明显的雨季。雨季降雨集中，时间短，地表喀斯特地貌不发育，只有一些小的溶蚀浅沟，但地表水渗入地下滞溜的时间较长，故地下溶洞较发育。例如我国华北地区，地表现代喀斯特地貌很少见到，但有许多溶洞，还有一些喀斯特泉。在晋、冀、鲁、豫四省寒武-奥陶纪灰岩中的流量为 m^3/s 以上的喀斯特泉就达36个（图7-15）。

温带干旱区降雨很少，地表喀斯特作用极微弱，几乎看不到现代喀斯特地貌。例如在新疆石灰岩地区，由于机械风化强烈，大部分地面被风化碎屑覆盖，即使在石灰岩裸露区、也没有典型的喀斯特景观。干旱区有地下水作用，虽然水量不多，但水中含有较多的 SO_4^{2-}，因而地下水有一定的溶蚀作用，形成一些小溶洞。例如柴达木盆地西北部的寨东沟和拉乌地区（海拔 3600、4000m）发育一些直径为 $0.1 \sim 0.5m$ 的小溶洞。

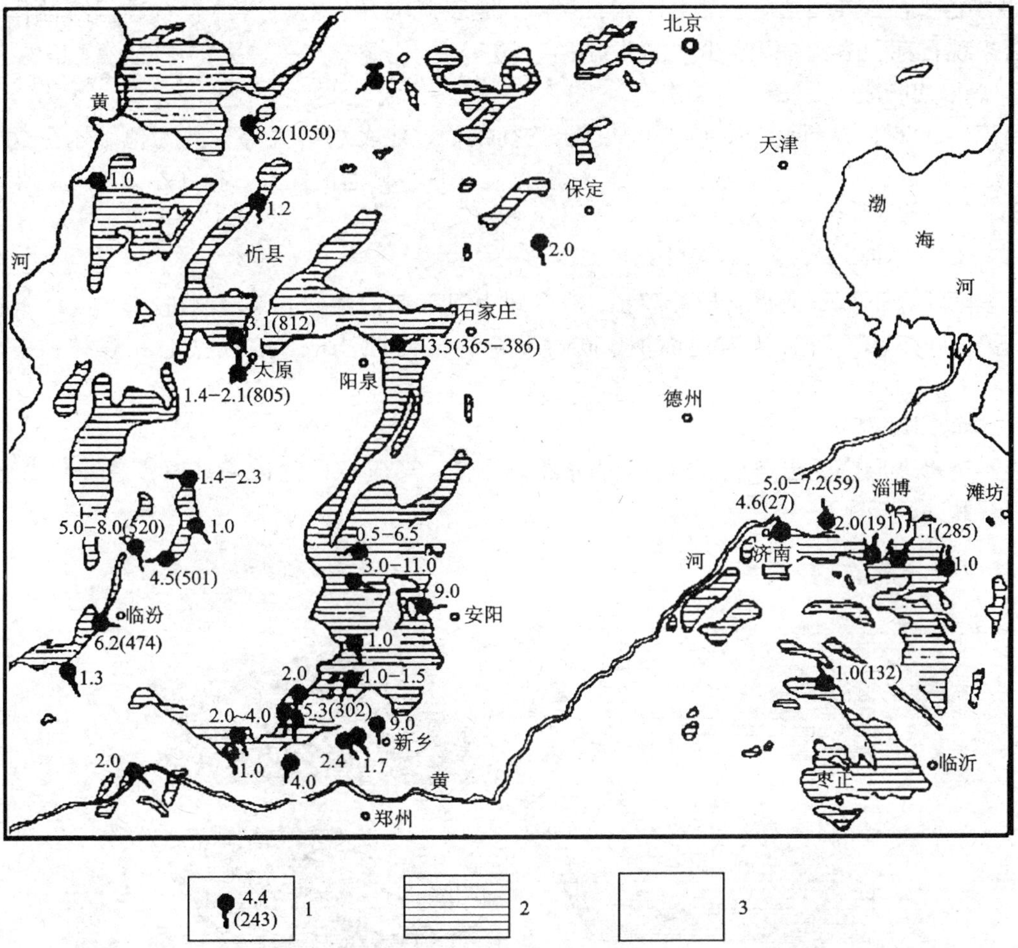

图 7-15　晋、冀、鲁、豫四省寒武－典陶纪灰岩中的大中型喀斯特泉群（根据山东省地质局等）

1. 喀斯特泉群流量（m^3/s）及高程　2. 寒武－典陶纪灰岩碳酸盐岩系　3. 非碳酸盐岩出露区

3. 寒带和高山寒冷地区喀斯特

寒带和高山寒冷地区，气温极低，有永久冻土和季节冻土，溶蚀作用极缓慢，但在长期喀斯特作用下，仍有喀斯特发育。例如在西藏高原上的一些河谷两旁，发育一些小溶洞（海拔 4400~4600m），有些地方有喀斯特泉发育，在喀斯特泉两旁形成石灰华。祁连山现代冰川下白水河河流中的喀斯特泉现仍在堆积石灰华，形成长 425m，宽 20~30m 和高 5.2m 的平台。

二、喀斯特地貌发育的阶段性

在气候条件和地质条件不变的情况下，由上升的石灰岩高地开始，喀斯特地貌发育可按幼年期阶段、青年期阶段、壮年期阶段和老年期阶段顺序发展，各个阶段有一定的地貌组合。

1. 幼年期阶段

非可溶性岩石被剥蚀后，可溶性岩石裸露，地表流水开始对可溶性岩石进行溶蚀作用，地面常出现石芽和溶沟，以及少数漏斗(图7-16A)。

2. 青年期阶段

河流进一步下切，河流纵剖面逐渐趋于均衡剖面，地表水绝大部分转为地下水。这时，漏斗、落水洞、干谷、盲谷、溶蚀洼地广泛发育，地下溶洞也很发育，有许多地下河(图7-16B)。

3. 中年期阶段

地表河流受下部不透水岩层的阻挡，或者地表河下切侵蚀停止、溶洞进一步扩大，洞顶发生坍陷，许多地下河又转为地面河，同时发育许多溶蚀洼地、溶蚀盆地和峰林(图7-16C)。

4. 老年期阶段

当不透水岩层广泛出露地面时，地表水重新出露，形成宽广的冲积平原，平面上残留着一些孤峰和残丘(图7-16D)。

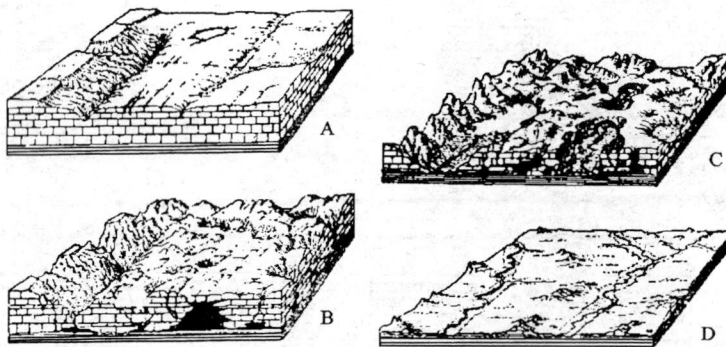

图7-16 喀斯特发育阶段示意图(根据 R. 锐茨)

A. 幼年期　B. 青年期　C. 壮年期　D. 老年期

上述喀斯特发育阶段图是一个理想模式。实际上，喀斯特发育受岩性条件、构造条件和气候条件的影响，并不都按上述模式进行。例如当喀斯特发育到青年期阶段时，地壳又一次上升，而下部地层又是透水的，那末地下水将进一步向下渗透，再次重复第二阶段发育，这时地下将会出现多层溶洞。此外，在同一气候条件下，溶蚀作用相等，但在不同地貌和构造部位，可以形成不同的地貌组合，同时发育峰丛洼地和峰林平原，即峰林地貌同时演化特征。因此，在研究喀斯特发展时，必须要考虑到区域地质地貌等条件的变化。

三、喀斯特地貌发育的变异

喀斯特发育是一个缓慢的地质过程，喀斯特平原、大型喀斯特洼地、峰林等地形的形成和发展都需要一个较长的时间。在这一较长时间内，气候和构造条件都将有所变化，因而也必将对喀斯特的形成与发展有影响。归纳起来可能有以下几种情况：

1. 气候条件和构造条件的变化阻止了喀斯特的继续发展，甚至破坏了早期形成的各种喀斯特景观。我国青藏高原，在第三纪时，海拔较低，是热带稀树草原或热带森林环境，生活着三趾马和长颈鹿等动物，气候炎热潮湿，喀斯特作用较强，发育了高大的峰林、竖井和地下溶洞。但是，第四纪以来，西藏高原进一步隆升，气候变冷变干，喀斯特作用停滞并受到破坏。以珠穆朗玛峰北麓为例，在海拔4300m左右的定日盆地，现代年平均气温为0℃左右，年降水量约为200～300mm。分布在海拔4800～5000m高度的第三纪古喀斯特已受寒冷风化作用而强烈破坏，峰林受剥蚀而降低（相对高度约30～40m），峰林的基部堆积大量剥落的石灰岩块。在昂章山等处的峰林已破残。定日东山的古溶洞洞顶早已下塌，洞壁受寒冻风化作用已形成凹凸不平的刻纹。以上这些第三纪古喀斯特现今遭到强烈破坏，形成一种特殊的残留喀斯特地形。

2. 气候条件和构造条件的变化进一步促使喀斯特的发展，或者说现今喀斯特的发育是在继承古喀斯特的基础上继续发展的。在湖南西部沅水中游的河间分水岭地段，由于地壳不断上升，地下水为适应新的基准面而不断下降，形成厚度较大的垂直循环带，使分水岭地区喀斯特进一步发展，喀斯特洼地、漏斗和落水洞都很发育，从河谷到分水岭喀斯特化程度有逐渐加强的趋势。

3. 在气候条件和构造条件不变或变化不大的情况下，在相邻不远的两个区域，喀斯特发展阶段不同，喀斯特地形也有差别。例如云贵高原目前属于亚热带气候区，在高原上的古峰林已遭破坏，逐渐变得浑圆而低矮，相对高度仅几十米至百余米；而在云贵高原与广西盆地之间的过渡地带，今处于地下水强烈垂直循环带上，在古峰林的基础上继续强烈地溶蚀，形成高大的峰林和深达400～500m的圆筒形洼地。

第四节　喀斯特风景地貌景观

一、溶洞和"天坑"

溶洞作为一种地下世界，给人以幽静、粗犷的自然美的感受，洞中各种溶蚀形态和钟乳石堆积物，塑造出五颜六色、光怪陆离的奇妙景致，被称之为"梦幻世界"、"人间仙境"。

我国目前发现最长的溶洞是鄂西利川的腾龙洞，长达20多km；层次最多的是四川兴文天泉洞，上下五层，俨如一幢石雕大厦；洞中多洞的如江苏宜兴的张公洞，该洞洞中有洞，洞洞不同，大小72洞，真可谓"洞天世界"；洞中钟乳发育，景色壮丽者，数桂林的芦笛岩、贵州织金的打鸡洞、浙江桐庐的瑶琳仙境、冷水江的波月洞等佳胜；洞中以水景称奇的有本溪的谢家崴子、江西彭泽的龙宫洞和浙江宜兴的善卷洞等。有的高位溶洞，因顶部塌落开了天窗，出现一孔通天，景致妙不可言，如广西柳州的都乐岩；有些高位溶洞穿过山体时，就成了穿洞，别具情趣，如阳朔的月亮山。

贵州织金洞属高位旱溶洞,是一个多层次、多类别、多形态的完整岩溶系统,全长12km。已勘察的面积约20万 m^2,两壁最宽处175m,垂直高度大多在40~100m,最高达150m。洞内空间开阔、造型奇特、景色多变。是一个美的及至,造型艺术的宫殿。主要景点有:广寒宫、讲经堂、灵霄殿、望山湖等。拥有40多种喀斯特形态,各具特色,被称为"喀斯特博物馆"。

贵州独山仙人洞有大小洞穴12个,分两层,通道总长5000m,岩层较薄,地下水丰富。洞内雾气弥漫,雾点附在石钟乳或石面上,析出钙质结晶成各种形状的"石针"、"石毛"、"石枝",即石幔上能长"毛",石笋也可生出"叶"与"花",石上可结出"石葡萄",而且由于含有三价铁离子,使其呈现出肉红色,有的因含铜盐及铁而呈浅蓝色。

北京石花洞是目前北方大型溶洞之一,洞体为多层多枝的层楼式结构,有上下七层,一至五层洞道全长5000米,六、七层为地下暗河的流水及充水洞层。石花洞已开发一、二、三层洞道,全长1900多米,对游客开放的一、二两层洞道长1362米,由12个高大的洞厅和16个洞室组成,还有形态各异的大小支洞71个。石花洞洞内次生化学沉积物种类多、造型美,有千姿百态的石花、石枝、石钟乳;典雅秀丽的石塔、石盾、石灯、石梯田;雄伟壮观的石幔、石旗、石瀑布;银白耀眼的月奶石和闪烁发光的彩光壁,洞内钟乳石的类型几乎囊括了喀斯特和洞穴文献中所描述过的全部沉积物形态类型。其景观奇特,玲珑剔透、绚丽多姿,具有很高的美学价值,被人称之为"地下岩溶艺术博物馆"。

湖南桑植县城西15km的九天洞,因有九个天窗与洞顶地面相通而得名,为亚洲第一大洞。洞内面积250万 m^2,30个支洞交错相连,可分上、中、下三层,有36个大厅,12处瀑布,5座天生桥,3个天然湖。洞中石柱林立,乳钟浮悬,石幔遍布,形态多样。

辽宁本溪水洞是大自然经过数十万年精雕细琢的绝妙佳作,它既具东北粗狂、宏伟、壮观的风格,又不乏江南优美、灵秀、精巧的细致。高大的厅堂,曲折的廊倒,错落有致,幽深莫测。各种次生化学沉积物千姿百态,惟妙惟肖,高大雄伟的蔚峨雪山,金碧辉煌的玉皇宫殿,神态逼真的玉象吸水,幽雅别致的芙蓉壁画,展示着水洞的千种风情、万种神韵。

重庆武隆芙蓉洞,观光道长1860m,在科学而美丽的灯光下,石旗、石柱、石幕、石笋、石瀑、石花、鹅管等沉积物类型形态万千、惟妙惟肖,构成了既辉煌壮丽又玲珑剔透的华丽宫殿。

广西乐业县天坑群,是世界已发现的最大的天坑群。由20多个天坑组成,其中最大最深的天坑叫大石围天坑,深达613m,南北走向宽420m,东西走向长600m,周边为悬崖绝壁,底部有大片原始森林和山上的原始森林相连接。

重庆奉节县小寨天坑(图7-17)位于长江南岸,最大深度662m,直径626-537m,口部面积27.4万 m^2,为

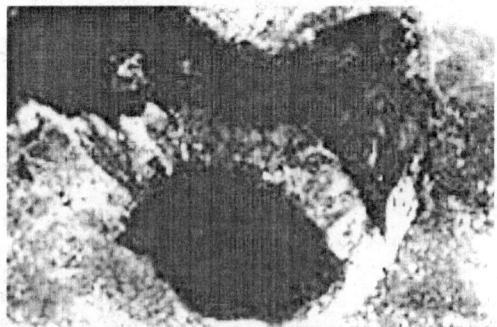

图7-17 奉节县小寨天坑

世界第一大岩溶漏斗。天坑为双层结构,上部为椭圆形大坑,直径537m至626m,深320m;下部为略呈矩形的竖井,深342m,坑底东南方有一高百余米的溶洞,地下河从中涌出,又从

坑底西北跌入深不见底的溶洞。无论是在坑沿俯瞰这魔穴般的巨坑，还是在坑底仰望那奇幻的天窗，都会让人的心灵产生一种深深的震撼。

重庆市云阳龙缸天坑，在平面上呈不规则的椭圆，长轴距离 304 ~ 326m、短轴距离 178 ~ 183m。深度达 335m，这一深度位居我国第三，世界第五；龙缸天坑的坑壁近于 90 度，这种直上直下的形态更是"当惊世界殊"。

二、"地缝"和峡谷

距奉节县城 91 公里的兴隆区境内，地面有一条天然缝隙。该地缝发源于茅草坝高山草场，由茅草坝河、黑湾、陈家河、天井峡、迟谷槽等组成，全长 37km，呈 V 型缩窄加深，最窄处仅二三米，最深处有 900m。具代表性的天井峡长 7.5km，宽深比小于 1∶10，形成名副其实的"一线天"。人到地缝底部，头顶仅遥见一线天光，岩壁森然欲合，狰狞的山石奇形怪状，阴森的大小洞穴中垂挂着形色各异的石钟乳，那惊险奇绝的景象，让天下"一线天"黯然失色。

2004 年 8 月，中法探险队在湖北恩施板桥境内发现了一条巨大的地缝，其势险要，悬崖峭壁犹如刀砍斧削，白色的岩石裸露在外，最深处约 3500m，有 20km 长，一路上分布有瀑布 10 多处，谷底有金色石龟，堪称世界第一的大地缝。

重庆武隆龙水峡地缝（峡谷），长 5km，谷深 200 ~ 500m。峡谷内植被原始，飞瀑密布，谷深潭幽，气势磅礴。

三、天生桥

天生桥为喀斯特发育后期产物。贵州花溪南明河上的天生桥、江西彭泽龙宫洞"龙门"，四川洗新"石拱桥"、云南九乡溶洞的叠虹桥（多层天生桥上下重叠）、河北涞水野三坡海棠峪"下天桥"、浙江南溪江上游仙人桥等都是有名的天生桥。洗新石拱桥宽 20m，高 80 多 m，横跨度 70 多 m。南溪江仙人桥桥面由一块巨石构成。大的石拱高 16m，跨度 40m，桥面宽 6m，桥面厚 3m。小的石拱高 8m，跨度 6m，与大石拱桥相连，总长 60m，气势磅薄，蔚为壮观。贵州黎平县天生桥高 78.8m，宽 112m，拱高 38.8m，跨度 118.9m，为世界最大的天生桥。

四、石林

云南石林是在晚第三纪湿热古气候条件下形成的巨型石芽，面积 40 余万亩、最高达 50m，有"万千石笋拔地起，森严刀剑指向天"的气势，有"阿诗玛"等造型。

大约在两亿多年前，这里是一片汪洋大海，沉积了许多厚重的石灰岩，经过各个时期的造山运动和地壳变化，岩石露出了地面。约在 200 万年前，由于石灰岩的溶解作用，石柱彼此分离，又经过常年的风雨侵蚀，终而形成了今天这种千姿百态的石林奇观。

此外，四川兴文石林（石海洞乡）、贵州泥凼石林、福建永安鳞隐石林也较典型。

五、高山钙华

高山钙华是世界罕见的地质景观，以四川黄龙寺和云南白水台最为著名。黄龙寺五彩池成百上千，层层叠叠，千姿百态，五彩缤纷。池水呈现五彩的原因为碳酸钙沉积含有不同杂质。这种钙华沉积是在海拔 3000 ~ 3700m 大面积石灰岩分布区内，含有高浓度的碳酸钙的坡面水流过所形成的。四川九寨沟钙华堆积也形成了许多五彩池。

第五节 "桂林山水甲天下"成因分析

"桂林山水甲天下，阳朔山水甲桂林"，这是对我国碳酸盐岩峰丛、峰林地质景观代表性地区桂林及阳朔的赞誉。漓江桂林至阳朔段，两岸山峰多从平地拔起，或孤峰亭亭，或峰丛连座，或峰林簇拥，众多的山峰姿态各异，形肖神似，比拟无穷；江水回环，蜿蜒如带，山环水抱，步移景异，真是"江作青罗带，山如碧玉簪"。桂林已成为世界著名的旅游胜地。

桂林一带的山石岩层，大致是远在距今三亿六千万年到三亿四千万年地质学上称早、中泥盆世时形成的。那时，桂林是一片汪洋大海，海水自东南侵入广西，在桂林附近水深达二千多米。桂林附近除越城岭、都庞岭、三台山、驾桥岭、海洋山、尧山是陆地以外，其余都是海洋。桂林就位于陆地之间被海水浸没的盆地内。这个盆地称之为桂林盆地。在早、中泥盆世的几千万年时间里，广阔温暖的浅海，为海洋生物的繁衍提供了条件，同时，海水中的碳酸盐也大量地沉积下来。年深日久，沉积物越来越多，经过沉积作用，便形成了今天看到的石灰岩。距今约二亿八千万年左右的二叠纪早期，桂林附近变成了陆地，从此流动着的水对石灰岩进行着不知疲倦雕塑，于是壮观陡峭的孤峰，奇妙深邃的岩洞，千回百转的地下河便在流水这把"凿"下诞生了。

"桂林山水甲天下"，广西的喀斯特地貌特别发育原因有三：

（一）石灰岩具有分布广、厚度大、岩性纯的特点

厚层状的纯净的石灰岩是形成壮观的喀斯特地貌的理想的物质基础。桂林附近以及桂林到阳朔之间的漓江两岸，石灰岩中方解石占 98% ~ 100%，泥质、炭质和铁质的含量都小于 1%。而且碳酸钙的结晶颗粒比较粗，单层厚度一般都在 1m 左右。所以桂林附近的孤峰和岩洞几乎无不由这种石灰喀斯特蚀而成。正因为有质地纯净、厚度较大、结晶颗粒较粗的融县灰岩的广泛分布，才有桂林喀斯特景观的广泛发育。我国的鄂西地区，虽然石灰岩分布也很广泛，但石灰岩中碳酸镁的成分高达 40% ~ 50%，石灰岩质严重不纯，很难为水溶蚀，所以喀斯特地貌也发育不了。

在其它一些地区，如广东肇庆的峰林，云南路南的石林它们都是由质纯、厚层的石灰岩发育而来的，但石灰岩面积较小，不能形成象"桂林山水"那样雄伟壮观的大片喀斯特地貌。

（二）地壳运动频繁而强烈

广西全区自三叠纪后（距今一亿九千万年）上升为陆地岩层就不断地遭到地壳运动的破坏。白垩纪末期（距今约七千万年）原有沉积岩岩层普遍发生了褶皱和断裂，使得从三叠纪末期起就在湿热的气候环境中遭受侵蚀和溶蚀作用的石灰岩岩层更进一步发育了纵横交错的裂隙，从而更有利于溶蚀作用广泛地向岩体内部纵深发展。第三纪末期（距今一百万年），地壳又有一次新的运动，使已经受过几次断裂、褶皱破坏的石灰岩体，又遭受一次新的创伤。这一次又一次的地壳运动，大致形成了桂林附近岩层的东西向和南北向的断裂系统。如南北流向的漓江，沿岸的喀斯特平原；大致成东西或南北向的溶洞等等。正是这一次又一次的地壳运动形成的断裂和裂隙给流水提供良好的通道，逐渐雕塑改造着石灰岩的面貌，形成了今日的桂林山水。

（三）长期以来气候湿热多雨

湿热多雨的气候条件除了能供给大量活动的水以外，还给植物生长提供了良好的前提，它直接影响了喀斯特地貌的发育。我国华北地区虽也发育着大面积的石灰岩层，可是由于干旱少雨并受相对寒冷的气候条件的限制，就不能形成如此婀娜多姿的喀斯特地貌，只能较多地发育具有地区性的喀斯特泉。湿热多雨的气候条件也是发育"桂林山水"十分重要条件之一。

第八章　河、湖、瀑、泉风景地貌

　　河流是地表线形集水洼地，它以平面流线呈现其美姿。峡谷河段重峦叠嶂，遮天蔽日，险峻幽深，给人以特殊的视觉感受。湖泊是陆地表面比较宽广的洼地积水而成的水体，具有恬静、辽阔，连续无垠等特点，又是许多鸟类栖息与聚居的场所。人们在湖中行船荡舟，随波逐流，惬意万分。陡坎或悬崖的跌水谓之瀑，它造型奇特，或是"飞流直下三千尺"，或是梯级跳跃、曲曲折折，或是数段争流、分分合合……气势雄壮，给人以勇敢、坚定、果断的品质。地下水在一定的地质条件下自行流出地表，即为泉。泉水有的依山回绕，有的傍涧排泄，有的出穴喷涌，有的置景溢流……为大自然增添了神奇的画面。

　　滔滔奔腾的江河、涓涓流淌的涧溪、飞流直下的瀑布、汩汩喷涌的清泉、波光粼粼的湖荡、洁白晶莹的冰雪……这一切无不给人以美的享受。

　　风景区，往往山水相依，所谓"山无水不活，水无山不秀"。另外，还有大量以水景为主的风景胜地。水是构造风景地貌的重要因子之一。

第一节　流水作用及河流地貌

一、流水作用与风景地貌

（一）流水作用

　　流水有三种作用：侵蚀作用、搬运作用和堆积作用。这三种作用主要受流速、流量和含沙量的控制。一定的流速、流量，只能搬运一定数量的泥沙，因此，当流速、流量增加，或含沙量减少时，流水就产生侵蚀作用，并将侵蚀下来的物质运走；反之，就发生堆积。

　　1. 侵蚀作用

　　流水对坡面、沟谷和河谷均可发生侵蚀。坡面侵蚀是坡面流水对地表进行面状的、均匀的冲刷。沟谷流水与河流的侵蚀是一种线状侵蚀，表现为下蚀（下切）、旁蚀（侧蚀）与溯源侵蚀（向源侵蚀）三种：

　　（1）垂直侵蚀（下切、下蚀）：它是水流垂直地面向下的侵蚀，其结果是加深沟床或河床。下切侵蚀可以沿较长的河段进行。

　　（2）溯源侵蚀（向源侵蚀）：侵蚀方向是不断向源头（即上游方向）进行。侵蚀结果是使沟谷或河谷长度增加（图8－1）。

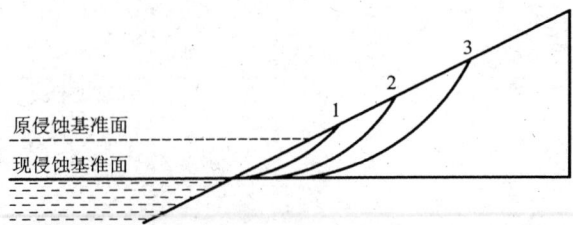

图8－1　侵蚀基准面下降发生向源侵蚀示意图

1、2、3表示河流不断溯源侵蚀的各个阶段。

　　在溯源侵蚀过程中，常常以裂点（瀑布）后退的方式表现出来。我国黄河的龙门瀑布，落差为17m，在流水的侵蚀作用下，瀑布（fall）每年后退约5cm，目前已退到了壶口。

溯源侵蚀有两种方式：一是暴流在沟头侵蚀，加上片流的作用，使沟头崩塌。黄土高原某些沟谷源头一次暴雨即可前进数十米，堪称溯源侵蚀之最。二是河流上游有泉水出露，泉眼以上的岩层或土体因受掏蚀而发生崩塌后退。溯源侵蚀不仅出现在河流的的上游，有时也发生在老河谷的中下游，例如当地壳上升而侵蚀基准面下降时，河流纵剖面的坡度就会增加，从而引起河流的下切重新加强，它由坡度变大的地点开始，重新发生溯源侵蚀。世界上许多大河中的裂点（瀑布），如贵州黄果树瀑布、美国尼亚加拉瀑布等，都是再溯源侵蚀过程中的产物（图8-2）。

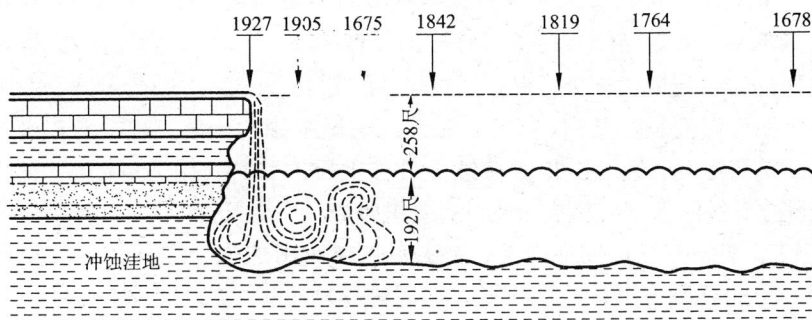

图8-2　尼亚加拉瀑布的后退情况

当河流纵比量和径流量减少或者植被覆盖度增大时，溯源侵蚀都会受到抑制。

（3）侧向侵蚀：指流水对沟谷和河谷两岸进行冲刷的作用。任何一条自然河流，由于地表形态的起伏和岩性差异，河床的发育总是弯曲的。弯曲处，流水由于惯性离心力的作用，向圆周运动的弧外方向偏离（即偏向弯道的凹岸），促使水流冲击侵蚀凹岸。即使比较平直的河道，水流在地球自转偏向力（即科里奥利力）的影响下，也可发生侧向侵蚀，北半球河流偏向右岸侵蚀，南半球河流向左岸侵蚀。侧向侵蚀的结果使谷坡后退，沟谷或河谷展宽。

下蚀、旁蚀与溯源侵蚀是相互联系、同时进行的。

2. 搬运作用

水流在其运动过程中可以把地表风化物质和侵蚀下来的物质带走，这种挟带可以是某些物质被溶解在水中而带走，而大量的却是以机械的方式被流水挟带走。这种在水流作用下搬运地表物质的过程，称作为流水的搬运作用。

河流的搬运是地表流水搬运的主要力量。其搬运的方式有：推移、悬移和化学溶解搬运。

流水对泥沙的搬运方式有两种。一种是流水使砂砾沿底面滑动、滚动或跃动，统称为推移。在水底被推动的砂砾粒径总是与起动流速的平方成正比，而砂砾的体积或重量又与其粒径的三次方成正比，因此，颗粒的重量与起动流速的六次方成正比。这就是山区河流、沟谷中能搬运巨大砾块的原因。另一种是细小泥沙在水中呈悬浮状态移运，称为悬移。但是，被流水搬运的同一粒径的物质，随着流水搬运能力的变化，其搬运方式可发生变化。

3. 流水的堆积作用

流水挟带的泥沙，在条件改变时，如坡度减少、流速减缓、水量减少和泥沙量增多等情况下，都会引起搬运能力减弱，遂发生泥沙的沉降堆积，称为流水的堆积作用。

（二）流水是雕塑景峰、谷形、河貌的最大外营力

张家界索溪峪的流水主要来自大气降水和石英砂岩中的裂隙泉水。这里雨量多，降水沿着具有近乎垂直裂隙的山峰下渗，使裂隙空间饱含地下水，点点滴满的向外溢流成泉，顺着山坡的自然坡降向索溪排泄。开始由无固定流道的片流孜孜不息地对地表岩石进行侵蚀。一旦当片流遇到岩石裂隙或凹凸不平的地面时，便集中到裂隙或低洼的沟中流动，此时的水流量比片流更集中，切深力量也更大，从而冲出自己的固定流道，并不断使流道高程逐渐降低，河道加大，流量增多，动能增强，则各式各样的冲沟、峡谷、嶂谷、溪河地貌景观相应形成。

索溪对地面的岩石侵蚀力很大，它总是找岩石的软弱破碎部位进行侵蚀。石英砂岩景区流水沿着裂隙方向渗流促使裂隙切深、扩大、浚远。十里画廊的干溪，就是沿着构造裂隙发育形成的。又由于新构造运动，景区内地壳持续上升加上重力作用，使河谷的深切侵蚀大于侧蚀，从而形成谷坡陡立，谷深大于谷宽的百丈峡、十里画廊、一线天等峡谷、嶂谷地貌景观。

在纵横交错节理裂隙发育的地面上，流水的侧蚀作用加强，甚至有的地方侧蚀大于下切侵蚀，使得较大的地表岩石解体，并在重力与风化作用下，形成大小不一，高低不等的如笋、如鞭，如烛、如塔的柱状群峰。"西海"胜景，即得力于此侵蚀。

河流下切的侵蚀作用，也引起了河流向源头的侵蚀，使河流发源地的分水岭，一步一步地侵蚀后退。

流水对岩体进行破坏侵蚀作用的同时，还对被冲刷、剥蚀下来的石块、碎屑，进行搬运。视石块和碎屑物的大小以及流水的搬运能力，有些堆积于山麓，形成山麓堆积，有的搬运于河漫形成河流冲积物，如我们在索溪河段中所见到的大漂石、砾石和砂子。

由于石英砂岩中的垂直节理裂隙极其发育，雨水落到裂缝里，就不断地往下渗透、侵蚀，形成岩石中的裂隙潜水向岩体外排泄渗流，在渗流过程中，扩大裂隙空间，并排出岩体内被侵蚀掉的岩石物质。随着垂直裂隙空间不断扩大，岩石的整体性受到破坏，久而久之，岩块沿裂缝面而剥蚀崩塌掉。

总之，流水是塑造风景地貌的最大外营力。

二、河谷基本形态及河谷发育

河谷是由河流作用造成的长度远远超过宽度的狭长形凹地，是一种最常见的地貌形态。河流可分为山地河流和平原河流。通常，较大河流的上游都属山区河流，而下游则多为平原河流。山区河流有明显的河谷形态，有些平原河流河谷形态不明显。河流的上游，谷地窄深，多急流瀑布；中、下游谷地宽展，河漫滩发育；河口段形成三角洲或三角港。

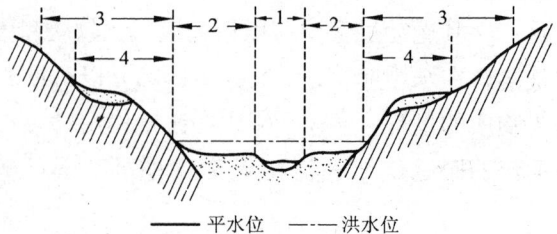

—— 平水位　--- 洪水位

图 8-3　河谷的结构

1—河床；2—河漫滩；3—谷坡；4—阶地

（一）河谷基本形态

河谷包括谷坡与谷底两部分（图8-3）。谷坡即河谷两侧的斜坡。谷坡上有时发育河流阶地。谷坡的塑造除受河流作用以外，还受风化、重力、坡面流水和沟谷流水等作用。而谷底的塑造主要受河流作用的控制（山地河流的谷底仅有河床，平原盆地河流谷底则发育河床与河漫滩）。因此，河谷是以河流作用为主，并包括坡面流水和沟谷流水等长期作用的产物。

（二）河谷的发育

河谷发育的初期，其纵剖面的坡度较大，河流以下蚀为主，谷地深切成V形谷或峡谷（图8-4a）。在河谷发育过程中，河流下蚀的另一种表现就是溯源侵蚀。它一方面通过源头沟谷向分水岭推进而使河谷伸长，另一方面通过河谷纵剖面上陡坎的后退侵蚀而使河谷加深。但是河流下蚀深度并不是无止境的，它受到一个水平面的控制，对于入海河流来说，这个水平面就是海平面，称为河流侵蚀基面。海平面是入海河流共同的基面，一般称为普遍侵蚀基面，简称基面。一些湖盆、河流汇口、河流上的坚硬岩坎和堤坝等，对某些河流或河段起着局部的、暂时的控制下蚀的作用，这些地段称为局部侵蚀基面。

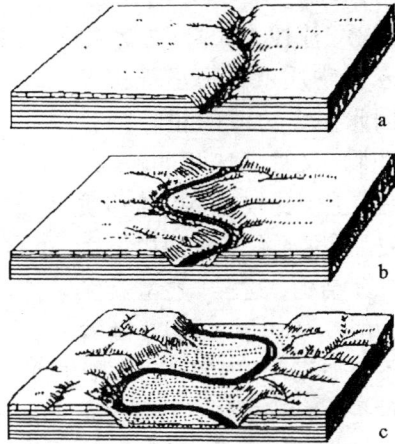

图8-4 河谷的发育

由于河流总有一定的弯曲，因此，在下蚀过程中必然会有旁蚀，在凹岸进行冲刷，凸岸发生堆积，这样就形成连续的河湾和交错的山嘴（图8-4b）。由于水流前进的方向是与河岸斜交的，因此，河湾不仅向两侧扩展，而且向下游移动，终于切平交错山嘴，使谷地变宽；与此同时，谷底也发生堆积，形成河漫滩。这时，河谷从峡谷变为宽谷（图8-4c）。

三、河漫滩

河漫滩是指讯期被洪水淹没而平水期露出水面的河床侧旁的谷底部分。广阔的河漫滩平原是一种冲积平原或泛滥平原。

（一）深槽与浅滩

河漫滩由边滩发育而来。边滩多位于弯曲河床的凸岸（图8-5），在枯水期常露出水面。边滩是环流作用的产物。弯曲河床的水流在惯性离心力作用下趋向凹岸，使凹岸水位抬高，从而产生横比降与横向力，形成表流向凹岸而底流向凸岸的横向环流。

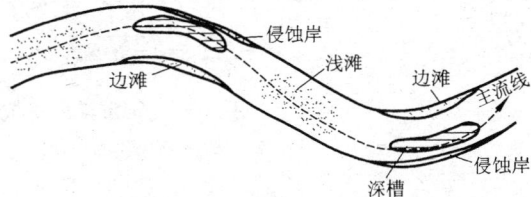

图8-5 弯曲河床平面与剖面形态

横向环流在河流总流向的影响下前进，构成弯道中的螺旋流（图8-6）。在环流作用下，凹岸及岸下的河床受侵蚀，使岸坡发生崩塌而后退，同时形成深槽。被蚀下的物质，由底流带到凸岸，一部分堆积下来形成小边滩（图8-7a）。边滩的出现，又促进环流运动，使边滩进一步发展。随着旁蚀的不断进行，河谷逐渐增宽，边滩也不断扩大，在过去曾是河床的地方，也为边滩所占，出现了一块由冲积物组成的大边滩（图8-7b）。但这时河谷仍较窄，洪水时期水位上升快，流速大，在谷底只能形成推移质泥沙的堆积，而悬移质泥沙则仍被水流带往下游。以后谷底进一步加宽，河床内外的水文条件产生了显著的差异，洪水时期，在河床以外的谷底，水层减薄，流速大大降低，水中大量悬移物质就在那里堆积下来。因此在大边滩的粗粒推移质冲积物（又称河床相冲积物）上，就盖上了比较细小的悬移质冲积物（又称河漫滩相冲积物），形成二元结构，这样，边滩就发展成为河漫滩（图8-7c）。随着

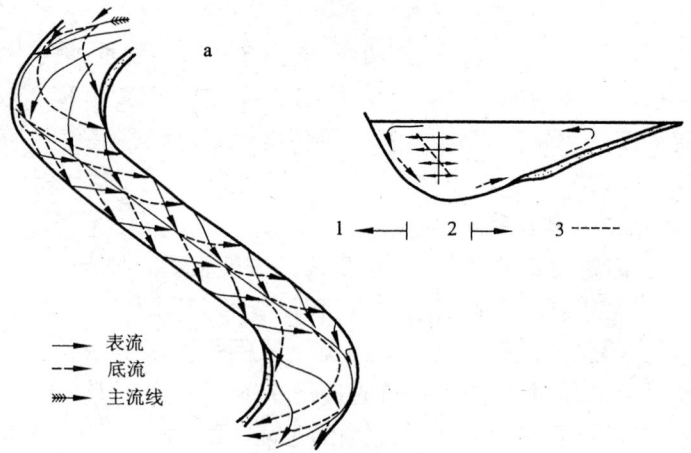

→ 表流
⇢ 底流
⇛ 主流线

图8-6 河床的横向环流
a. 平面图 b. 横剖面图

河谷不断加宽，河漫滩也将不断扩大。这种河漫滩可称为曲流型河漫滩（见图8-4）。另外，还有一种是由心滩或江心洲演化而成的河漫滩，称心滩型河漫滩。

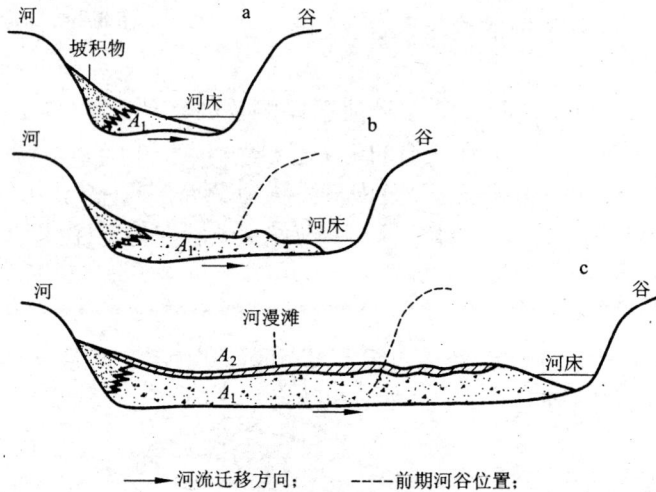

——→ 河流迁移方向； ----- 前期河谷位置；

图8-7 河漫滩的形成（据 E.B. 桑采尔）
A_1：河床相冲积物；A_2：河漫滩相冲积物
a. 小边滩 b. 大边滩 c. 河漫滩

河漫滩滩面常有微小起伏，但其地势多向谷坡或阶地方向微微倾斜，沉积物也在同一方向上由粗变细，并有水平层理，与河床相冲积物上部的斜层理或交错层理形成鲜明对比。

在有松散堆积物的平原或河漫滩上，由于河流在凹岸不断侵蚀，凸岸不断堆积，使河流愈来愈弯曲而形成能自由摆动的河曲（曲流），称自由河曲。如长江的下荆江段，自由河曲就非常典型。湖南有名的漂流河段猛洞河，河道穿过武陵群山，由永顺县城至裂夕口一段长约30km，有近百个河曲。

四、河流阶地

原先河谷的谷底，由于河流下切侵蚀而相对抬升到洪水位以上，呈阶梯状顺河谷分布于河谷两侧，即为河流阶地，简称阶地。

为了描述阶地，按其形态划分为：阶地面、阶地陡坎、阶地前缘和阶地后缘（图8-8）。阶地高度是从河床水面起算，阶地宽度系指阶地前缘到阶地后缘间的距离，阶地级数采用从新到老的方法，即从下往上依次编号。

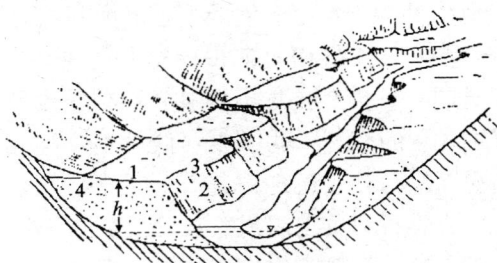

图8-8 河流阶地
1-阶地面；2-阶地坡；3-阶地前缘；
4-阶地后缘；h-阶地高度

河流阶地沿河分布并不是连续的，多保留在河流的凸岸，阶地在两岸也不是完全对称分布的，这是河流向凹岸侵蚀的结果。由于构造运动、气候变迁和支流注入等因素影响，同一级阶地的相对高度在不同河段也有不同。

（一）河流阶地的成因

阶地的生成主要是地壳的相对升降运动、侵蚀基准变化和气候的变化所引起，使原来河谷底部的河漫滩脱离了现代河面及河流作用范围，因此它应是一种古河流地貌。

1. 构造升降运动

当地壳上升时，原先河床纵剖面的位置相对抬高，水流侵蚀力图使新河床达到原先的位置，结果就表现为切割谷底，靠近谷坡两侧的谷底部分就能形成阶地。地壳运动并不是简单的直线上升，而是呈间歇性的。在每一次地壳向上运动期间，河流以下切侵蚀为主，而当地壳相对稳定价段，河流就以侧蚀和堆积为主．这样就能形成多级阶地。构造运动形成的阶地比较普通。由于构造运动性质不同，阶地的形态表现也有差异。大面积均匀上升地区，河流普通下切侵蚀，在河流的整个流域都将形成阶地。如在同一的期内，某一局部地区地壳上升幅度大、速度快，而另一地区上升幅度小、速度慢，则在上升幅度大的地区，阶地高度将比上升幅度小的地

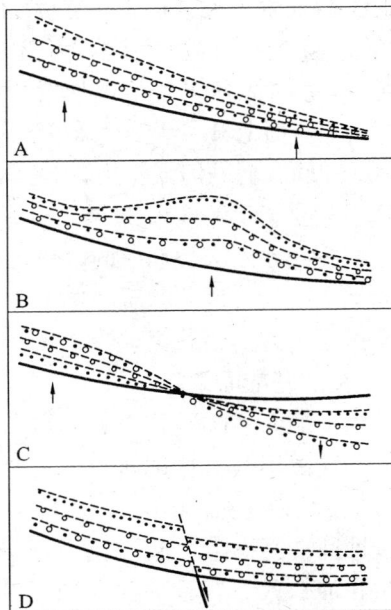

图8-9 构造运动和阶地高度变化
（a）掀斜上升   （b）局部隆起
（c）差异升降   （d）断层错动

区要大（图8-9a）。如果在同一时期内不同地段构造运动方向不一，则在上升地区形成阶地，下降地区发生堆积，形成埋藏阶地（图8-9c）。如在河流某一河段上升幅度比相邻的上下游幅度大，则在此河段阶地呈上拱状（图8-9b）。有时与河流相交的活动断层，能将阶地错断而不连续（图8-9d）。

2. 气候变化

气候变化主要反映河流中水量和含沙量的变化。气候变干，河流水量少，含沙量则相对增多，同时地面植被也少，坡面侵蚀加强，带到河流中的泥沙量增多。因此，气候变干，河流

表现为堆积。反之，气候变湿，河流中水量增多，含沙量相对减少，发生侵蚀。由于长期的气候干湿变化而引起堆积作用和侵蚀作用的交替，就形成气候阶地。华北晚更新世的马兰阶地就是气候阶地，它是由大小砾石和黄土组成。在晚更新世时期气候干冷，机械风化作用很强，带入到河流中的碎屑物质很多，形成加积。全新世以来，气候变为湿润，河水量增多，下切形成阶地(图8-10)。

图8-10　北京西山板桥沟中马兰阶地

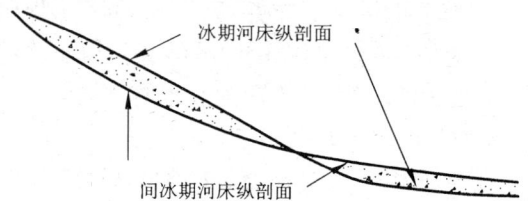

图8-11　冰期和间冰期河床纵剖面

冰期与间冰期的交替出现，也可形成阶地。冰期时，寒冻风化作用较强，河流中水量少，大量风化物质被带到河流中，在河流的中上游发生大量堆积，下游段，由于海面下降发生侵蚀；间冰期时，河流水量增多，河流中上游发生下切侵蚀形成阶地，下游段，由于海面上升，常发生堆积。由此可见，冰期和间冰期的河流作用，不仅能形成阶地，而且在同一时期内，河流上下游的流水作用将产生完全相反的效果(图8-11)。

冰期和间冰期交替形成的阶地，多分布在河流的中上游，其纵剖面呈微微上凸形，多为堆积阶地。组成阶地的物质分选不好，砾石磨圆度较低，这是因为河水量较小，河流中的碎屑物质搬运距离不远的缘故。

3. 侵蚀基准面下降

侵蚀基准面下降是构造运动或气候变迁引起的。由于其形成的阶地具有独特的地貌特征，所以单列一类。

侵蚀基准面下降引起河流下切侵蚀最先发生在河口段，然后不断向源侵蚀。在向源侵蚀所能达到的范围，一般都会形成阶地，阶地的高度从下游向上游逐渐减小，在向源侵蚀所达到的一点-裂点处消失。

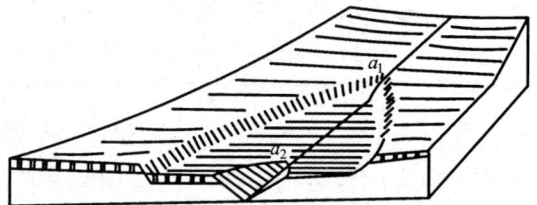

图8-12　侵蚀基准面下降，河流塑源侵蚀形成的裂点和阶地，注意裂点(a_1, a_2)和阶地的关系
（根据戴维斯）

如果侵蚀基准面多次下降，则能在纵剖面上出现好几个裂点(a_1, a_2)，每一裂点的上游将比裂点下游少一级阶地(图8-12)。

黄山主要河谷的纵剖面都具有阶梯状的特点。如苦竹溪以苦竹溪盆地(320m)为界，上、下河谷形态迥然不同。盆地以下河谷开阔，流水婉蜒曲折，纵比降比较和缓；但盆地以上河谷束狭，多裂点急流，黄山有名的九龙瀑，就分布该处。再上到云谷寺(890m)河谷又变宽，比降相应减缓，接着向上河谷纵剖面再度变陡，深深切人基岩，最后到达河流源头狮子林凹地(1600m)，河谷纵剖面又变缓和。再如逍遥溪纵剖面亦复如此，汤口盆地(400m)以上河谷纵剖面突然变陡，河岸束狭，到桃源亭附近(800m)，河谷展宽，比降变缓，再上河谷纵剖面又转陡峻，横剖面也呈峡谷形态，直到源头汤岭关(1100m)河谷纵剖面才转缓和。

黄山河谷纵剖面普遍具阶梯状特征，这完全是构造运动在河谷纵剖面上的反映。总的看来裂点可分两种类型，一是与断裂活动密切相关的构造裂点，二是黄山因强烈隆起，引起河流复活下切形成的循环裂点。苦竹溪、逍遥溪 320~400m 以上的裂点，正好位于东源 – 汤口 – 谭家桥 – 椰桥主干断裂内测，其形成显然与断裂活动有关，故属构造裂点。在 800~890m 以上的裂点，是由于地壳运动引起河流下切而发育的裂点，应为循环裂点。

裂点下游的第一级阶地面与裂点上游的河漫滩面是相应的，它们曾是同一时期的谷底。因为裂点下游的老谷底已被下切形成阶地而不再被跳水淹没，就不会再接受沉积，但在裂点上游部分的河漫滩，洪水时仍继续有新的沉积物覆盖。以后，裂点不断向源移动，切开了河漫滩而成阶地。这里的阶地面上的沉积物就会比下游相同一级阶地面的沉积物要新。因此、同一级阶地的上游段和下游段的沉积物并不是同一时期形成的。

4. 河流袭夺也可形成局部阶地

一条河流向源侵蚀较快，因而袭夺了另外一条河流的上游河段，袭夺以后，在袭夺处以上和以下部能形成阶地。

（二）河流阶地的类型

根据不同原则，河流阶地可分为不同类型。

1. 根据阶地结构和形态特征划分的阶地类型

（1）侵蚀阶地（图 8 – 13A），它是由基岩组成，在阶地面上没有或有零星冲积物，所以又称基岩阶地。侵蚀阶地多发育在构造抬升的山区河谷中，因为这里水流流速较大，侵蚀作用较强，河床中的沉积物很薄，有时甚至基岩出露。形成阶地后，阶地面上冲积物很难保存，只有残积物和坡积物。

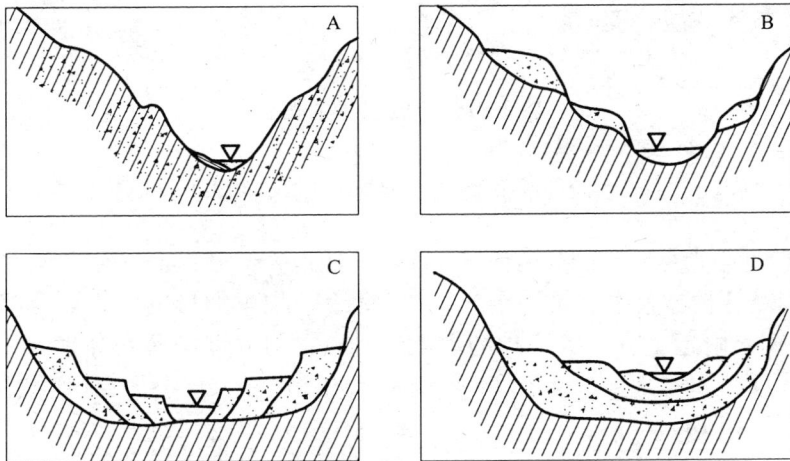

图 8 – 13　阶地的类型
A. 侵蚀阶地　B. 基座阶地　C. 内叠阶地　D. 上叠阶地

因侵蚀阶地上没有冲积物，在野外往往难以辨认是阶地还是由于岩性不同而引起差别侵蚀形成的假阶地（图 8 – 14a），或由断层形成的假阶地（图 8 – 14b）。区别以上两种原因形成的假阶地的方法是作沿河较长距离的观察，如在沿河都有分布的，则往往是侵蚀阶地。

（2）基座阶地 基座阶地是由两层不同物质组成、上层为河流冲积物，下层为基岩或其它成因类型的沉积物（图8-13B）。基座阶地往往是由地壳抬升、河流下切侵蚀形成的。在形成过程中侵蚀切割的深度超过冲积物的厚度。如果基座阶地形成以后，由于气候的或构造的原因、在新一轮的河流侵蚀-堆积过程中，河谷中堆积较厚的冲积物，超过阶地基座高度并把基座覆盖起来，称覆盖基座阶地（图8-13B）。

a. 因岩性不同引起差别侵蚀的假阶地

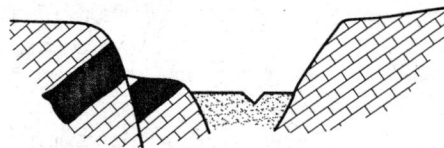

b. 谷坡上断层形成的假阶地

图8-14 两种常见的假阶地

（3）堆积阶地 阶地全由河流冲积物组成，在河流下游最常见。根据河流每次下切深度不同，又可分为：上叠阶地和内叠阶地两种（图8-13C、D）。上叠阶地的特点是形成阶地时河流下切深度较前一周期下切深度小，没有切穿冲积物，河谷底部仍保留有一定厚度的早期的冲积物。内叠阶地是在形成阶地时的下切侵蚀深度正好达到阶地前一周期的谷底。

永定河沿河城附近河流阶地的类型如图8-15。

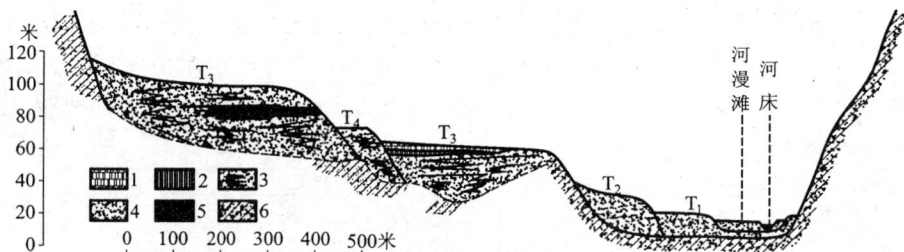

图8-15 河流阶地的类型

T₁ 上叠阶地　T₂ 内叠阶地　T₃ 基座阶地　T₄、T₅ 覆盖基座阶地

1. 黄土　2. 红色土　3. 冲积沙砾石　4. 坡积碎屑　5. 静水堆积粘土层　6. 基岩

（4）埋藏阶地 埋藏阶地可分两种：一种是早期地壳上升，或侵蚀基准面下降，形成多级阶地，而后地壳下降或侵蚀基准面上升，发生堆积，把早期形成的阶地全部埋没（图8-16A）。长江在南京附近就有三级这样的埋藏阶地，它们的埋藏深度分别为-36~-43m，-20m和-3m。另一种是地壳长期下降，不同时期的冲积物一层叠加在一层之上，形成一种假埋藏阶地（图8-16B）。

1. 根据阶地面形成的的水动力状态划分的类型

（1）侵蚀状态阶地 阶地面形成时期水动力状态以侵蚀为主，冲积物厚度很薄，沉积物以河床相为主，河漫滩相不发育，砾石分选和磨圆都较差，阶地纵向坡度较大。

（2）均衡状态阶地 阶地面形成时期，河流的侵蚀和堆积处于均衡状态，河床相和河漫滩相沉积物都很发育，冲积砾石的分选和磨圆都较好，阶地纵向坡度比侵蚀状态阶地要缓。

（3）加积状态阶地 阶地面形成时期，河流以堆积作用为主，阶地冲积物厚度大，冲积物呈成层结构，其中河床相沉积物厚度较大，河漫滩相和牛轭湖相沉积物也很发育，甚至在阶地沉积物剖面中看到分布于不同高度的牛轭湖沉积物透镜体。加积状态阶地的砾石磨圆和分选不及均衡状态阶地的好，因为这时水流力量较弱，大部分砾石带到河床中很快堆积下来，没有经过长距离搬运之故。阶地纵剖面坡度较上述两种阶地的要缓。

　　根据水动力状态划分的上述三种阶地，可以由前述不同结构类型的阶地组成。例如加积阶地既可形成堆积阶地，也可形成基座阶地；侵蚀状态阶地常形成侵蚀阶地，有时也能形成基座阶地。

　　2. 根据河谷发展的轮回划分的阶地类型

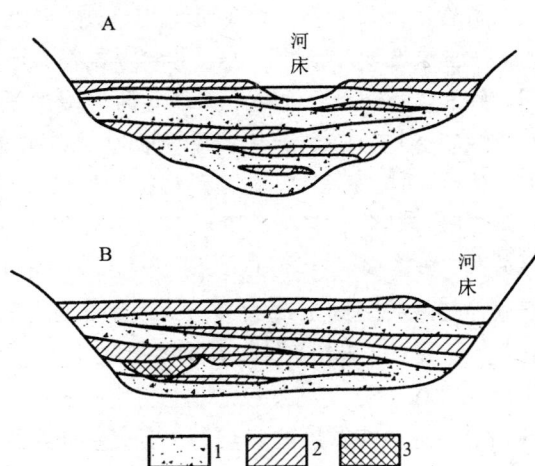

图 8 - 16　埋藏阶地

1. 河床相砾石　2. 河漫滩相粉砂和粘土　3. 牛轭湖相粘土

　　(1)贯通阶地(轮回阶地)。它是由于河流状态发生根本性变化，进入新的轮回阶段而形成的，这种阶地贯通全河或大部分河段。在研究阶地时要特别注意这种类型的阶地，因它分布较广，以进行对比。它的成因可能是构造的，也可能是气候的。

　　(2)局部阶地(轮回内阶地或地方阶地)。它是在一个侵蚀轮回期间内，水流塑造纵剖面的过程中河床摆动形成的。例如河流下切过程中伴随曲流发育，则会在河谷凸岸形成阶地(图3-51)。它的特点是两岸阶地不对称，从平面看，阶地成块状分布。因为曲流来回摆动，凹岸侵蚀，阶地多保存在凸岸。在下一阶段凸岸变成凹岸时，早一时期的阶地部分或全部被侵蚀，因而阶地分布不连续且两岸也不对称，这种阶地又称曲流阶地。若河床在依次下切轮回中同时向两岸摆动侧蚀，可以形成多级曲流阶地，所以又称轮回内阶地。由于它们在河谷中局部分布，不连续，不能进行对比。如果河流摆动所达宽度等于或超过前一时期的河谷宽度时，阶地就不会保存。

五、庐山河谷地貌

　　发源于庐山的河流，主要是循软弱层和向斜构造发育，其流向以日照峰为分水岭，其东流向东北，其西流向西南，少数是横切构造发育的较新河流。它们流向大都与上述流向垂直，作南东-北西向。

　　庐山河谷的形态十分特殊，与常态河谷不同，这就是上游为宽谷，下游反而是峡谷，两者之间出现裂点和瀑布(表8-1)。

表 8 - 1　庐山的峡谷与宽谷的相对应名称及其间的裂点位置

下游峡谷名称	轮回裂点位置	上游宽谷名称
锦绣谷	天桥	西谷
石门涧	芦菱桥	大校场
三叠泉谷	三叠泉	七里冲

　　（1）宽谷　多发育在软弱岩层之上，并与向斜相适应，且与岩层走向一致，如西谷、东谷、莲谷－王家坡、大校场谷、七里冲等宽谷，谷宽而浅，谷地内覆盖着第四纪堆积物。

　　（2）峡谷　是第四纪地壳上升时，河流侵蚀复活（回春），河谷下游的河床首先遭到前裂下切而成峡谷。峡谷谷坡陡峭或呈阶梯状，纵比降大，多裂点和瀑布，表示幼年期河谷特征。如庐山西侧的石门涧，它是东谷和西谷的下游，在长约 4～5km 范围内，高度下降 800m。又如东南侧三叠泉峡谷，它在七里冲－青莲寺谷的下游，深切 300～650m，分三级跌水，形成三叠泉瀑布，三级高差共达 300 多 m。又如牯岭窄洼以下的剪刀峡，峡口下降 700m。再如锦绣峡谷。宽谷与峡谷之间出现大裂点，表示第四纪庐山上升，河流重新下切和溯源侵蚀到达之处，如三叠泉裂点、天桥裂点、芦菱桥裂点。

　　综合上述谷地的特点表明：

　　（1）宽谷是早期发育的老河谷，它是在地壳稳定时，河流长期侵蚀而成。宽谷形成时的当日庐山，高度比现在矮得多。庐山上升后，谷地保留在山地上部，仍未受到新的重大侵蚀。

　　（2）峡谷是年轻河谷，是在地壳强烈上升和河流重新下切而成的。它从下游开始发育说明宽谷生成之后，庐山曾经发生强烈上升。

　　（3）从宽谷的高度和峡谷的下切的深度表明，庐山上升量由中部向东北和西南部递减。

　　（4）庐山之四周，由于地壳断裂下沉，故产生厚层的 Q_4 沉积，并出现长江河漫滩或湖泊，如九江附近的八里湖、甘棠湖、白水湖等以及鄱阳湖盆。

　　（5）庐山河流带出的物质出山后，在出口外围堆积成扇形地，这些古扇形地受切割后，成为阶地状，约有 3 级。

第二节　流域地貌

一、水系的形式

　　具有同一归宿的水体所构成的水网系统称水系。组成水系的水体有河流、湖泊、水库和沼泽等。河流的干流及其各级支流构成的网络系统又称河系。一般水系和河系经常通用。水系的排列分布形式多样，它们与一定的地质构造条件和地貌条件有密切关系，通常按水系的排列形式分为以下几种类型：

　　（1）树枝状水系（图 8 - 17A）　树枝状水系在主流两侧支流发育，而且主流与支流之间以及各级支流之间都是锐角相交，排列形式如树枝，称树枝状水系。这类水系在岩性均一、地形微微倾斜的地区最发育，在地壳较稳定地区和水平岩层地区也较多见。

　　（2）格状水系（图 8 - 17B）　支流与主流呈直角相交或近似直角相交的水系，称格状水系。格状水系和地质构造有一定关系，如在褶皱构造区，主河发育在向斜轴部，支流来自向斜的两翼，它们往往以直角相交，在多组直交节理或断层构造地区，河流沿构造线发育，也形成格状水系。

　　（3）平行状水系（图 8 - 17C）　各条河流平行排列，在地貌上呈平行的岭谷，它们往往受区域大构造或山岭走向控制。如果在单斜岩层或掀斜式构造上升的地区，主流的流向与岩层走向一致或与掀斜构造的轴向一致时，则在主流的一例形成很多平行的支流。这些支流大多与主流直角相交，而另一侧支流不发育，这种水系又称梳状水系。

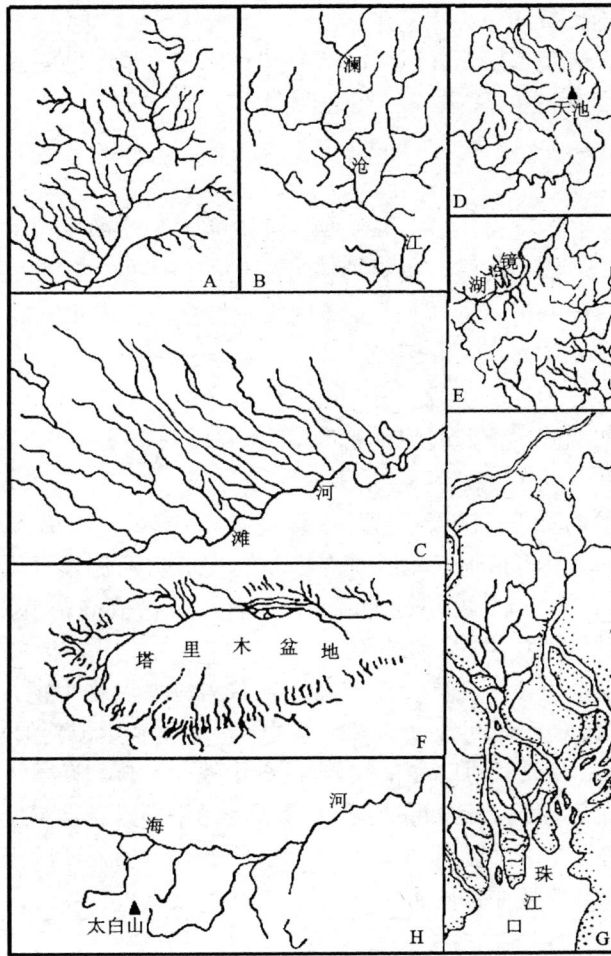

图 8 – 17 水系的类型

A. 树枝状水系；B. 格状水系；C. 平行状水系；D. 放射状水系；
E. 环状水系；F. 向心状水系；G. 网状水系；H. 倒钩状水系

（4）放射状水系（图 8 – 17D） 在穹窿构造地区或火山锥上，各河流顺坡向四周呈放射状然后统一流到主河中，形成放射状水系。

（5）环状水系（图 8 – 17E） 在穹窿构造山上发育的放射状水系，侵蚀破坏穹状山、一些支流沿被剥露出来的软岩层走向发育，形成环形。这时，即由放射状水系变成环状水系。

（6）向心状水系（图 8 – 17F） 在盆地或沉陷区，河流由四周山岭向盆地中心集中到主流中，形成向心状水系。

（7）网状水系（图 8 – 17G） 三角洲地区河道交错，形成网状水系。

（8）倒钩状水系（图 8 – 17H） 在支流注入主流附近或在支流的上游呈多次的 90° 大转弯，形成倒钩状。这种水系多是由于新构造运动而迫使河流改道造成的。

黄山河流多自隆起中心莲花峰、天都峰和光明顶一带的凹地向四周奔泻，构成了典型的放射状水系。整个水系的发育和演变，严格受断层和节理的控制，尤其沿断层发育的河流，下切较深，多呈深切"V"形谷地，如逍遥溪仅冰后期已切入老谷底以下 50 ~ 60m，沿排云亭断层发育的河流已切入老谷肩以下 100 余 m。

庐山的水系形态在构造影响下，河流流向与构造走向一致，两者相互平行，作北东－南西向，少数河流流向与构造垂直，作南东－北西向。

二、水系的发展

一个流域的水系，由干流和各级支流组成。直接流入干流的支流称一级支流，流入一级支流的支流称二级支流，依次类推。也有把接近源头的最小的支流叫一级支流，一级支流注入的河流叫二级支流。随着汇流的增加，支流的级别增多。不同水系的支流级别多少是不同的，这和水系的发展阶段有关。

水系发展大体上可分为三个阶段。

（1）水系发育的初期阶段。此时河网密度（即水系总长与水系分布面积之比）很小，地面切割深度不大，支流短小，而且数量很少，只有一级支流。

（2）水系发育的中期阶段。随着河流的下切侵蚀和溯源侵蚀，流域的集水面积扩大，地面切割深度也进一步增大，河道伸长，形成许多新的支流。河流发育系数（各级支流的长度与干流长度之比）增大（当支流长度超过干流长度，有利于径流的调节）。此时，流域的中下游可出现 4.5 级支流，上游也有 2.3 级支流。

（3）水系发育的晚期阶段。在同一流域内的各条河流发展不平衡，发生相互袭夺，或者相邻两流域的河道发生袭夺，都可改变原来水系的形状，重新组成新的水系。

水系的发展受气候、地形、地质和植被等自然因素的影响，随着自然因素的变化、水系有不同的发展方向和排列形式。例如在构造缓慢下沉的平原区，水系发展较快，能形成多级支流组合的树枝状水系。在构造运动不均一的地区，上升运动强烈区河流下切侵蚀较快，它就可能袭夺相邻的河流，改变原来的水系排列形式。

三、分水岭的迁移和河流袭夺

分水岭是指把相邻两个水系分隔开来的高地；在自然界，有的分水岭是山岭，有的是高原，也有的是微微起伏的缓丘，甚至一条冰川，一个洪积扇都可成为分水岭。水系发育过程中，各水系的侵蚀速度不同，可使分水岭迁移和河流袭夺。

（一）分水岭的迁移

有些分水岭的两侧坡度和坡长相等（对称的），有些是不对称的。由于两坡坡度和坡长的不一致，两侧河流的溯源侵蚀速度也不一致，结果不仅使分水岭高度不断降低，而且分水岭的位置向下侧迁移，这就叫分水岭的迁移（图 8－18）。

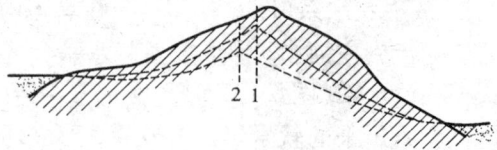

图 8－18　分水岭的迁移
1. 原先的分水岭　2. 迁移后的分水岭

分水岭两坡的不对称可能有以下两种原因：

（1）构造因素的影响。在山区，岩层构造常常控制山坡的坡度，尤其是在一些新生代以来的构造活动的山区，剥蚀作用还没有完全破坏原来的构造形式，不对称的褶皱两翼必然引起分水岭两侧地形的不对称现象。另外，由于岩性的差别或断层的影响也能造成分水岭两坡的不对称。在单斜构造区，常形成一些不对称的单面山，它们也形成一坡陡一坡缓的分水岭。

（2）相邻两流域的侵蚀基准面的位置高低不同，或侵蚀基准面到分水岭的距离不等，形成分水岭两坡不对称。

（二）河流袭夺

分水岭的迁移导致分水岭一坡的河流夺取另一坡河流的上游段，这种水系演变现象，称河流袭夺（图8-19）。

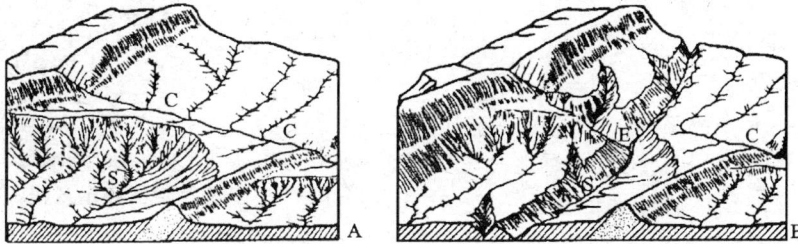

图8-19　河流袭夺（根据戴维斯）

A. 袭夺前的河流　　B. 袭夺后的河流

河流袭夺的原因除由于分水岭迁移外，还有新构造运动。在某一流域范围内发生局部新构造隆起，河流不能保持原来流路，于是河流上游段被迫改道，流到另外河流中去。实际上分水岭迁移是主动的河流袭夺，新构造运动则形成被动的河流袭夺。随着分水岭迁移，使袭夺河不断向源头伸长，被袭夺河不断缩短，当袭夺河伸长到被袭夺河的主干时，被袭夺河上游河段的河水就全部流入袭夺河，完成了袭夺过程。

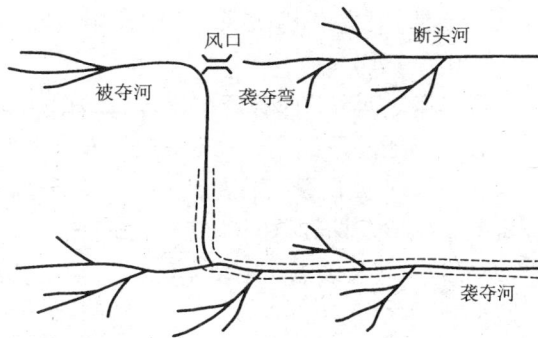

图8-20　河流袭夺平面图

（据潘凤英等，1989）

河流袭夺以后，夺水的河流称袭夺河，被夺水的河流称被夺河、被夺河的游因上游改道而源头截断，称断头河（图8-20）。在发生河流袭夺的地方，河道往往形成突然的转弯，称为袭夺湾。袭夺湾附近有时形成跌水，这是袭夺河的河床位置低于被夺河所造成的。跌水随时间推移而不断向被夺河上游移动，并下切形成阶地，这种阶地只分布在从袭夺湾到跌水之间。断头河与被夺河之间，在河流发生袭夺之前原是一条连通的河谷，河流袭夺后，它成为新的水系分水岭，但仍保存河谷形状，称为风口。风口内可以找到过去河谷的冲积物。断头河的原上游由于被截．水量很少，宽阔的谷地中只有涓涓细流，与袭夺前形成的河谷很不相称，称之为不配称河。由于断头河中水量减少、两岸支流带来的泥沙都将堆积在断头河中，形成局部的堆积，阻挡河流上游流下的河水而形成一些小的湖泊或沼泽。在断头间中一些冲积砾石是在河流被袭夺前由较远的上游带来的，因而这些砾石的岩石成分是今日断头河流域范围内的基岩露头见不到的。河流袭夺的实例不少。（1）黄山：沿排云亭断层发育的河流，对其东侧南北向河流，发生了明显的袭夺作用。断层是地壳上的薄弱地带，较有利于流水的冲刷切割，该处又位于隆起中心的边缘地区，不仅汇水面积大，而且坡度陡，因而沿排云亭断层发育的河流，下切侵蚀和溯源侵蚀都很强烈，它袭夺了源自光明顶流向狮子林（发育在古剥蚀面上）的南北向河流的上游段（图8-21），证据如下：

①在袭夺河上游形成了从南北向转向南西西向的一个近90°的袭夺湾。

②在排云亭附近河流袭夺点的上下，河床纵剖面的形态很不协调，形成了明显的裂点。

③断头河与袭夺湾之间，尚保存有原来较为宽广的河谷形态。现在已成为袭夺河和被夺河之间的风口。

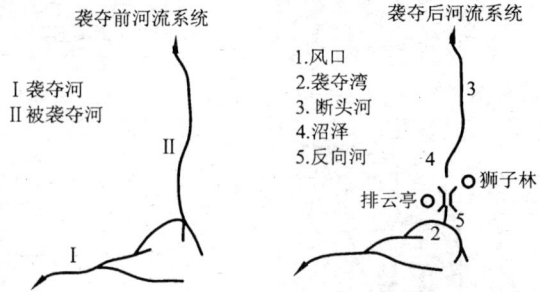

图8-21 黄山河流袭夺示意图

④从风口向袭夺河方向发育了反向河，仅低于风口地面0.5m左右，其涓涓细流与宽约80～100m的河床很不协调。

⑤被夺河上游段被它河袭夺，因而在狮子林以南的断头河，目前水量很小，又位现代溯源侵蚀未及地带，侵蚀作用微弱，沉积作用较明显。

（2）庐山（三处）

①锦绣谷袭夺西谷：西谷原来由虎背岭南侧向南西流入石门涧，但在天桥附近被向西流的锦绣谷袭夺。证据是：

A. 花径风口：风口段河谷是西谷自然延伸部分，谷内堆积物又与西谷相似，保持着棕红色—棕黄色砂砾层及棕红色网纹红土风化壳。

B. 天桥袭夺湾及裂点：在裂点（天桥）以上为宽谷（西谷），以下为峡谷（锦绣谷）。袭夺时代为晚更新世之后。

②三叠泉河袭夺七里冲：原来的七里冲向北东流，在三叠泉附近被向南流的三叠泉河袭夺，河流成直角拐弯，河流袭夺后，裂点向七里冲上溯了2km之远，河流下切深度达150～300多m。可见袭夺时间应早于锦绣谷。

③东谷支流袭夺大校场河：该小河切穿女儿城山岭，袭夺了大校场河上游，使大校场河上游原来向南西流入芦林盆地的，现改向北西流入东谷，造成汉口峡。

（3）金沙江：古金沙江是向南流的，现在的金沙江由北向南流到云南西北部的石鼓镇时，突然转了一个100多度的急弯，折向东北方向流去，成了长江的源流。金沙江的转向，最有力的解释是河流袭夺说。金沙江通过将丽江附近的虎跳峡的切穿，发生河流袭夺，它才向东成为长江的上游河段。

（4）大渡河：大渡河原来南流由安宁流注入金沙江，现改向东流，注入泯江，大渡河为被夺河，安宁河为断头河。

（5）湖南衡山西麓湘江支流樟木河是一条次成河，它袭夺了从衡山向东流的一些顺向河（注：顺向河——河流方向与岩层倾向方向一致。次成河——河流流向与岩层走向一致。）。

第三节　典型峡谷、瀑布、泉的风景地貌特征及成因

一、峡谷

两坡陡峻，横剖面呈 V 字形或 U 字形的山谷，叫作峡谷。它是河流强烈下切的结果，常出现在河流流经山地的中上游河段。峡谷景观一般具有坡陡而险、谷深而狭、峰多而奇、水快而急等特点，常常给人带来雄、险、秀、幽等美感。"雄"即雄伟，表现有三：一是两岸高山耸立而雄，二是山谷高差悬殊而雄，三是水流磅礴而雄。"险"即惊险、险峻，表现有三：一是谷坡壁立、临江拔地而险；二是谷线曲折，常给人以"山重水复疑无路"之感而险；三是谷底滩多流急，声如雷鸣而险。"秀"即秀丽，表现有三：一是峡中云烟袅袅，两岸峰峦时隐时现而秀；二是峰壁草木苍苍，多奇峰怪石而秀；三是谷中常有人工建筑点缀，小巧玲珑而秀。"幽"即幽深，表现亦有三：一是谷地狭窄，两岸悬崖耸立而幽；二是谷线迂回曲折而幽；三是谷地两侧青山半封闭而幽。峡谷不仅景象极为壮观，给人以多种美感，还能锻炼人的胆量，陶冶人的情操。

我国峡谷地貌旅游资源极其丰富，这与我国阶梯状的地势及多山的地形有着密切的关系。发源于青藏高原的大江大河顺着地势奔流而下，常切穿山岭形成峡谷，尤其在阶梯的边缘陡坎处常形成巨大的峡谷。如第一级阶梯边缘的横断山区三江大峡谷、黄河龙羊峡等，第二级阶梯边缘的长江三峡、黄河三门峡等。

从地质成因来看，峡谷地貌一般由坚强而性脆的岩层构成、发育在地壳近期抬升地区，河流下切速度大于谷坡后退速度。在不同区域，由于构造、岩性的差异，显现的峡谷山水景观也各具特点。

（一）长江三峡

长江三峡是长江中上游的一段峡谷。它由瞿塘峡、巫峡、西陵峡三段峡谷组成，西起巍巍巴山脚下的重庆市奉节县的白帝城，东至湖北省宜昌市的南津关，全长 193km，其中峡谷段 90km。

三峡是世界上著名的山水画廊；三峡景区奇峰竞起，千姿百态，令人目不暇接，是我国十大自然风景区之一；三峡的山山水水，无处不是诗，无处不是画，是中华大地上的一处瑰宝。

未来的长江三峡，峡感犹存，壮观依旧。三峡工程建成蓄水后，三峡山峻峰秀、峡幽壁峭的天然画卷，将与高峡平湖交相辉映，形成峡岛相连、山水相依的壮丽景观。

三峡是强烈的造山运动所引起的海陆变迁和江河发育的结果。

早在距今二亿年前的三叠纪，那时我国的地形是东部高，西部低，现今长江流域的西部地区是一个水域非常辽阔的大海，它与古地中海相通。这个大海从三峡地区一直延伸到西藏、青海、云南、贵州、四川等广大地区。秭归为当时的滨海——潟湖地区，有海陆交替相的含煤沉积。

在距今近二亿年的三叠纪末，地球上发生了一次强烈的造山运动（即印支运动），这次运动毫无例外地也波及到三峡地区，当时，虽未形成巍峨的高山，但地壳上升，古地中海大规模地向西后退，从而海水也最终退出了三峡地区，此时我国秦岭升高，形成东升西降的地势。在这个时期里，现今著名的黄陵背斜也初具规模地露出于海平面之上。在它的西部遗留下秭

归湖、巴蜀湖、西昌湖、滇池等几个大水域,除秭归湖外,它们被一个水系串连起来,从东到西,由南涧海峡流入地中海,这就是西部古"长江"的雏形;在它的东部有当阳湖、鄂湘湖、鄱阳湖及其他众多湖泊,它们亦有大河相连,这是古东部"长江"的雏形。

在距今大约7000万年,我国又发生一次燕山运动,四川盆地和三峡地区隆起,秭归湖消失,洞庭、云梦盆地开始下降。至今,在三峡地区海拔高程达1000m的一些山岭上,还可看到过去地质年代里湖底遗留下来的大量卵石和化石,说明卵石和化石都是河流和湖泊的沉积物。在威力无比的造山运动中,厚层的岩石被挤压得弯弯曲曲,三峡地区的七曜、巫山、黄陵三段山地背斜就是在燕山运动中形成的。三个背斜隆起以后,东西两坡上顺着地面发育的河流各自形成相反的流向,还没有形成统一的长江水系。

直到距今三四千万年的喜马拉雅造山运动时,长江流域地面普遍间歇上升,其中上游上升最为剧烈,多形成高山、高原和峡谷;中下游上升稍缓,甚或继续沉降,因而多为丘陵、平原和湖沼低地,于是出现了西高东低的地形(直到现在,三峡地区的地壳还在缓慢上升。根据测量,黄陵背斜每年上升2～4mm)。三峡背斜隆起以后,在以千万年计的漫长岁月里,背斜两侧的河流,即西部"长江"和东部"长江",就在河流的下切和溯源侵蚀中相互靠近、更靠近。由于流域的地势西高东低,东坡的河流比西坡陡,其溯源侵蚀能力比西坡强,三峡的三个背斜终于被切穿,于是,江水贯通一气,永远"大江东去"了。

由于三峡一带有三个背斜和两个向斜,彼此相间排列,向斜和背斜出露的岩层不同,它们的抗蚀能力也不同。在向斜地段多出露泥岩、页岩和砂岩,岩性比较松软,易被流水冲刷破坏,江流易于向两侧扩展,长江流经这里,就形成宽谷,如大宁河宽谷、香溪宽谷。背斜地段多出露致密坚硬、抗蚀能力较强、垂直裂隙比较发育的石灰岩,江流经过,向两侧侵蚀的力量受到限制,便顺着岩层中的破裂处向下侵蚀。随着河床逐渐加深,两岸谷坡岩层失去了支持,就会沿着垂直裂隙崩塌垮落,形成悬崖峭壁。再加上流水侵蚀和重力作用等自然力的雕刻修饰,就形成了深邃的三大峡谷(图8-22)。

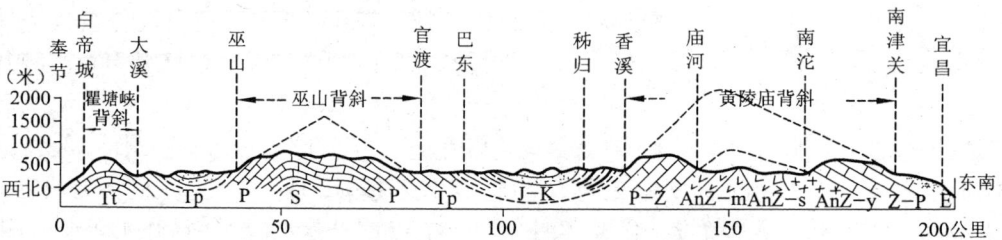

图8-22　三峡地质剖面概略图(刘淑诚清绘)

E——早第三纪东湖砂岩　　　J—K——侏罗-白垩纪砂页岩　　　Tp——三叠纪页岩及不纯石灰岩
Tt——三叠纪石灰岩　　　P——二叠纪石灰岩　　　S——志留纪页岩
Z——震旦纪石灰岩　　　AnZ—m——前震旦纪变质岩　　　AnZ—S——前震旦纪闪长岩
AnZ—y——前震旦纪花岗岩

(二)大渡河大峡谷

大渡河大峡谷雄奇壮观、嵯峨险峻的自然景观足以与闻名中外的长江三峡媲美。大渡河大峡谷西起汉源县乌斯河镇,东至永利乡白熊峡,全长26km。谷宽70～150m,落差1000～1500m,最大谷深2600m,为长江三峡的一倍,比美国科罗拉多大峡谷还深860m。

大渡河进入四川盆地之前，横穿了盆地西南边缘的最后一道门槛－瓦山，形成了雄伟壮观的大峡谷，并切割出前震旦系(5.4亿年前)峨边群至二叠系峨眉山玄武岩(距今约3亿年)厚达数千米的完美地质剖面，记录了十多亿年来地质演化的历史。大峡谷两侧山岩斧劈刀削，千仞绝壁巍然对峙，举目远眺，大峡谷如一巨大地缝，向远处蜿蜒而去，气势雄伟。雄奇险峻的壮美景观令人叹为观止。与大峡谷相映成趣的是，老苍峡、白熊峡等6处最大谷深达2600米的"一线天"支谷蜿蜒西进，谷区人迹罕至，清幽古静，绝壁深涧，重峦叠嶂。

（三）云台山峡谷、嶂谷

云台山世界地质公园位于河南省焦作市修武县北部的太行山南麓，公园区峡谷成群，谷地与山脊相间，最大落差达1207米。谷深沟险，峰雄奇绝。

在具有全球构造规模效应的东亚裂谷体系中，云台山地质公园处在华北陆块新生代东亚裂谷系的华北裂谷带与西安－郑州－徐州近东西向裂谷转换带的交汇部位。受太行山前深大断裂控制，在喜马拉雅造山运动过程中，于寒武系－奥陶系石灰岩地层中形成了一系列"之"字形、线形、环形、台阶状长崖、瓮谷、深切障谷、悬沟等地形组合的"云台"地貌，构成了区内峡谷幽深、群山耸峙、飞瀑清泉的太行绝景。

简单地说，云台山雄伟壮观的峡谷、嶂谷、瓮谷、峰丛以及瀑布群，是由于晚近地质时期以来太行山的强烈抬升，河流快速下切，加上沿垂直裂隙面的崩塌所形成。

（四）虎跳峡

云南丽江县的金沙江虎跳峡，峡谷长16km，两岸雪山海拔5000m以上，河谷下切3000m，最大相对高度可达3600m以上，峡谷最狭处仅30m，上下峡口落差达220m，江水以雷霆万钧之势，冲过密布在谷中的险滩怪石，跃过七级陡坎，巨澜千重，奔腾咆哮。虎跳峡是横断山系的不断上升，引起金沙江强烈下切的结果。

北美洲的科罗拉多河全长2330km，在科罗拉多高原上共切割出19条主要峡谷，其中最深、最宽、最长的一个就是科罗拉多大峡谷，是地球上最为壮丽的景色之一。该峡谷全长446km，峡谷顶宽6至28km，最深处1800m。从谷顶到谷底需3至4小时。谷底两岸的宽者小于1km，窄处仅120m。两侧的谷壁呈阶梯状。谷底水面不足1000m宽，夏季冰雪融水下注，水深增至18m。山石多为红色。从谷底至顶部沿壁露出从前寒武纪到新生代各期的系列岩系，水平层次清晰，岩层色调各异，并含有各地质时期代表性的生物化石，故有"活的地质史教科书"之称。

二、瀑布

瀑布，地质学上叫作跌水，是由地球内力和外力作用而形成的。如断层、凹陷等地质构造运动和火山喷发等造成地表变化，流动的河水突然地、近于垂直地跌落，这样的地区就构成了瀑布。瀑布表明河流的重大中断。这种瀑布主要是以内力作用为主导因素而形成的。另一种由流水的侵蚀和溶蚀等外力作用为主导因素而形成，如河床岩石软硬不一，较松软的岩石易被流水侵蚀掉，从而形成高低差异很大的地势差别成为瀑布。此外，冰川对岩石的刨蚀也可造成瀑布。

瀑布从陡崖飞泻而下，在大自然中具有声、色、形之美。其声：如雷轰鸣，如万马奔腾，气势磅礴；其色：晶莹如银练，如玉帘；其形其势：飞流直下，如银河垂落，锐不可当。瀑布与其它景观的配合，常构成为大自然中独具一格的瑰丽壮景。受气候条件制约，我国瀑布主要分布在秦岭——淮河以南的广大地域内，尤其集中在东南丘陵、云贵高原和青藏高原等地。

（一）瀑布的类型及成因

瀑布的形成，往往是多种因素影响的结果，划分瀑布的类型，依其最主要的成因而定。

（1）断层瀑布　由地壳构造运动断层所致，当多级断层以地堑或地垒的形式出现时，则可形成多级瀑布。

（2）差异侵蚀瀑布　河流流经岩性软硬悬殊或岩性结构很不一致的地段，经差别侵蚀而成。

（3）喀斯特瀑布　在喀斯特发育地区，则因水的溶蚀作用形成陡崖跌水。

（4）堰塞瀑布　火山熔岩和冰雪、泥石流、崩塌等永久或短暂堵塞水流并造成落差跌水。

（5）袭夺瀑布　由河流袭夺而成。被袭夺的河流由于高于袭夺河的谷底，河水跌落下来，形成袭夺瀑布。

（6）悬谷瀑布　此类瀑布往往以古冰斗为积水潭，再经由冰斗边缘的陡坎，夺路飞跌而成。

（7）人工瀑布　在大型水利工程如高坝等处，常形成极为壮观的人工瀑布。

一般发育在河流主流上的瀑布，规模大，水量稳定，以气势磅礴著称；发育在山间溪流和较小河流上的瀑布，规模较小且水量随着季节而变化，但往往以其落差大，景色俏丽多姿而引人入胜；发育在喀斯特地下河和溶洞中的瀑布，常以"奇"见长。

（二）典型瀑布胜景

我国国家级风景名胜区中，以瀑布命名的风景名胜区为黄果树瀑布和黄河壶口瀑布。另在38处风景区中均有不同的瀑布胜景，如黄山景区的人字瀑、九龙瀑、白丈瀑；雁荡山景区的大小龙湫和三折瀑；庐山景区的开先瀑布、香炉峰瀑布、黄龙潭、乌龙潭、王家坡瀑布、三叠泉瀑布；安顺龙宫景区地下飞瀑；莫干山景区的剑池瀑布；西樵山景区的玉岩瀑布；天台山景区的石梁瀑布；太姥山景区的溪口瀑布、龙庭瀑布、赤鲤瀑布；奉华溪口雪窦山景区千丈岩瀑布；长白山景区天当瀑布等等。这些都成为风景名胜区中的重要旅游景点。

1. 黄果树瀑布

黄果树瀑布位于贵州镇宁布依族苗族自治县境内的白水河上，白水河流经当地时河床断落成九级瀑布，黄果树为其中最大一级。瀑布宽约80m，落差66m，洪峰时流量达2000多 m³/s。以水势浩大著称，是世界著名瀑布之一。瀑布后面的绝壁上凹成一洞，洞深20多 m，洞口常年为瀑布所遮，人称"水帘洞"，在此可观看到瀑布飞下的奇特景象。

黄果树瀑布从断崖顶端凌空飞流而下，倾入崖下的犀牛潭中，势如翻江倒海。水石相激，发出震天巨响，腾起一片烟雾，迷蒙细雾在阳光照射下，又化作一道道彩虹，幻景绰绰，奇妙无穷。但黄果树瀑布的形态因季节而有变化，冬天水小时，它妩媚秀丽，轻轻下泻；到了夏秋，水量大增，那撼天动地的磅礴气势，简直令人惊心动魄。有时瀑布激起的雪沫烟雾，高达数百米，漫天浮游，竟使其周围经常处于纷飞的细雨之中。瀑布后的水帘洞相当绝妙，134m长的洞内有6个洞窗，5个洞厅，3个洞泉和1个洞内瀑布。游人穿行于洞中，可在洞窗内观看洞外飞流直下的瀑布；每当日薄西山，凭窗眺望，犀牛潭里彩虹缭绕，云蒸霞蔚，苍山顶上绯红一片，迷离变幻，这便是著名的"水帘洞内观日落"。

2. 黄河壶口瀑布

滔滔黄河，奔流到壶口，河道急剧变窄，250m 的河谷变成 30m，瞬时间，河水奔腾怒啸，跌落约 30m 高的深潭中，整个深潭犹如千军万马拼杀的战场，激浪翻滚，水汽横飞，轰鸣之声震耳欲聋，在 5km 外都可以听见。诗人光未然就是在这里感受到瀑布的雄壮后，写出了"风在吼，马在叫，黄河在咆哮……"的著名诗章。

壶口瀑布秒流量最少时仅 150 至 300m³；4 月初冰河解冻，秒流量骤增 1000m³ 以上，最高时达 8000m³；这时，巨大的瀑布，河水夹着冰块，冲击而下，如狮吼虎啸，震天动地，景象极为壮观。到夏季，秒流量在 1000 至 2000m³ 之间；这时，由于下游水位下降，落差加大，水柱冲天，浪花飞溅，金秋雨季，千溪万壑之水汇聚，河水流量增加到 3000m³ 以上，全副瀑布连成一片。这时观瀑，洪波怒号，气贯长虹，景色瑰丽，大有"黄河之水天上来"的雄姿。

"十里龙槽"是瀑布向源侵蚀切割的结果，全长 4200m，宽 30～50m。是全黄河最狭窄处。在河道约束下，河水奔腾咆哮，浊浪翻滚回旋，气势磅礴。瀑布上下基岩上，到处可见水流冲蚀槽及大大小小流水携带砂砾的掏蚀圆形坑，这便是著名的"石窝宝镜"。强烈的河流旁蚀作用，将原来岸边山体硬切成河心岛，如上方的孟岛，下方的葫芦岛。

壶口瀑布特异之处还在于枯水期间比盛期反而显得更为气势非凡壮观。这是因为该瀑布之下河床较窄，因此在盛水期时，下游水位抬高，瀑布落差反而减小之故。

壶口瀑布的形成与当地的地层、构造、气候、水文等自然地理因素条件有关。壶口一带出露的基岩主要是 2 亿年左右三叠系纸坊组（群），上部为紫色、绿色砂岩与泥岩类互层，下部为厚层砂岩、薄层砂岩和页岩，由于河谷中的岩层软硬交替，使流水的侵蚀作用得以加剧。印支运动形成的两组节理（一组节理顺河水流向发育；另一组节理为跨河发育），是壶口瀑布形成的最主要原因。概之，壶口瀑布的成因有二：①节理断层发育；②河水强烈切割下蚀。

3. 九寨沟瀑布群

九寨沟瀑布群，主要由诺日朗瀑布、树正瀑布和珍珠滩瀑布组成，此外还有无数小瀑布。

①树正瀑布阔 50 来 m，高 20 余 m，从古树丛中奔腾而出，出没于悬崖树林之中。树正瀑布是老虎海水，沿湖泊漫流被水中树丛分成数以千计的水束，汇集到树正瀑顶，一到裂点就喷扬出来，随着下方凸起的环形梯状钙华，构成多极浑圆状瀑布。瀑布垂落深涧，神采飘逸，气度雍容。

②诺日朗瀑布：位于树正沟尽头，日则沟和则查洼沟的分岔处。高 30～40m，宽 140 余 m，在我国瀑布中，大概可以算作第一阔瀑了。一股巨大水流穿过悬崖上水柳飞腾而下，呈多级下跌，形成形状各异的飞瀑，有的垂直而下，像银河天落；有的随崖势曲折跌宕，状若银龙戏珠；有的遇到怪石相阻，腾起一片濛濛雨雾，朝阳照射，幻成彩虹。瀑布水穿越林间，尽展"森林瀑布"奇观。入冬后，诺日朗瀑布玉琢冰雕，酣然沉睡。

③珍珠滩瀑布：在镜海和金玲海之间。珍珠滩瀑布，从某种意义上讲，类似于黄果树瀑布群中的螺蛳滩瀑布。它不完全是一个翻崖落水的跌水，而是上有一个约 20 几度倾角的滩面，瀑布先在滩面上缓缓流淌，由于滩面由钙华组成，钙华表面又有鳞片般的微小起伏，当薄薄的水层从滩面上淌过，在阳光的照射下，若万颗明珠，闪着银光，故得名珍珠滩。珍珠滩下，水流开始从一高 40 余 m 的悬崖上跌落下去，即一坡流水，奔至滩边急落，如银河天降，展山撼谷。珍珠滩瀑布在平面上呈一个弧形，向上游凹进。

九寨沟的诸多海子和瀑布的形成，是第四纪冰川的进退及气候冷暖变化的结果，大约距今200~300万年,九寨沟一带冰川活动十分频繁,留下许多冰川堆积物。大理冰期后,进入全新时期,气温持续上升,冰川消失,留下许多冰碛湖,即九寨沟无数海子,海子水满溢出,便成瀑布。

4. 吊水楼瀑布

吊水楼瀑布发育在黑龙江省东南部的牡丹江河谷中。8000年前由于火山喷发,流淌的熔岩在此堵塞了牡丹江河道,形成了镜泊湖。之后,湖水从其北侧熔岩坝的两个裂口泄出,从而形成了两个瀑布,即吊水楼瀑布。瀑布宽40~42m,落差20~25m,远望像白色珠帘,飘挂在锦绣谷地之中,景致迷人。成为我国著名的瀑布胜景之一。

5. 庐山瀑布群,庐山山顶地形宽坦,山体四周多为峭壁环绕。开阔的山顶发育有许多小溪流,当它们汇流至900~1000m的峭壁裂点带,进入峡谷地段后,便形成了环山峰的不同规模的跌水,在高峰上组成了一条环状瀑布带。规模较大而著名的有石门涧瀑布、三叠泉瀑布、黄龙潭瀑布、乌龙潭瀑布、王家坡瀑布、香炉峰瀑布和玉龙潭瀑布等。其中尤以三叠泉瀑布最为著名,有"未到三叠泉,不称庐山客"之说。三叠泉瀑布水量很大,落差达120m,由于组成岩层成水平状态,因而崖壁立而岩千层,层层横线,转折成叠,叠成三阶,每阶清晰,各具特色,与飞流直下的银帘竖线形成鲜明对比,更显瀑布的高渺雄伟。使人油然在"飞流直下三千尺,疑是银河落九天"的意境,陶醉于气势雄伟的壮丽景色之中。

庐山瀑布群的形成,是由于强烈的地壳运动所致。大约在7000万年前的白垩纪时代,地壳构造运动,庐山受南北两向强力挤压形成地垒式断块山和纵横交错的断层,造成众多的深涧峡谷,加上亚热带丰沛的雨水,泉瀑便随之涌现。

6. 黄山瀑布群

黄山瀑布群以九龙瀑、百丈泉瀑、人字瀑等最享盛名。尤以九龙瀑最为壮丽,瀑布成上下九叠,眺望如九条白龙攀附于峭壁深涧之间,声如雷吼,令人惊叹。人字瀑和百丈泉瀑高均50m左右,且都形成于主支谷相交的坡折裂点处。该坡折裂点是由于主谷经逍遥溪受较大断裂影响,下切较深,支谷受较小断裂影,下切较浅,形成悬谷,两谷相交处的坚硬花岗岩则形成造瀑崖壁,流水到此飞流直下,形成壮观瀑布。

在喀斯特地区,由于水的作用以溶蚀为主,瀑布发育的条件有其本身的特殊性,其表现形式形态也较独特而更显得多姿多态,通常又都与溶洞伴生,并多形成为水帘洞式瀑布。除地表瀑布外,喀斯特地区瀑布的另一特点是更多形成于地下河和溶洞中,构成地下河和溶洞中的奇异景观。地表瀑布除黄果树等属喀斯特地区的瀑布外,还有广西漓江瀑布、三叠岭瀑布和云南路南瀑布等。地下河和溶洞中的瀑布也很多,其中以浙江金华冰壶洞中的飞瀑最为著名。冰壶洞深约50m,瀑布由溶洞缝隙中激涌泻落而成。瀑布落差达20m,之后却又潜流而去。从洞底仰视,只见珠帘倾泻,色彩斑斓,为洞中一大奇观。

三、泉

地下水的天然露头,称为泉。泉是地下水的一种重要排泄方式。泉水和瀑布相似,也具有形、声、色的诸种美的形态,但从审美重心来细分,瀑布的审美讲究势,而泉水的审美讲究质。

(一)泉的分类

泉的分类方法很多,主要有根据泉水出露性质分类和根据泉水补给来源分类。

1. 根据泉水出露性质分

①上升泉，受承压水补给，地下水在静水压力作用下，由下而上涌出地表。

②下降泉，受无压水补给（主要是潜水或上层滞水），地下水在重力作用下，自上而下自由流出地表。

2. 根据泉水补给来源分

①上层滞水泉，受上层滞水补给。泉的涌水量、化学成分及水温变化很大，有时这种泉完全消失。

②潜水泉：受潜水补给。水量比较稳定，但潜水量、水温和化学成分仍有明显的季节变化。依其出露条件又可分为三类：a. 侵蚀泉，含水层被侵蚀切割，潜水出露地表而形成的泉。b. 接触泉，在含水层与隔水层接触处流出地表而形成的泉。c. 溢流泉，是岩石透水性变弱，或隔水层顶板隆起时，潜水流动受阻碍溢出地表形成的泉。

③承压水泉：受承压水补给，其特点是水的动态最稳定。承压水泉又可分为承压盆地泉和承压斜地泉。承压水泉可以沿断层上升，也可以沿较深的构造裂隙出露。

3. 根据出露的条件分：①接触泉、②断层泉、③裂隙泉、④溶洞泉。

（三）泉的成因

泉的形成，涉及到一定的地质条件，而这些条件则是在漫长的地质历史中形成的。

（1）侵蚀泉　地下水在渗透性好的岩层中昼夜不息地流动。有些地方，因地壳上升，地表水流为适应下游稳定的侵蚀基准面而发生垂向侵蚀作用，当这些河谷或沟谷下切到这些潜水含水层（即顶板为包气带，底板为隔水层的饱水带）地下水面时，地下水就会涌出地面，这种泉称侵蚀泉。常见于山区河谷两岸（图 8 - 23A）及松散土质组成的平原河谷中（图 8 - 23B）。沟谷切至承压含水层（即埋藏于两个隔水层之间的饱水带）上部隔水层底板时，亦可形成这种侵蚀泉（图 8 - 23C）。

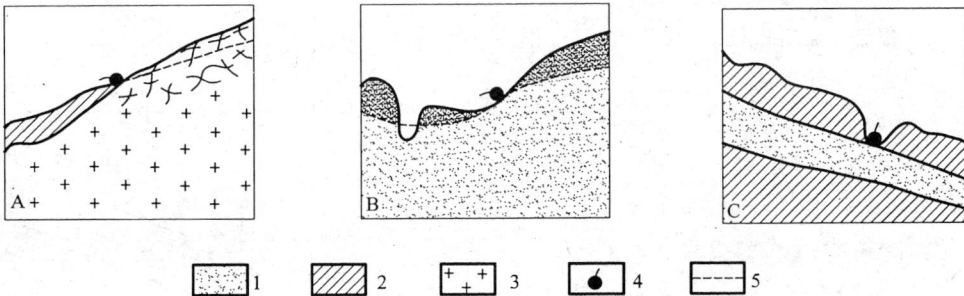

图 8 - 23　侵蚀泉

1. 含水层　2. 隔水层　3. 花岗岩　4. 温泉出露点　5. 水面线

（2）接触泉　河流或如果沟谷下切到含水层与隔水层之间的接触面，由于隔水层阻隔了地下水向下运动，迫使含水层中的地下水沿着这一接触面上流地表，这种情况形成的泉称接触泉（图 8 - 24）。

（3）断层泉　饱含地下水的含水层，如果发生了层断，原先的通道断绝，而四周又为非渗透层所阻，此时地下水只能顺从断层流出地表，该泉就称断层泉（图 8 - 25）。这类成因的泉很多，如四川峨眉氡泉、北京玉泉山温泉等。

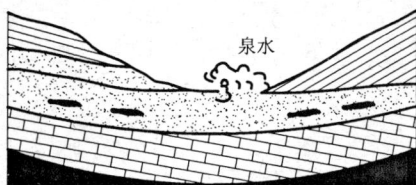

图 8-24　接触泉

图 8-25　断层泉

（4）溢流泉　溢流泉是地下水在流进途中遇到相对隔水层（它们可以是粘土层）或隔水体（或是裂隙不发育的侵入岩体，或是阻水岩脉等），被迫上涌到地表。济南趵突泉就是典型的溢流泉（图 8-26）。

（5）裂隙泉　裂隙泉是泉水顺着岩层的裂缝、裂隙涌集到地表（图 8-27）。济南的黑虎泉、杭州虎跑泉属于此类成泉。

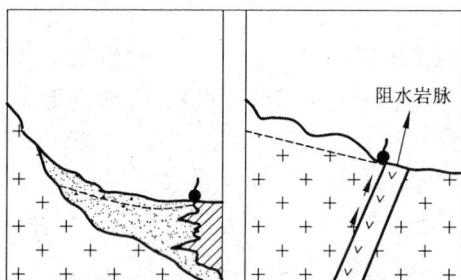

图 8-26　溢流泉（图例同上）

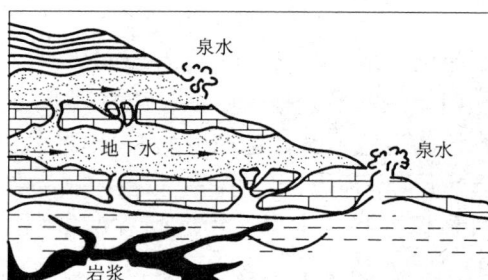

图 8-27　裂隙泉

（6）溶洞泉　溶洞泉与地下河有关，地下河的出口处即溶洞泉。

（二）部分典型名泉

1. 趵突泉

山东济南市，有泉城的美称。"家家泉水，户户垂杨"，域内共有 108 个泉头。位于西门桥附近的趵突泉，名列榜首。泉水自三窟中冲出，浪花四溅，势如鼎沸。三股泉喷涌，状如三堆白雪，

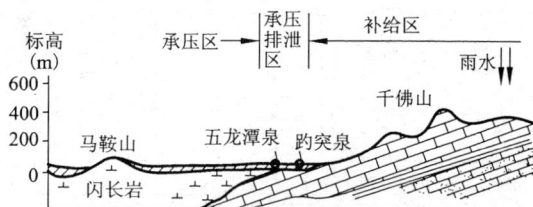

图 8-28　济南趵突泉形成示意图

平均流量 $1.6m^3/s$。东侧另有大片泉水出露，一起汇流成池，为古泺水发源之地。趵突泉的形成，与济南市区其他泉一样，均是承压水的喷溢。济南市南部是岩溶石灰岩，山地岩层呈单斜构造由南向北倾斜；到市区，灰岩之上覆盖着粘土层；北部有一座座辉长岩和闪长岩组成的山体，这些隔水山体在地下彼此相联，截断了石灰岩层，因此由南部经岩溶化的灰岩层渗入地下大气降水，沿岩溶含水层向北流动时，受到了隔水山体阻拦，迫使地下水沿隔水山体向上流动，冲破近 20 米厚的粘土层而形成泉（图 8-28）。也即上说：在济南市南部的千佛山地区，有大批石灰岩和白云岩出露，并以 30°的倾角向市区延伸，隐伏于第四系地层之下。当大气降水和地表水沿出露区的石灰岩、白云岩溶隙进入地下后，顺岩层倾斜流入市区下部

的溶隙、溶洞中。这些地下水受到北侧闪长岩和页岩等不透水岩石的阻拦，在补给区静水压力作用下，沿溶隙或盖层薄弱的地方上涌，形成了济南市区的众多泉头。

2. 虎跑泉

位于杭州西湖西南大慈山麓的定慧寺内，居杭州名泉之首，并有"天下第三泉"之称。它处于北、西和西南三面由石英砂岩构成的山岭环抱的马蹄形洼地之中。虎跑泉的高程70m左右，后面的山峰高约230m，这160多m的高差，加上石英砂岩的倾向基本与山坡坡向一致，又正好处在一组岩层裂隙处，为地下水汇集、虎跑泉的形成提供了良好的地形和供水条件。这类泉称为裂隙泉，即裂隙水涌出地表。虎跑泉水量充足，水质纯净，水味甘洌淳厚。由于泉水的矿物质含量高，分子密度和表面张力较大，硬币投入后能浮在水面而不下沉，颇受游客钟爱。

3. 黄山汤泉

位于黄山市紫云峰下的黄山宾馆附近。泉水温度常年保持在42℃左右，故又称黄山温泉。泉水流量也较稳定，保持在每昼夜1100t以下。这表明黄山温泉水不受当地气候的直接影响，是并不靠黄山自身补给的潜水。据研究，1亿多年前的岩浆侵入活动，形成了黄山地区现今存在着的花岗岩体。在花岗岩体与围岩的接触部位，发育了裂隙带。地壳深部的承压水沿此裂隙带上升，出露地表，形成了泉。由于是深部承压水，受地热影响，泉水增温，成为温泉。

4. 白沙井

长沙市天心区白沙路旁有座形似卧龙的山，叫回龙山。山下有四口井一年四季不干不溢、清澈如镜，这便是"白沙古井"。"白沙古井"自古以来为江南名泉之一。其成因是：回龙山一带为古河床，在新生代第四纪初，出现冰期，在冰川融水和河流冲刷下，形成砾石层于白斑网纹红土层下，再下层为不渗水的板岩。因地层下陷，使白沙井及其附近地层成为蓄水深厚的地下水库。长年累月地下水顺着地层斜面往下流动，经过沙砾层的沉淀过滤后，在白沙井处露出，形成所含杂质极少、清香甘美、长饮不竭的泉水。

5. 月牙泉（湖）

从甘肃省敦煌县城往南约5km，便可看到连绵起伏，如虬龙蜿蜒的鸣沙山。登鸣沙山俯视，只见在四周沙山的环抱之中，静静的流淌着一股翡翠般的清泉，东西宽25m，南北长约100m，最深处5m。其水面形状酷似一弯新月，这就是著名的月牙泉。

月牙泉本是疏勒河的主要支流——党河的一段，由于党河改道，残留的河湾形成为一个单独的湖泊水体。

月牙泉的水源，来自于疏勒河水的地下渗透，由于良好的隔水层，形成丰富的含水层。在压力作用下，沿裂隙上涌而成泉。

月牙泉"经历古今，沙填不满"，"虽遇烈风而泉不为沙掩盖"（《敦煌县志》载）。经科学家考察，这儿沙不掩泉有两个原因：一是党河地下潜流源源不断的补充到泉内，使泉水保持动态平衡；二是由于泉水四周沙山环绕，地势南北高、东西低，风随山移，从东南口吹入，急旋上升，挟带细纱，飞上山头，又从西北山口吹出，这种常年特定的风向走势，造成了沙粒上升和泉如月形的美景。由于泉水清澈，碧波荡漾，雨不溢、旱不涸，总是呈现蔚蓝色，称为"月泉晓彻"之美景。古诗"银沙四面山环抱，一池清水绿漪涟"，是对月牙泉的真实写照。

（三）形形色色的怪泉

1. 间歇喷泉

有些温泉，能喷出高达数十米的热水柱或蒸汽柱，柱顶上蒸汽翻滚、腾跃，直冲蓝天，景象十分壮观。但过一定时间后，喷发停止，热水和蒸汽都销声匿迹，这就是间歇喷泉。

我国最大的间歇喷泉，位于西藏冈底斯山南麓，昂仁县西部的塔各加水热区。泉水出露于一座大型泉华台地上，泉口直径30多厘米，活动相当频繁。较大的喷发来临之前，泉口的水位慢慢升起，水柱由低到高，而后又渐渐回落，如此往复多次，然后一声巨响，突然腾空而起，一股直径达2米以上的水柱射入空中，高达20多米，无风时，水柱顶部气柱可高达40～50m。柱顶热气翻滚，化成一阵热雨，从空泼洒而下，景色壮丽。转瞬间，水柱越缩越低，直至收缩到泉眼，一切复归平静。冈底斯山南麓还分布着三处间歇泉，喷发时间和景观各不相同。

那么这些泉为什么会间歇喷发呢？原来，间歇喷泉大都在泉华台地上，上部有一漏斗形口，泉口下是细长弯曲的通通水管，通水管下面有体积大小不等的储水室，水室周围有能供水的裂隙系统，底部和四周有较热的岩石或天然蒸汽水可以给水室加热，在这种情况下，当水室中的水被全部加热到沸腾时，蒸汽压力超过上部的水柱压力，就会冲开水柱，骤然向上喷出，而且几乎一掷而空。然后，水室重新充水、加热、聚蒸集汽，孕育着第二次喷发。

2. 虹吸泉

虹吸泉，又称潮水泉或间断泉，主要出现在岩溶地貌相当发育的石灰岩地区。它的泉水有时水流突涌，瞬时又止；有的流水常年不断，但忽而消失，不久又涌；有的时涨时港，一天反复多次。

云南省安宁县城西北有一泉名"三潮圣水"，是一著名的虹吸泉。枯水期间，泉眼干涸，寂静无声；丰水季节，则细流涓涓，叮咚作响。每日涨落四次，每当泉潮涌起时，先是风声呼吼，继而吼声如雷，接着一股白练，从泉口呼啸而出，水沫飞进，煞是动人。涌泉二、三小时后，泉水戛然而止；再过二、三小时，则又涨潮一次，周而复始。

虹吸泉的形成原因是首先是雨水充沛，地下有较大的汇水面积；其次有巨大的储水洞室；此外还有通往地面的出口——泉眼。汇水区域的水流入储水洞室，水位上升到一定高度时，发生虹吸作用，泉口使喷水，洞内水位就会逐渐下降。降到一定高度，虹吸作用悄失，泉水也就停止喷水。以后，洞水又逐渐升高，重复前一过程。

3. 水火同源的泉

俗话说"水火不相容"。在自然界有时会出现水火相容的奇观。

在台湾省台南县关子岭温泉区有一个泉眼，从岩石缝中涌出一股汩汩流泉，汇成一弘小池，涌泉同时喷出猛烈的火焰，池水下面也冒出火气，腾起燃烧成烈火，高达丈余，烈焰熊熊，颇为壮观。水中腾起的火着物即燃，但无烟无臭。小池旁边的岩石，全呈黑色，那是被烈火燃过的痕迹。池水滚滚似沸，勺饮却清澈甘美。

这一水火同源的奇观，是由这里特殊的地质条件造成的。关子岭位于含石油的泥质岩地层带上，地层中有能聚集石油和天然气的穹窿构造，有的天然气在源源不断沿裂缝上喷过程中，遇到由地热加热的高温水，天然气与高温水同时从一个裂缝中涌出，便形成了这一奇观。

4. 含羞泉

四川省广元县陈家乡山谷中，有一含羞泉，它像"含羞草"一样，每每遇到一点振动就悄悄退隐。比如，有人往泉池扔一块石头，产生声响振动后，泉水就销声匿迹，但只要静静地呆上一刻钟，泉水复露，且由少到多，再遇振动，泉水又缩头藏身。如此环循往复，不改常态，故得名"含羞泉"。

这一地质奇观，是毛细管现象造成的。土壤和岩石小的细小孔隙好比是毛细管，由于毛细管的作用，将地下水提升到地表。无数个孔隙形成毛细水带，使地面上汇成一股水流，"含羞泉"就是这种特殊水流。当它一受到振动，便产生一种压力，使毛细作用暂时停止，于是，泉水断流片刻的现象就出现了。

5. 爆炸泉

在西藏阿里地区的东南部塔格查普河左岸，合一曲普泉群，泉群中有许多热泉活动穴，穴被高大的垣体所包围；穴与穴之间彼此连接或相切，仿佛是一群复式火山口。喇叭形的泉口直径最大者达 25 米，泉口不断喷出巨大的温度又很高的泉汽团。

1975 年 11 月 12 日黄昏，爆炸泉爆发了，一声巨响，整个曲普地区上空顿时被泉汽所笼罩，其中一股巨大的泉汽柱直冲云霄，高达 900 米左右，从爆炸泉口喷射出来的大石块，直径几近 1 米，一直抛到 1 公里外。爆炸过后，泉眼处出现一漏斗形大泉穴，穴中心留下一条细长的"喉管"经常翻泉掘沙。爆炸泉的爆炸时间不固定，多的一年十几次、有的几十年才发生一次。

爆炸泉的形成主要是由于泉底部有一热储体，由于受岩浆加热，热储内的热量积存，剧烈升温，或底部高温部分对流上涌，而地表涌流通道遭到阻塞，或热储深厚，热流不得不冲出地表而形成。

第四节　风景湖泊

与奔腾的江河相比，湖泊是恬静的水域。湖泊具有灌溉、航运、养殖、旅游、调节河川径流、调节湖滨地区气候等功能，是一项宝贵的自然资源，是水体旅游资源中一个重要的组成部分。

我国是一个多湖泊的国家，仅湖北一省就有大小湖泊千余个，可谓明珠璀璨。

湖泊发育的首要条件是汇水储水的盆地，即湖盆，第二是水有来源。

一、湖泊分类（按湖盆的成因分）

（一）构造湖

湖盆是由地壳构造运动所产生的凹陷而形成，包括断裂、地堑、构造盆地等。这类湖泊的特点是：湖岸平直、岸坡陡峻、湖形狭长，深度较大。这类湖盆常见于地表的断陷带或裂谷带内，如沿东非裂谷（可分东支和西支）发育的湖盆，俄罗斯境内里海、贝加尔湖等。

我国青藏高原由于受强烈隆升的影响，在一些近东西向断块山脉的南侧，一般都有深大断裂谷的发育，在其谷底洼处每每有纵向延长的湖泊带分布，湖泊长轴与区域构造线方向相吻合。如在唐古拉山和冈底斯山－念青唐古拉山之间的宽阔洼地中发育了众多的湖泊，较大的有纳木错、色林错、加仁错、昂则错等。柴达木盆地中的众多湖泊也多分布在构造盆地的最洼处，它们均是第三纪柴达木古巨泊分化残留湖盆。

云贵高原也拥有许多断陷盆地，且大多受南北向断裂构造的控制，使湖泊的长轴呈南北向延伸，如滇池、抚仙湖、阳宗海、洱海和程海等。它们大多保留明显的断崖，或有涌泉和温泉出露。如昆明西山龙门陡崖实为一断层崖，崖下即滇池；大理城外点苍山东麓的山前断裂即为洱海西界。

内蒙古广大地区经过喜马拉雅运动被抬升为高原，并伴有断裂的挠曲变形形成众多的宽浅盆地，其中发育了众多湖泊，较大的有呼伦湖、贝尔湖、岱海、黄旗海、查干诺尔和安固里淖等。

在新疆的塔里木和准葛尔两个大构造盆地内发育了罗布泊、马纳斯湖、艾丁湖、赛里木湖、布伦托海、巴里坤湖和博斯腾湖等。

在青海省的阿尔金山和可可西里山之间的坳陷带内发育有可可西里湖、卓乃湖和库赛湖等；在可可西里山和唐古拉山之间发育有西金乌兰湖、乌兰乌拉湖、多格错仁等。沿黄河分布的鄂陵湖和扎陵湖亦是由几组断裂控制而形成的构造湖。

台湾省有著名的日月潭，是玉山、阿里山山间断陷盆地积水而成的一个高山构造湖。

中俄国境线上的兴凯湖，是在第三纪断陷基础上形成的构造湖。

鄱阳湖、洞庭湖等早期都经历过断陷盆地阶段。

构造湖具有十分鲜明的形态特征，即湖岸陡峭且沿构造线发育，湖水一般都很深。同时，还经常出现一串依构造线排列的构造湖群。

（二）火口湖

当火山喷发停止，火山通道被阻塞，火山口成为封闭的洼地，水体充填成湖，称火口湖。其特点是湖泊外形近圆形或马蹄形，深度也较大。位于吉林省长白山主峰白头山顶的天池，是一火口湖。在地质史上，长白山是一个火山活动剧烈已有多次喷发的地区。公元 1702 年 4 月的一次喷发，形成了天池的湖盆，所以天池自形成至今还不到 300 年的历史。它呈椭圆形，南北长约 5km，东西宽 3.4km。平均水深 204m，最深达 373m，是我国最深的湖泊。湖水黛碧，景色十分秀丽。

（三）堰塞湖

由外来物质急剧堆积阻塞河流而形成的湖泊，称堰塞湖。我国最大的火山堰塞湖是黑龙江省的镜泊湖。黑龙江的五大连池，也是 16 世纪初火山喷发的玄武岩流，堵塞白河河道，形成五个串珠般的湖泊而得名。

（四）河迹湖

由于河流的变迁，蛇曲形河道自行截弯取直后，遗留下来的旧河道，形成湖泊，称河迹湖。这类湖泊多呈弯月形或牛轭形，水深较小。例如湖北江汉平原地区，大小湖泊星罗棋布。这些湖泊是由长江、汉水带来的泥沙进入古云梦泽堆积形成。位于江汉平原最南部的洪湖，是其中最大的一个，素有"千里洪湖"之称。又如乌梁素海，是内蒙古自治区的第二大湖，面积达 220km^2。它是黄河故道残留的河迹湖。

（五）海迹湖

由于沿岸沙嘴、沙洲等的不断向外伸展，最后封闭海湾，形成湖泊，称海迹湖。例如杭州西湖，这里原是和钱塘江相通的一个浅海湾，宝石山和吴山是当年这个海湾南北两侧的两个岬角。长江、钱塘江携带来的泥沙，受两岬角之阻，在海湾口两侧产生堆积，形成了两个沙嘴。由于沙嘴的不断扩张延伸，最终两侧沙嘴相连，隔断了海湾，形成了湖泊。开始时，随着海潮的出没，西湖仍然经常处于汪洋之中。直到汉朝后期，西湖才完全与海潮隔绝。经过长年累月周边山地来的溪泉的补给和冲洗，湖水被逐步淡化，成为淡水湖泊。西湖已几经治理疏竣，包括苏东坡组织的清淤。现有面积约 5.6km^2，早期西湖的面积比现在大得多。

（六）风蚀湖

在干旱和半干旱地区，由于风蚀作用所形成的洼地积水形成的湖泊，称风蚀湖。风蚀湖的面积大小不一，且湖水较浅。湖水可由河流注入，也可由地下水补给。例如内蒙古西部的嘎顺诺尔和苏古诺尔两个湖泊，过去合在一起，称居延海。是强烈的风蚀作用，把阿拉善高原与蒙古人民共和国之间的构造凹地剥蚀加深，后由于额济纳河水注入而成居延海。随着入湖水量的减少和大量泥沙的淤积，居延海逐渐萎缩成嘎顺诺尔和苏古诺尔两个相隔的湖泊。

（七）冰蚀湖

是由冰川的刨蚀作用或冰碛作用形成的洼地，后来气候转暖，洼地积水形成冰蚀湖。北欧许多湖泊均属此类型。我国新疆阿尔泰山区的哈纳斯湖，是一个著名的冰蚀湖。湖的周边地区至今还留下了各种冰蚀地形和终碛垅。

（八）溶蚀湖

湖盆是由地下水或地表水对石灰岩等可溶性岩石进行溶蚀而成的湖泊。一般呈圆形或椭圆形。岩溶湖一般面积不大，水深也较浅。我国岩溶湖大多分布在岩溶地貌较发育的黔、桂和滇等省（区）。例如贵州西部乌蒙山区的威宁草海，该地区广泛出露下石炭纪浅灰色块状灰岩、白云质灰岩，经长期溶蚀形成洼地，后积水成湖。因湖中滋生繁茂的水生植物，故名草海。草海面积约 45km^2，是我国湖面面积最大的构造岩溶洞，素有高原明珠之称。

（九）人工湖

人造湖盆形形色色：有的是掘地成湖（如颐和园的昆明湖和北京大学的未名湖），有的是筑坝拦河成湖（如浙江的千岛湖），有的是修堤围海成湖，有的是引水入低洼处成湖。

二、风景湖泊

著名的风景湖泊有以下几类：

一是高山峡谷风景湖。如九寨沟"海子"、黄龙寺梯湖、广西澄碧河水库、新疆玛纳斯湖和赛里木湖、四川西昌邛海、西藏班公湖等。这类风景湖泊自然环境优美，适宜观光、科学考察、高山水上运动、疗养度假。

二是高原风景湖。如云南滇池、洱海，贵州草海，青海的青海湖、鄂陵湖、扎陵湖，内蒙古乌梁素海，西藏纳木错、奇林错、玛法木错、色林错等。这类湖泊地势高，湖面开阔，充满高原风光气息，适宜观光和考察旅游。

三是天池风光。在我国总共有十多个，如长白山天池、新疆天山天池、云南云龙天池等。这些湖泊处于山地顶峰，水深、质清、环境幽美。

此外，其他类型还有城市园林湖泊、平原风景湖泊、半山区风景湖泊和丘陵区风景湖泊等。

中国主要名湖不下数十个，各类湖泊均有，列入国家风景名胜区的湖泊有黑龙江镜泊湖、五大连池、无锡太湖、杭州西湖、新安江水库（千岛湖）、武汉东湖、肇庆星湖、九寨沟湖群、天山天池、松花湖、净月潭、蜀岗瘦西湖、红枫湖、滇池、福建金湖、青海湖。其中杭州西湖、九寨沟、五大连池被列为"全国旅游四十佳"。此外，一些著名水库也归在名湖之列。

（一）九寨沟"海子"

九寨沟以雪山、森林、湖泊、瀑布四大景观赢得了"人间仙境"、"童话世界"之誉。其中尤以湖泊最享盛名，被称之为"天下第一水"。有"九寨归来不看水"之说。

1. 概况

九寨沟从海拔1800米的沟口到海拔3000米左右的沟顶，阶梯状的分布着100多个美妙绝伦的湖泊，当地人称之为"海子"。在号称108个海子中，小者数平方米，最大者长达七公里。与普通的湖泊不同，九寨沟的湖水含有大量的碳酸钙质，湖底、湖堤均系乳白色的碳酸钙形成的结晶体。来自雪山屈从森林流泉的湖水异常洁净，再加之梯湖的层层过滤，其水色清澈如镜，蓝碧晶莹。湖泊能见度达一二十米深。湖中水藻繁生，湖底色彩斑斓的沉积石在阳光照射下，呈现出蓝、黄、橙、绿等色彩，绚丽夺目。湛蓝的天空，银白的雪峰，翠绿的森林，一齐倒映湖水之中，美丽如画。

2. 成因

九寨沟的海子多属于堰塞湖，也有少数属于冰川剥蚀湖等。形成九寨沟堰塞湖的原因有两种：一是由流水中存在的大量碳酸钙质结成堤埂阻塞山谷流水而形成的；另一是大地震引起的山崩堵塞山谷，地下水和天然水蓄积堤内而形成的。大约在第四纪的早更新世初期，川西北地区是一片宽浅的湖泊。到了中更新世时，随着喜马拉雅造山运动，上述地区的地壳上升，大多数湖泊消失了，只有少数断陷湖泊留存下来。到了晚更新世时期，由于地壳不够稳定，地面冰期和间冰期交替出现，水中的碳酸钙质没有结成钙质堤埂的条件。直到距今一万二千多年前的全新世，世界性气候变暖，地壳比较稳定，流水中的碳酸钙质才有可能凝结成堤埂。这种堤埂的形成是一个漫长的过程。当流水遇到障碍物时，碳酸钙就沉积下来，日积月累，钙质堤埂越来越高，越来越坚固；流水蓄积堤内，从而形成众多的湖泊。九寨沟的这类堰塞湖，以树正群海最具代表性。树正群海，集中着40多个大小海子，大的数平方公里，小的半米见方，首尾相连，逶迤10多里。其中的卧龙湖，又称藏龙湖，湖心有一条乳黄色的碳酸钙质堤埂，好象长龙横卧湖底。掠过湖面的山风漾起粼粼碧波，那长龙摇头摆尾，呼之欲出。在许多钙质堤埂上，苔草和杂树丛生，流水穿行其中舞动着杂树长长的红色根须。

因第二种原因形成的堰塞湖，数量不多。九寨沟一带位于"川东地震带"，由于地震引起的山崩堵塞山谷；山地流水和地下水蓄积堤内，从而形成湖泊。在长海和五花海的堤埂附近，可以看到地震造成的巨大堆积物和流石滩，这两个湖泊都没有任何出水口。

3. 美学价值

九寨沟是大自然的杰作。山青葱妩媚，水澄清缤纷；山偎水，水绕山，树在水边长，水在林中流，山水相映，林水相亲，景色秀美，环境清新，集色美、形美、声美于一体的综合美、原始美的和谐统一，是人类风景美学法则的最高境界。

形象具有综合美　九寨沟四周峰簇峥嵘、雪峰高耸，在青山环抱的"Y"字形山沟内，分布着114个梯级湖泊，由许多湍流、滩流和瀑布群相联，珠联玉串，逶迤50余千米，湖水清澈艳丽，飞瀑多姿多采，急湍汹涌澎湃，林木青葱婆婆，雪峰洁白晶莹，蓝色的天空，明媚的阳光，清新的空气和点缀其间的古老原始的村寨、栈桥、磨房，组成了一个内涵丰富和谐统一的美的环境，体现了高度的综合美。

山水相依，湖瀑孪生，水树交融，动静有致：九寨沟山青水秀，湖、瀑一体，山、林、云、天倒映水中，更添水中景色。水色使山林更加青葱，山林使水色更加姣妍。梯湖水从树丛中层层跌落，形成林中瀑布，湖下有瀑，瀑泻入湖，湖瀑孪生，层层叠叠，相衔相依。宁静翠蓝的湖泊和洁白飞泻的瀑布构成了静中有动，动中有静，动静结合，蓝白相间的奇景。树在水边长，水在林中流，水树交融的特殊的生态环境，构成具有高度美学价值的书画，使九寨沟增添了无限生机。

九寨沟景点排列有序，高低错落，抑扬顿挫，转接自然，如诗如画，更增添了综合美感。九寨沟数十平方千米游览区内，景点之多，景观之美，观光内容之丰富，实属罕见。

色彩美铸就灵魂　九寨沟的色彩，五彩缤纷、变幻无穷。由于湖泊紧傍森林，水质清丽晶莹，天光、云影、雪峰、彩林倒映湖中，镜像清晰，倒影和湖水融合，使湖水更加艳丽，随朝夕变化和春夏秋冬，阴晴雨雪之变化，湖水也随之变成黛绿、深蓝、翠蓝等多种颜色。更为奇特的是，五花湖底的钙华沉积和各种色泽艳丽的藻类，以及沉水植物的分布差异，一湖之中分成许多色块，宝蓝、翠绿、橙黄、浅红，似无数宝石镶嵌成的巨形佩饰，珠光宝气，雍容华贵。当金秋来临时，湖畔五彩缤纷的彩林倒映湖中，与湖底色彩混交成一个异彩纷呈的彩色世界。其色彩之丰富，超出了画家的想象力。黄昏时分，火红的晚霞，映入水中，湖水似团团火焰，金星飞进，彩波粼粼，绮丽无比。

莽莽林海，随季节变化，呈现出瑰丽色彩。初春山山丛林，红、黄、紫、白各色杜鹃点缀其间，其后，山桃花、野梨花相继吐艳，夹杂着嫩绿的树木新叶，整个林海繁花似锦。盛夏是绿色的海洋，新绿、翠绿、浓绿、黛绿，绿得那样青翠，显出旺盛的生命力。深秋，深橙色的黄栌，浅黄色的椴叶，绛红色的枫叶，殷红色的野果，深浅相间，错落有致，万山红遍，层林尽染，似一幅独具匠心的巨幅油画。在暖色调的衬托下，湖水更蓝。蓝天、白云、雪峰、彩林倒映于湖中，呈现出光怪陆离的水景。入冬，白雪皑皑，冰瀑、冰幔晶莹洁白；莽莽林海，似玉树琼花。银装素裹的九寨沟显得洁白、高雅，像置于白色瓷盘中的蓝宝石，更加璀璨。

形态美是主体　九寨沟的景观，类多景异，湖、瀑、滩、泉，一应俱全，异彩纷呈。湖有孤处，有群置，或浩荡，或娟秀，有以倒影取胜，有以色彩称雄；瀑宽者300余米，高者近80米，气势恢宏的，有如银河天落；轻柔飘逸的，有如天女散花；滩，有的如盆景列表，有的如珍珠飞溅；条条激流，股股飞泉，层层烟雾，阵阵涛声，不绝于耳。九寨沟集水形、水色、水姿、水声于一体，收尽天下水景之美态。

九寨沟的奇山异水，立体交叉，多维渗透，融色美、形美、声美于一体，构成了一幅多层次、多方位的天然画卷。徜徉九寨沟，使人在视觉、听觉、感觉协调一体的幻意中，陶醉在最高的美的享受里。

（二）黄龙寺梯湖

黄龙寺风景区与九寨沟风景区被并称为"川北的两颗明珠"。黄龙寺位于四川松潘县东北，在岷山山脉主峰雪宝鼎山麓，为涪江发源之地。

黄龙寺景区长约7.5km，宽1km左右，它以我国罕见的岩溶地貌和奇、秀、幽的景观特色蜚声中外。整个山谷几乎全被乳黄色的碳酸钙质覆盖、充填，其状宛若一条从雪山上飞腾而下的黄龙；蜿蜒于茂林翠谷之中。千层碧水形成层层叠叠的梯状湖泊、池沼，漫流其上，犹如巨龙身上银光闪闪的鳞甲。

黄龙寺内的五彩池计有3400多个。大者亩余，小者仅 $1\sim2m^2$。《松潘县志》载："五彩池……所望如明镜，澄净无尘，各有坡堤迂回如砌，大抵成自天然，不假人力。池之形有似钟鼎瓶壶者，有似蕉叶莲湖菱角者。水色则荡红漾绿泼墨拖黄，甚或似蓝非蓝，似白非白，五色纷陈……"不同于别处的大湖大泽,黄龙寺的梯湖是"袖珍海子"、"珠儿池"。每个池子从底到埂,都由乳黄色的石灰华构成,如璞玉,似牙雕,像玉盘,其状千姿百态。池水澄清无尘,水色则因沉积物不同、人站的位置不同而呈现出不同的颜色。远深近浅,浓淡分层,池与池间,虽堤岸联接,活水同源,但泾渭分明,水色各异。正如古诗所云:"曲沼芳池宛转通,灵泉疏鉴仗神功,同是一样源头水,五色分流各不同。

　　黄龙沟整个属喀斯特地形。在第四纪晚更新时期,它发育于玉翠峰,是古代冰川运动剥蚀而成的冰川谷。数千年来,雪宝鼎、玉翠山及四周高山之上的冰雪融水为地表水渗入地面,在松散的石灰岩类块石崖下部形成浅层潜流。潜流在流向下游过程中,溶入了大量的碳酸钙物,浸出地面后形成无数小溪散流而下。经若干年的沉淀凝聚,碳酸钙灰华淀积物形成了梯堤.拦截沟内碧水,构成数千彩池。黄龙寺整个沟床中,杉、柳、松、柏、桦及许多杂木丛生,根茎交错,盘结于地表。千百年来,流水从树丛根茎间穿流而下,水中所含的碳酸钙不断析出,附着在根茎之上,日积月累,也形成了坚固的碳酸钙围堤。围堤因树根与地势以及杂物所阻,变形为形状不同的小型湖泊,称为"梯湖"、"梯池",地质学上称为"灰华田"。碳酸钙灰华淀积物本应为银白色,但在流动过程中,因夹杂其他矿物质而使颜色发生变化——若掺杂了黄泥,则变成乳黄色;若带有铁质,则成褐红色;若带银或二价铁,其色深蓝;若夹带多种杂质或腐殖土,则为黑色,等等。由于池堤颜色、水的深浅、水底沉积物和周围树木、山色的千变万化,池水就呈现黄、白、褐、灰、绿、粉绿、浅蓝、蔚蓝以及似蓝非蓝、似白非白等诸种难以描述的颜色。人们将这些艳如彩锦的梯湖通称为"五彩池"。

　　(三)西湖

　　明珠似的西湖,因位于杭州城区之西而得名。西湖三面环山,银波万顷,兼有山水之胜,林壑之美,可谓天生丽质、秀甲天下。

　　西湖是大自然海陆变迁的产物:在距今5000多年前,这里还只是一个马蹄形的海湾,湾口南、北有吴山和空石山两个岬角,在沿海潮流的作用下,长江和钱塘江带来的大星泥沙在湾口沉积下来,堆成一条沙堤,常年累月,沙堤不断堆高,把海湾和大海分割开来,形成一个潟湖。后来潟湖不断接纳降水与河水、地下水,湖水慢慢由咸变淡,这就是今日西湖的来历。据有人推测,大约在2000多年前的西汉时代,西湖才完全形成。

　　(四)太湖

　　太湖,烟波浩瀚,是我国著名的第三大淡水湖泊。它哺育着美丽而又富庶的江南地区,孕育了中华文明源头之一的吴越文化。

　　锦绣太湖,在我国五大淡水湖中,面积虽然排行第三,但它景色之秀美,胜边之富集,周围名城之繁多,却是其他几大淡水湖所望尘莫及的。太湖水面烟波浩渺、金波粼粼,白帆点点,湖光山色,十分绚丽。太湖48岛,岛岛秀丽,它们有的像黑绿色的青螺,有的似昂首的骏马,有的像浮水的竹签,有的像比翼的双鸟,与一碧万顷的太湖一起构成了一幅山外有湖,湖中有山,错落有致,层层叠叠的壮丽天然画卷。

　　关于太湖是怎样形成的,迄今尚无定论。专家们对太湖的形成有着不同的认识和争议。主要有构造成湖论、潟湖成因说、陨石冲击坑说等等。

　　构造成湖论认为,太湖平原原是一个大的海湾,以后不断为水和沉积物所填充,演化成现在的湖泊。

　　潟湖成因说认为,太湖平原原是一个大的海湾,在全新世高海面时,曾受到广泛的海侵,以后随海水退却形成封闭的湖泊。

陨石冲击坑说认为，距今5000万年前，一颗巨大的陨石从北东侧方向撞击地面，造成相当于1000万颗广岛原子弹爆炸的巨大冲击，留下了2300多 km² 的陨石坑，即现在的太湖。

中国科学院南京地理研究所的专家认为，太湖的底部及整个太湖平原湖泊底部，全部是黄土层硬底，湖水直接覆盖在黄土之上，未发现海相化石及海相沉积物，相反，却发现大量的古代人类生活的文化遗址，因而太湖不属于构造成因的湖泊。同时据南京地理研究所研究，太湖平原除东部上海地区和南部嘉兴以南地区曾受到过全新世海侵外，整个中部广大湖荡平原区并未受到海水侵袭，因此也就不存在泻湖成因问题。关于陨石冲击坑说，南京地理研究所的专家认为如果湖泊是陨石冲击而成，湖底多少要保存有撞击坑的痕迹，然而太湖湖底却十分平坦，而且湖中尚分布有51个岛屿，在平坦的湖底上，至今尚保存有完好的河道，自西向东穿过。因此，认为太湖的最后形成主要归结为两方面的原因：一是气候变化引起的洪涝灾害；二是泥沙淤积、人类围垦，引起河道宣泄不畅。太湖是在原河道基础上，因洪泛而扩展成湖，与长江中下游其他湖泊基本类同，如洪泽湖、鄱阳湖等。

（五）镜泊湖

镜泊湖湖如其名，一泓碧波，平静清澈，明净似镜，环湖山峦千姿百态，林木葱笼。

大约在距今一万多年前的第四纪更新世中晚期，这里附近发生火山活动，大量的玄武岩熔岩喷溢而出，熔岩流从西向东流至现在的瀑布附近，把牡丹江拦腰截住，就形成了这个高山堰塞湖。熔岩冷凝破裂，湖水便沿着断裂倾泻面下成为吊水楼瀑布。这个湖所在的牡丹江河段为早期的地堑谷，断裂作用所残留于谷中的一部分原地面，就构成今日湖中的岛屿。由于这些岛屿构造不一，景色各异，显得恬静明丽，妩媚动人。

（六）洞庭湖

洞庭天下水。洞庭湖是我国第二大淡水湖，它衔远山，吞长江，浩浩荡荡，横无际涯，朝晖夕阴，气象万千，素以宏伟、富饶、美丽著称于世。

洞庭湖是一构造断陷湖，大约二亿五千万年以前，洞庭湖区与湖北的江汉平原，同为雪峰山脉的陷落部分，称作"断陷湖盆"。由于这一带地势低洼，长江以及湘、资、沅、澧四水从上游流至此处后，河道迂回曲折，泥沙不断沉积，以至江水四溢，逐渐形成巨大的湖泊。

第九章　海岛、海岸风景地貌

我国海岸线曲折绵长，岸外岛屿众多，海岛类型与日俱增，海岸地貌类型齐全，海岸带南北纵跨三个气候带，自然风光各异，拥有许多旅游价值很高的风景区。

第一节　海成地貌

海成地貌指海岸地带受风浪、沿岸海流、潮汐和生物作用，在地壳构造运动、岩性以及入海河流等的影响下所形成的地貌，包括海蚀地貌和海积地貌。海成地貌不仅供人观光游览，更重要的能为游人提供三 S 旅游环境（阳光 Sun、海洋 Sea、沙滩 Sand）。典型的如地中海沿岸的黄金海岸、中国的北戴河等。

一、海蚀作用与海蚀地貌

（一）海蚀作用

1. 波浪冲击和空气压缩作用

波浪和流以及它们挟带沙砾岩块撞击、冲刷、研磨破坏海岸的作用称海蚀作用。海蚀作用有三种形式：冲蚀、磨蚀和溶蚀。冲蚀作用指波浪浪流对海岸的撞击、冲刷作用。如果海岸斜坡坡度和水深都很大，波浪到达海岸时波能消耗很少，全部波能用于冲击海岸，基岩岸壁上承受到强大的压力。波浪打击岩壁的压力（P_1）与波峰跌落的打击力（P_2），据舒列金分别为：

$$P_1 = 0.15H + 2.42H/L（P 单位：t/m^2）$$
$$P_2 = 3H(1 + H/L)（P 单位：t/m^2）$$

式中：H 为波高，L 为波长。

波浪在冲击岩壁时，基岩裂隙中空气受到压缩，对围岩产生巨大压力，海浪后退后，受压缩的空气又突然膨胀，这样连续的缩胀骤然变化，使岩石崩解、破坏。

如波长 50m，波高 6m 的波浪，产生的打击力达 19.1t/m²。波浪冲蚀作用在裂隙、节理丰富的基岩海岸处效果较显著。受冲蚀产生的破碎岩块被回流带走，海岸因此受蚀后退。

2. 磨蚀作用

磨蚀作用指激浪流挟带岩屑和沙砾对基岩的撞击、凿蚀和研磨作用，它加大了海蚀的速度。

3. 溶蚀作用

溶蚀作用指海水对岩石的溶解作用，除了碳酸盐等岩石易于溶解外，其他如玄武岩、正长岩、角闪石及黑曜石等岩石矿物，在海水中的溶解速度比在淡水中快几倍到十几倍。

（二）海蚀地貌（图 9-1）。

1. 海蚀穴（洞）

海崖的坡脚处,经常遭受波浪水流的冲磨而形成的凹坑或凹槽,一般宽度大于深度者称海蚀穴,深度大于宽度者称海蚀洞。它常沿多节理或抗蚀力较弱的部位沿岸断续分布。海蚀穴在我国海滩上广泛分布,如浙江普陀山的潮音洞、梵音洞、落伽洞等。位于北部湾涠洲岛猪仔岭东北的一个海蚀洞,深达 23m,宽达 20 余 m,高 5m,洞内景色奇特。

图 9 – 1 岩石海岸和海蚀地貌

2. 海蚀崖

海蚀穴在波浪冲蚀下不断扩大,当其上方的岩石悬空时,发生崩塌,形成海蚀崖,海岸因此而后退。海蚀崖的形态受岩性和岩层产状的影响很大,柱状节理发育的海蚀崖呈陡立状,向海倾斜的岩层常形成倾斜海崖,向陆倾斜的岩层也可以形成陡崖并能较好地保存。

我国北起大连,南至海南岛鹿回头和广西涠洲岛等,均有海蚀崖发育。其高度从数 m 至数十 m 不等到。由于组成崖体的岩石性质不同,形成的海蚀崖也各具风姿。

3. 海蚀拱桥

突出在海中岬角的两侧,发育相向的海蚀洞,经长期侵蚀最后相互贯通,形成海蚀拱桥。我国海蚀拱桥有多处,北戴河的南天门即是海蚀拱桥。

4. 海蚀柱

海崖受蚀后退,较坚硬的蚀余岩体残留在海蚀平台上,形成突出的石柱或孤峰,称为海蚀柱。海蚀拱桥进一步受蚀,拱桥顶发生崩塌,残存的桥墩也成为海蚀柱。

海蚀柱在我国沿海常可见到,如大连的黑石礁、北戴河的鹰角石、山东烟墩及青岛石老人等。较大的海蚀柱可高达 16 ~ 18m。

5. 海蚀平台

沿岸向海微倾的平坦台地,它的后缘贴近高潮面,前缘位于低潮面以下。由于岩性和构造的影响,平台上可出现一些浪蚀沟和瓯穴以及溶蚀洼地,并披盖一些沙砾。海蚀平台的形成和发育要求岩石抗蚀强度和海蚀强度之间保持一定的平衡。岩石抗蚀力过强或过弱均不利于它的充分发育。有关海蚀平台的成因有不少解释,约翰逊(Johnson, 1919)认为海蚀平台是海蚀崖不断后退的结果(图 9 – 2)。巴特勒姆(Bartrum, 1962)认为是潮间带频繁交替的干湿风化作用和海浪将风化物质搬走而使海岸后退的结果(图 9 – 3)。帕拉特(Pratt, 1968)认为海蚀平台可分为高潮台地、潮间带台地和低潮台地三类(图 9 – 4)。高潮台地主要由干湿风化作用与海浪的搬运作用形成，潮间带台地是波浪磨蚀作用的结果；高潮台地的前缘如不断受波浪磨蚀亦可向潮间带台地演化。低潮台地是灰岩地区的溶蚀作用所致。

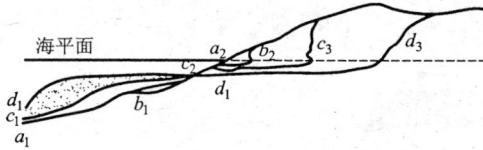

图 9-2 海崖海岸纵剖面的发育过程
（根据 Johnson,1919）

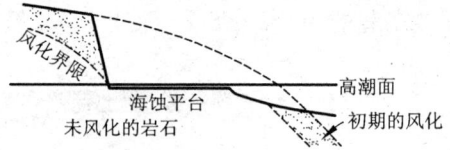

图 9-3 海蚀平台的形成
（根据 Bartrum,1962）

海蚀平台形成后，若因陆地上升或海面下降而高出海面，就变成海蚀阶地；若陆地下沉或海面上升，则沉入水中成为水下阶地。

我国海蚀平台发育广泛，如辽东半岛的基岩海滩上，有数十米高海蚀崖，其下有宽达一二百米的海蚀平台，平台之上，遍布黑石礁、海蚀柱、海蚀沟等。山东半岛庙岛列岛一带，有宽达 150 多米的海蚀平台，其上有海蚀柱，五彩砾石遍布在岩滩平台之上。浙江普陀山，也有许多海蚀平台发育，如白云洞附近的海蚀平台，景色奇秀。广西北海市冠头岭海滨胜地，其南海蚀崖下的海蚀平台，宽达 80m。

大连市东部的满家滩、凉水湾一带，是由石灰岩组成的海岸。该地石灰岩海岸由于海蚀的作用，形成造型美妙的海蚀柱、海蚀洞、海蚀拱桥、海蚀平台、海蚀壁龛等景观。这些大自然的杰作，可谓巧夺天工。

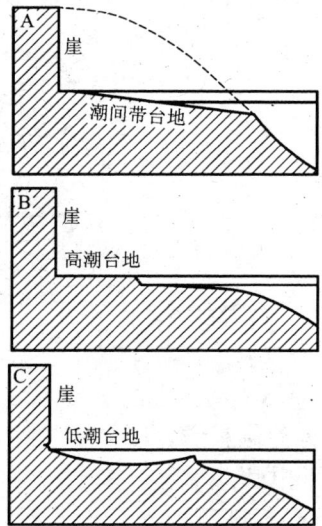

图 9-4 海蚀平台的类型

我国大致在杭州湾以南的浙、闽、粤、桂以及北方两大半岛——山东半岛和辽东半岛大部海岸，主要是由岩石构成的山地丘陵海岸，也称岩岸。这种山地丘陵海滨，往往有神奇的山岭背景，神秘的岩崖洞穴，宽敞的海滩，柔软的沙滩，和煦充足的阳光和其它自然景物组合成的综合景观。那些海蚀崖壁、岩滩、海蚀穴、海拱石、海蚀柱等地貌景观，气势雄伟地屹立在大海之滨，显示了基岩海岸独特的奇异风光，具有较高的观赏价值。

二、海积地貌

海岸带的泥沙在波浪水流作用下，发生横向和纵向运动，泥沙运动受阻或波浪水流动力减弱时，会产生堆积，形成各种海积地貌（图 9-5）。

（一）泥沙横向运动形成的堆积地貌

泥沙横向运动形成的堆积地貌除海滩外（在下一节专述），还有许多次一级的地貌。

沿岸堤（滩脊）：由海滩发育而成的平行海岸的垄岗状堆积体，也称滩脊，是在开阔的岸段，激浪流在高潮水位线的堆积。沿岸堤可有数条，平行分布或相互叠置形成波状水上阶地。有宽阔的自由空间，泥沙供应丰富的岸段，沿岸堤发育较高大、较快。

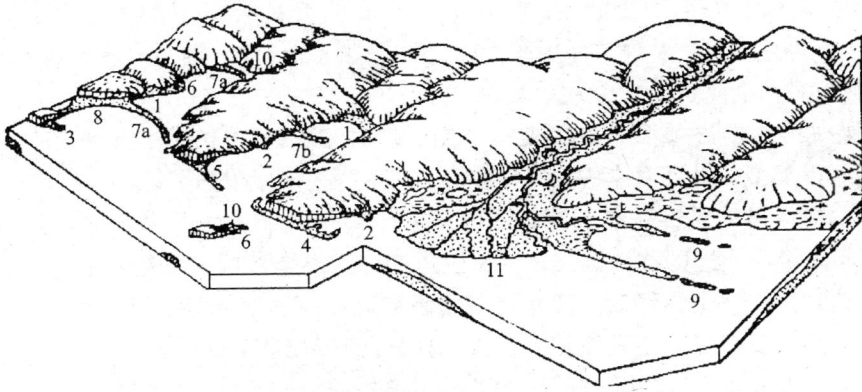

图 9 – 5　海岸堆积地貌图示

1—海滩　2—三角滩　3—沙嘴　4—翼状沙嘴　5—箭状沙嘴　6—环状沙坝

7—拦湾坝(7a 湾口坝 7b 湾中坝 7c 湾内坝)　8—连岛坝　9—离岸堤　10—潟湖　11—三角洲　12—泥滩

滩角：在潮差较小，波浪直射海岸的海滩水上部分，由一系列平行的、向海突出的三角形小沙脊和脊间的小湾组成的锯齿状堆积体系称滩角。沙脊呈舌尖或角状，由粗粒物质组成，脊间弓形小湾由细粒物质组成。脊的长度几米至几十米，高度几厘米至 1 米多。在同一海滩上，滩角的距离基本相等，故滩角也称为韵律地形。

水下沙坝：在破浪带内的水下沙脊堆积体，其走向与海岸近于平行，这种堆积地貌称水下沙坝。水下沙坝可有多条，其位置与波浪发生局部破碎处相当。水下沙坝在无潮或潮差小海岸发育最好，其发育与演变和暴风浪作用有密切关系。当暴风浪向岸传播过程中，在破波点附近常出现向海回流，在破浪处产生向岸向海水体与泥沙的相向运动，泥沙堆积在交汇点，从而形成沙坝。水下沙坝的向岸侧常发育凹槽，是波浪(尤其是卷波)破碎时侵蚀而成的。当水下岸坡坡度为 10‰～30‰时最有利于水下沙坝的发育。

(二)泥沙纵向运动形成的地貌

湾顶滩(凹岸填充)：泥沙在凹岸的堆积，形成海湾顶部的海滩，称湾顶滩。在海岸带建造坝或连岸防波堤，也会在迎泥沙流来向一侧引起类似上述的堆积。

沙嘴和拦湾坝：泥沙在凸岸处发生堆积，形成向海伸出的沙。其延伸方向与上游岸线走向一致或沿与新岸线等深线平行方向伸展。沙嘴若发生在湾口，则可以发展成为拦湾坝。

连岛坝：当岸外存在岛屿时，受岛屿遮蔽的岸段形成波影区，外海波浪遇到岛屿时发生折射或绕射，进入波影区后因波能减弱，泥沙流容量降低，沿岸移动的部分泥沙在岸边堆积下来形成向岛屿伸出去的沙嘴。与此同时，在岛屿的向陆侧也会发育沙嘴，由岛向陆延伸。当两个方向发育的沙嘴相连接时就形成连岛坝。我国著名的连岛坝有山东半岛北岸连接芝罘岛的连岛坝(图 9 – 6)。海南

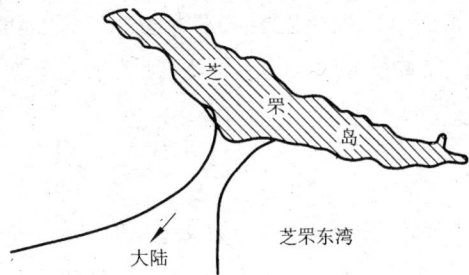

图 9 – 6　山东半岛北岸连接芝罘岛的连岛坝

岛三亚市的鹿回头连岛坝。

辽宁大笔架山与海岸之间的"天桥"。它是沙石贝壳随海流运动天然形成的沙堤。长2km、宽30m。每逢潮落,天桥大部袒露水面;潮涨则隐没海中,笔架山遂成孤岛。

（三）泥沙横向和纵向运动形成的地貌

沙坝(堡岛)与潟湖　堡岛-潟湖是一种组合地貌体系,是泥沙横向和纵向运动共同形成的一种大型海岸类型。世界海岸中堡岛-潟湖体系的海岸约占13%。

当泥沙的横向运动形成的水下沙坝不断加积或海平面下降,露出水面后就成为海岸沙坝,如果其与海岸不相连则称为离岸堤,长度短的称为离岸岛或岛状坝。有些大型的海岸沙坝可与岸相连。离岸堤也称堡岛。离岸堤可由激浪流加高达数米高,堤顶受风吹扬,常形成规模不同的沙丘。离岸堤大小尺度相差很大,宽度自10m到1000m不等,长几公里至几十公里,最长的如墨西哥湾的离岸堤,长达1800km。离岸堤与陆地之间的较封闭或半封闭水体称潟湖,常有潮汐通道与外海相通(图9-7)。海岸沙坝的另一个成因是它也可以由泥沙的纵向运动形成,如沙嘴可发育成沙坝。世界上大多数海岸沙坝-潟湖海岸的形成与大洋海面上升有关,随着海面上升,波浪对水下斜坡侵蚀并将物质带到岸边堆积而形成海岸沙坝。此外,由于海面上升或陆地下沉,也可使原来的沿岸堤与大陆分离而成为离岸堤。

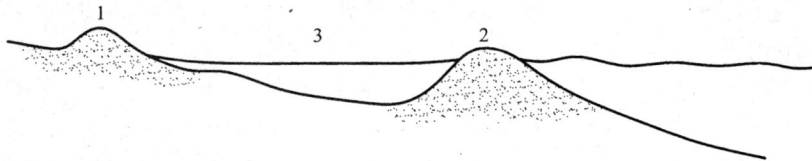

图9-7　堡岛与潟湖
1—海岸沙堤;2—离岸沙堤;3—潟湖

潟湖由于位于波影区内,水体宁静,沉积物细,因而潟湖沿岸常发育泥滩,泥滩上可生长植物。如有小河从陆地注入潟湖,也可带来一些陆源沙体堆积。

在一般情况下,沙坝(堡岛)—潟湖常形成在中潮差和小潮差的海岸。沿岸漂流或泥沙来源比较丰富,为沙坝塑造提供物质基础;沿海平原与陆架相毗连的坡度都比较平缓。

沙坝(堡岛)-潟湖体系由沙坝(堡岛)、潟湖、潮汐通道(Tidal Inlet)和潮成三角洲(Tidal deltas)它包括涨潮三角洲及落潮三角洲等主要地貌单元组成(图9-8)。

从滦河口到曹妃甸的浅海中,断续分布着一系列与海岸平行的沙坝。这些离岸坝除了特大高潮外,沙坝始终裸露出海面。沙坝长度多为2~4km,高度常在1.2~2.2m,宽度以50~100m者居多。

第二节　海岸

世界海岸线长达44万km,我国仅大陆岸线就超过1.8万km。海岸带虽然范围狭窄,却是人类活动最频繁、经济最繁荣的地带,其中不乏观光与休闲地。

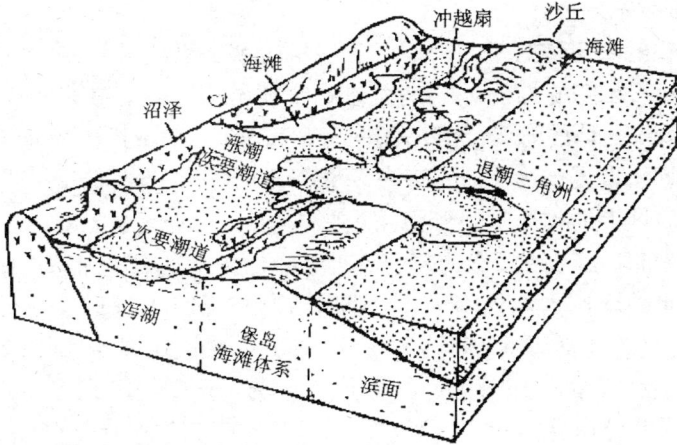

图9-8 堡岛-潟湖体系的主要地貌单元示意图（根据 Reinson）

一、海岸概念

人们一提起海岸，便会想到悬崖、沙滩，想到白沫飞溅、惊涛拍岸，想到一轮赤红的太阳从靛蓝的海面升起的壮观景象。海岸是临接海水的陆地部分。进一步说，海岸是海岸线上边很狭窄的那一带陆地。

海岸是把陆地与海洋分开同时又把陆地与海洋连接起来的海陆之间最亮丽的一道风景线。海岸形成于遥远的地质时代，当地球形成，海洋出现，海岸也就诞生了。蜿蜒曲折的海岸线经历了漫长的沧桑变化，才形成今天的模样。

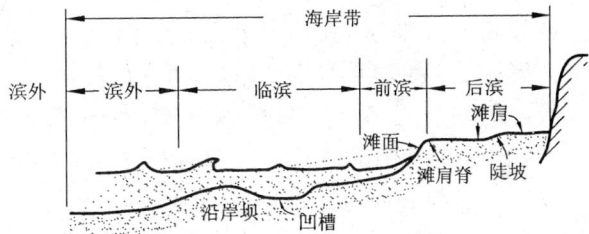

图9-9 海岸带分带（根据 Komar，1976）

海岸线是海水面与陆地的交线，由于潮汐作用海岸线随海面波动而变动。海岸带包括海岸线两侧的陆上和水下两部份。一般，海岸带自海向陆可分为：①滨外，自波浪传入浅海开始变形处的海底到波浪破碎带的前沿，又称水下岸坡下部，水深相对较深；②临滨（近滨），自波浪破碎带至低潮而，又称水下岸坡上部，水深较浅；③前滨，低潮面至高潮时波浪上冲流到达处，受潮位影响，相当于潮间带；④后滨，前滨后缘高潮面之上的陆上沿岸地带．相当于潮上带（图9-9）。

海岸地貌是由波浪、潮汐、近岸流等海洋水动力作用所形成的独特的地貌，它通常分布在平均海平面上下10~20m，宽度在数千米至数十千米的地带内。海岸地貌形态千姿百态。

二、海岸类型

海岸类型多种多样。根据海岸动态可分为堆积海岸和侵蚀性海岸，根据地质构造划分为上升海岸和下降海岸；根据海岸组成物质的性质，可把海岸分为基岩海岸、砂砾质海岸、淤泥质海岸、红树林海岸和珊瑚礁海岸。

（一）雄伟壮丽的基岩海岸

由坚硬岩石组成的海岸称为基岩海岸。它轮廓分明，线条强劲，气势磅薄，不仅具有阳刚之美，而且具有变幻无究的神韵。它是海岸的主要类型之一。基岩海岸常有突出的海岬，在海岬之间，形成深入陆地的海湾。岬湾相间，绵延不绝，海岸线十分曲折。

基岩海岸一般岬角以侵蚀为主，海湾内以堆积为主。由于波浪和海流的作用，岬角出侵蚀下来的物质和海底坡上的物质被带到海湾内来堆积。

我国基岩海岸分布广泛，主要分布在辽东半岛、山东半岛和杭州湾以南的浙、闽、粤、桂等省沿岸。基岩海岸的岸外，水深浪激，岸线曲折迂回，形成基岩海岸特有的风貌，同时，还形成水深、港阔、少淤的优良海港，我国14个沿海开放城市中，其中有7个座落在基岩海岸，如大连、秦皇岛、烟台、青岛、连云港、宁汉和北海等。

我国基岩海岸大部分由花岗岩组成，它们形成于距今2亿至0.8亿年前。花岗岩质地坚硬、山势雄伟，呈淡红色，在碧海翠林的掩映下，色彩鲜明，岩石中裂隙、解理发育，形成陡峻的岩壁和奇峰错列的海岸山脉，如青岛的崂山和浙江的普陀山，山奇海阔、登上崂山和普陀山，既能观赏到远近山色、变幻无穷，又能眺望烟波浩渺的大海，眼前呈现出"郡邑浮前浦、波浪动远空"的壮丽景象。

我国沿海除花岗岩外，还有变质岩和火山岩构成的海岸，大连、烟台和连云港沿岸由变质岩组成，变质岩为片麻岩、片岩、千枚岩和大理岩等，它们片理发育，使山势峻峭，有如刀切剑劈，变质岩种类繁多，岩性各异，致使山峰形态千变万化，置身于变质岩组成的群山中，有四周峰欲拔、山欲耸、谷欲坠之感，山中植被浓密，飘青流翠，山下碧海无际，点点风帆，景色如诗如画。浙江沿海和舟山群岛多数由火山岩组成，这一脉火山岩通过舟山群岛向北方向延伸入海，直达朝鲜半岛，火山岩主要由安山岩、流纹岩、凝灰岩和熔灰岩等组成，火山岩一般为淡红色和杂色，山势浑圆，起伏有致，极目望去，山峦层叠，石涌波涛。

此外，湛江和佛山沿岸有火山口和黑色火山喷发岩——玄武岩组成的海岸，比较奇特，形成不少风景名胜。台湾东海岸由断层形成，海岸线平直，岸壁陡峭直插深海，异常壮观。

基岩海岸往往巨石突兀，激浪拍岸，形成绮丽海景，极富观赏价值。如海南岛三亚"海角天涯"胜景。在海岸后退过程中，海蚀崖现象十分普遍。有的海蚀崖上常留有海蚀穴，如浙江普陀山的潮音洞、梵音洞。有些岬角上的海蚀穴被海浪凿通而形成海蚀拱桥。岬角崩解后留下的岩石，成为海蚀柱，如海南的南天一柱、青岛的石老人。

台湾台北县万里乡的野柳村，位于由基岩构成的半岛上。该半岛突入海洋约2km，多奇岩怪石，其中最著名的奇石为"女王头"。

汕头市的岬角海崖形成许多和山地分离开来的石柱，犹如云南路南彝族自治县内的石林，故被称为"海角石林"。石柱拔地而起，上粗下细，成群矗立，有的如群兽顾盼，有的像顽童蹬技，有的似妻盼郎归，每当潮满海角，浪击石林，其景色蔚为壮观。

岩性和构造对海岸的影响

岩性影响波浪对海岸的侵蚀速度以及由此产生的碎屑物质的多寡。坚硬而少裂缝的岩石遭受磨蚀程度最轻，常呈现为突出的岬角，海蚀平台一般很少发育。岩性强度中等的沉积岩，海蚀崖外常发育海蚀平台，平台外和岸边有疏松沉积物堆积。由结构疏松的岩层组成的海岸，岸坡缓斜，海蚀崖不发育，岸外有疏松沉积物堆积，如松软岩层两侧为坚硬岩层组成的海岸，则由于海岸蚀退相应较快，便形成向陆内凹的港湾。

　　地质构造的性质和构造线延伸的方向与海岸的形态和性质关系极大，是海岸分类的重要依据。根据地质构造方向，可把海岸分为纵向海岸，横向海岸和斜向海岸。纵向海岸岸线方向与构造线方向大致一致，岸线平直，少港湾和半岛，如断层面走向与岸线一致的断层海岸即属于此类。横向海岸岸线方向与构造线方向近于垂直，特别当不同岩性频繁交替时、岸线呈曲折的锯齿状，多岬角、港湾，如里亚斯型海岸。里亚斯型港湾原是沿较软弱岩层地带被河流塑造的河谷，后在海水浸进后才成为港湾；附近的岬角和半岛原是河谷两侧由较坚硬的岩层所组成的。介于上述两者之间的斜向海岸，常发育成不对称的雁行状的曲折岸线。

　　（二）形形色色的堆积海岸

　　堆积海岸是在沉积物供给虽大于被移运量的情况下形成和发展的。许多堆积海岸的沉积物主要由河流所携带的大量入海碎屑物质，其它来源有海崖被蚀物质，冰川沉积物和陆架上古代残遗堆积物。热带海洋生物的遗体也可成为某些海滩的组成物质。

　　海滩沉积物具有不同的粒径，大到巨大的砾石、小到极细的淤泥。它们在水体中的运动和沉降方式是不同的。大于 2mm 的砾石沉降速度快速，砾石的形状与密度具有重要意义。形状偏离球体的颗粒，其沉降速度要比球体小，偏离球体程度愈大，沉降速度愈小。砾石的运动方式通常是滚动和滑动。粒径小于 0.2mm 的颗粒，在紊流作用下，可长时间悬浮在水体中，随水流作长距离的运移．但一旦沉降到水底，由于它的起动流速较大，较小的流速不易使之移动。介于砾石和泥质物之间的砂质物，其沉降速度较泥质物大，但其起动流速小，流速不大的水流亦能使其移动，其主要的运动方式是跃移。

　　沉积物粒径的大小与海滩的坡度有密切的关系。滩面的坡度是向上冲流和回流之间的动力平衡所决定的。这首先与海滩的渗透率有关，而渗透率取决于沉积物的粒径，并随粒径的大小而增减。渗透率越大，则回流因上冲流水体渗漏加大而减弱，回流的能量小于上冲流的能量，沉积物颗粒向滩上运移，海滩坡度相应变陡。因此组成海滩沉积物的粒径越大，其坡度越陡。

　　根据沉积物的组成，可把堆积海滩分为砾石海滩、沙质海滩和淤泥质海滩。

　　1. 碎玉堆砌的砾石海滩

　　潮滩上下堆积大量碎玉般石块的海岸称为砾石海岸。砾滩一般只分布在有砾石供应的海崖和小河河口附近。砾滩一般均较窄且陡，滩顶较平缓，常可高出平均高潮线以上数米，其内侧向陆倾斜。砾滩通常没有明显的滩肩，但常发育一些滩脊。砾滩向海倾斜的斜坡常在低潮面附近或水深数米处，底质由砾变为砂，坡度突变，形成一台阶。

　　砾滩由不同粒级和不同形状的砾石所组成。砾石比鹅卵大的，与鸡蛋相似的，比鹌鹑蛋还小的都有（图 9-10）。在高能的海滩上，砾石的磨圆度高而球度低（河流砾石磨圆度低而球度高）；在低能的海滩上，砾石的磨圆度中等，而球度的变化范围大。因而海滩砾石的形状多样，有扁平状、圆盘状，也有球状和杆状的砾石。扁平状和圆盘状砾石因沉降速度小，易被波浪向滩上搬运，大多堆积在砾滩的上部，而杆状、球状砾石大多堆积在砾滩的下部。

　　砾石色彩纷呈，红、黄、灰、黑、白、黑白相间、红黄辉映的应有尽有，美不胜收。许多海边的游人俯首觅石，各取所爱，乐而忘返。

　　砾石海岸在我国分布较广，多在背靠山地的海区。辽东半岛、山东半岛、广东、广西及海南都有这种海岸分布。辽东半岛西南端的老铁山沿海断续分布着以石英岩为主的砾石海

岸。在山东半岛，许多突出的岬角附近都
有砾石海岸出现。砾石海岸宽度各处不一，
山东半岛东端成山头附件砾石海岸宽度约
40m，胶南及日照岚山头附近的砾石滩宽度
可达数百米。在山东沿海的一些岛屿，如
田横岛、灵山岛也有典型的砾石海岸存在。
台湾岛东海岸，濒临太平洋，水深坡陡，形
成多处砾石海岸段。且宽度较大，有些宽
度可达800~1000m。在这里，还可见到崖
壁上崩落的巨大块石和略有磨圆的巨砾。

图9-10　大小不等的砾石

　　秦皇岛以东，石河口一带，有砾石堤存
在。它们沿海岸相互平行分布。形成砾石堤的砾石来源于石河。石河是本区最大的河流，河
床坡降大，水流急，洪水季节能携带大量山谷中的砾石入海。离河口越远的地方，砾石的粒
径越小，磨园越好。

　　砾石海岸形成的历史十分漫长。它的形成有两种方式：其一是海边的山崖在波浪的冲击
下，在海水溶蚀和热胀冷缩作用下，在自然风化作用下，导致了岩石的破碎。这些碎石大小
相差悬殊，开头极不规则，棱角分明。它们在海中受巨浪的冲刷，并随着激流上下滚动，相
互碰撞、磨擦。锋利的棱角逐渐地被夷平，慢慢地变小而且变得圆滑起来，终于成为人们喜
爱的光滑的卵石。许多砾石堆砌在一起，组成了砾石海岸。其二是发源于山地的短促的入海
的河流。由于这种河流的河床比降很大，在山洪暴发时，急促的水流携带大量石块入海。这
些入海的石头在河床中曾随水流一起滚动，在搬运过程中已经有一定程度的磨圆，但棱角依
然清晰可辨。这些石头在波浪的冲击下，棱角进一步被夷平，变得更为圆滑，堆积起来，形
成河口区的砾石海岸。

　　2. 金沙银沙铺起的沙质海滩
　　沙质海岸主要分布在山地、丘陵沿岸的海湾。山地、丘陵腹地发源的河流，携带大量的
粗砂、细砂入海，除在河口沉积形成拦门沙外，随海流扩散的漂砂在海湾里沉积成砂质海岸。
　　沙质海滩较砾滩宽阔平缓，一般宽数十米到几百米。典型的沙滩可分为海岸沙丘带、后
滨、前滨和临滨几个单元。
　　（1）海岸沙丘
　　当海滩有充足的沙质物供应，在向岸盛行风的作用下，在后滨以上地带可堆积成海岸沙
丘。沙丘带的宽度和沙丘的高度视沙的供应和风力的强弱程度。如海滩周围有小山丘陵，则
沙还可顺坡向上堆积。
　　海岸沙丘沙主要是海滩沙被风改造的产物，它与海滩沙相比，细粒级沙的数量增加，分
选性和磨圆度都变好，重矿物相对富集。海岸沙丘的层理主要是大型交错层理，前积纹层倾
角可达30°~40°。
　　河北昌黎沿海分布有40余列沙丘。这些风成沙丘一般高达25~35m，最高可达44m，成
为平原上突起的"高山峻岭"。沙丘带的宽度约2km，长达40km，面积约为76km^2。沙丘向海
一侧迎风坡的坡度为6°~8°，向陆一侧背风坡的坡度达到30°~32°。陡缓交错的沙丘，绵延
无尽的沙滩和碧蓝的大海、构成了国内独有、世界罕见的海洋大漠风光。

昌黎滨海沙丘的砂粒较粗，多为中细沙及中沙。如此高大的滨海沙丘其成因是：该地滨海沙丘的砂粒来自本区沙质海滩。海滩沙在低潮裸露时被阳光晒干，强劲的东北风把沙吹扬起来，因受树木的阻挡，在经短距离搬运后即坠落下来，聚砂成丘。河流不断把泥沙带入海洋，海滩上的沙不断得到补充，也不断地被风吹走。滨海沙丘经常不断地得到沙的补给，逐渐变得高大，雄伟，壮观。

（2）后滨

后滨位于平均高潮线之上，年内大部分时间曝露于地表，在大潮和暴风潮时可被浸淹。在强烈的上冲流作用下，砂质物自海滩下部被推移向坡上堆积，常可形成滩肩。当较高水位超过滩肩脊线时，上冲流所携带的沙质物可越过滩肩脊，使滩肩不断加积发育，滩肩后背以微小的角度向陆倾斜，外侧的滩肩脊是后滨与前滨的分界线。滩肩以粗砂海滩发育最好，但也有不发育滩肩的沙滩。

后滨通常是一个较窄又平坦的地带，主要层理为平坦纹层沙，沉积物的粒径是沙滩各带中最粗的，重矿物含量一般也高于其他各带，反映了后滨是在大潮和暴风潮时高能量作用下的沉积特征。由于风暴期高能的持续时间短促，沉积物未经长期簸选，故后滨沉积物的分选较差。

（3）前滨

前滨位于潮间带，是海滩的主要部分，其滩面平坦，向海倾斜。前滨的宽度与潮差和岸坡坡度大小有关，潮差大、坡度小的前滨带相应较宽。

前滨带常发育滩脊，又称滨岸堤，沿岸沙坝，它是与岸线平行的沙岗，高度不大，向陆一侧坡度稍陡，其内侧常发育与之平行的纵向浅槽；向海一侧坡度较缓。滩脊在发育过程中有向陆迁移的趋势。在不断加积的海岸上，可出现多列滩脊，在贝壳供应丰富的海滩上可形成贝壳沙堤。

前滨带除滩脊由较粗粒物质组成外，平均粒径向海有变细的趋势。由于经常受到冲、回流的簸选作用，沉积物分选很好。矿物成熟度亦相应较高。前滨的主要层理是低角度向海倾斜的平坦纹层沙组成的大型楔状层理，亦称冲洗交错层理，纹层可延展数米至十余米。

（4）临滨（近滨）

临滨位于平均低潮面以下，其沉积物的平均粒径较前滨、后滨为细，并有向海逐渐变细的趋势。由于细粒物质含量增多，故分选较前滨差。临滨的上部可发育一些规模大的交错层理，下部交错层理极小，而以平坦纹层沙为主。生物扰动程度向海逐渐加剧。

临滨水下岸坡可分为有沙坝发育的和沙坝不发育的两种类型。潮差小、水下岸坡坡度约在10～3‰的海岸地带最有利于水下沙坝的发育；潮差大，破浪带随水面升降而不断移动就不利于水下沙坝的发育。关于水下沙坝的成因，大多认为是由破浪造成，因为沙坝不仅通常都发育在破浪带，而且随破浪带移动作相应的迁移。沙坝可以发育多条，大多数沙坝具有向陆侧坡陡，向海侧坡缓的不对称剖面，在其向陆一侧常伴随发育与其平行的凹槽。组成水下沙坝的物质是临滨中最粗的。

辽宁西部的六股河口至河北北部的滦河口，其间沙质海岸十分发育。此区背倚燕山山脉，发源于燕山的河流为沙质海岸的发育提供了丰富的沙源。六股河带来了丰富的粗颗粒河沙，河沙入海后在强大的东北风作用下，随海流向西南方向漂移，在沿岸堆积成一道道沙堤。排列有序的沙堤景象十分壮观。

我国杭州湾以北多沙岸，以河北北戴河、南戴河、辽宁大连、山东青岛、烟台等最为著名。杭州湾以南多岩岸，但也不乏沙岸。沙岸海滩地带最适于开展"三S"工程，若沙质纯净、沙粒粗细相宜、沙滩坡度相宜，一般都会成为良好的浴场海滨旅游胜地。如：海南的亚龙湾、广西北海银滩、广东闸坡的十里银滩等。

河北昌黎的海岸有 26.8km 属沙质海岸，有黄金海岸之称。可开辟近百个浴场，可同时容纳 30 万人同时下海。这里沙细、滩缓、水清、潮平。由于沙源来自河口三角洲的沉积物，又经海流搬运和海浪作用，砂质较细，粒度均匀，磨圆度较高，色泽黄褐，海滩平缓，海域宽广，海水洁净，透明度高。海域 1.5m 等深线平均距海岸线约 200m，加之近海有 3 – 5 条沙堤，大大降低了海浪的高度，涌浪更为少见。是华北的阳光地带之一。

沙质海岸是最受人喜爱，最有开发利用价值，与人们的生活关系最为密切的海洋资源。

3. 坦荡无垠的淤泥质海岸

淤泥质海岸主要是由细颗粒的淤泥组成。它的平均粒径只有 0.01 ~ 0.001mm。我国的淤泥质海岸坦荡无垠，其坡降在 0.5‰左右。高低潮线之间的滩涂宽度一般为 3 ~ 5km，宽的可超过 10km。

粉砂淤泥质海岸常分布在河口三角洲附近、港湾、潟湖内，也可分布在面向开阔海，而坡度平缓的海岸地区。我国渤海的辽东湾、渤海湾、莱州湾及黄海的苏北平原海岸有大片淤泥质海岸发育。

淤泥质海岸的成因为：①与河流有密切的关系。河流是淤泥质海岸的生命源，有河流存在，淤泥质海岸就兴旺发展，失去了河流，淤泥质海岸就萎缩后退。我国上述的淤泥质海岸与在这里入海的辽河、黄河、海河等有关。特别是黄河，把巨量泥沙搬运入海，在沿海形成广阔平坦的淤泥质海岸。十五世纪末黄河夺淮自苏北入黄海，渤海湾粉砂淤泥供应量锐减，致使淤泥质海岸大部分变为沙质海岸；而苏北海岸则因淤泥、粉砂显著增加，不仅形成突出海中的三角洲，并使其西北段原来的沙质海岸变为粉砂淤泥质海岸。②要有一定幅度的潮差，潮汐是塑造淤泥质海岸的主要动力。从广阔海面上涌入海湾的潮流，把泥沙带进湾底。落潮时，潮流又把一部分泥沙带入海中。在潮流进出淤泥滩的过程中，强潮流冲刷海岸和滩面，弱潮流使泥沙沉积下来淤高和加宽滩面。波浪的作用占第二位。它在局部地区能对海岸、滩面造成侵蚀，使海岸后退，在滩面上形成许多坑注。③有一平缓向海延伸的水下岸坡，使波浪在抵达期间带时已大大消能。

以潮汐作用为主要动力因素形成的粉砂淤泥质海岸亦称为潮滩（坪）。潮滩主要位于潮间带，其宽度不一，如北海潮滩宽达 7km，最宽为 10 ~ 15km，我国苏北潮滩宽达 20 ~ 30km。潮滩以平均高、低潮线为界，以上为潮上带，以下是潮下带。潮上带一般为盐滩、沼泽，潮间带又可分为高潮滩，中潮滩和低潮滩。潮下带大部分为一些潮汐水道，潮下沙坝和沙滩所占据。

潮滩沉积物视来源物质而定，一般多为粉砂、粘土和少量细砂。沉积物分布序列与海滩相反，在自高潮滩到潮下带上部，物质由细变粗。关于这种特殊分布的原因，普斯麦（Postma，1954）首先提出"沉积滞后效应"来解释高潮滩沉积泥质物的机制，他认为涨潮后期当流速减小达到临界值时，悬浮质就开始沉降，但此时涨潮流尚有向岸的前进运动，因而悬浮质在沉降的同时还向岸作水平搬移，其实际沉积的位置要比开始沉降点靠向岸一段距离，其后，范·斯特拉顿（Van Straaten，1957）提出"冲刷滞后效应"补充说明高潮滩泥质物能予以保存的机制，即悬浮质一旦在滩面上沉积下来，要把它再簸淘冲刷起来的起动流速要大于其沉降时的流速，但随着潮位下降，在已沉降细粒沉积物的位置上，退潮流往往达不到这一起动流速，难以对已沉降的颗粒起冲刷作用。除这二个效应外，普斯麦（1961）进一步运用潮流时速不对称性来解释整个潮滩沉积物的分布序列，他通过对荷兰潮滩的研究，发现高潮时的憩流期比低潮时的憩流期长。高潮时憩流期可达2h，足以使悬浮质在高潮滩沉淀下来，而低潮时憩流期不到1h，悬浮质尚未全部沉淀时，涨潮流又将其携带向岸搬运，使低潮滩的沉积物粒径相应较粗。应该指出，除上述原因外，低潮线附近水较深，放能亦相应较大，泥沙易被掀起，并随涨潮流向滩上搬运也是一个因素。

自潮下带至潮上带，随着涨、落潮流的变化，各带的主要沉积作用和搬运作用亦异。潮下带以潮流的推移作用为主；低潮滩主要是潮流推移作用和浅水片流冲刷作用（落潮流）；中潮滩是潮流推移作用和悬浮沉降作用相互交替，高潮滩则以悬浮沉降作用为主。潮上带除大潮高潮时被水淹没外，经常是裸露的。裸露的滩面受强烈的蒸发作用的影响，表层脱水干缩，形成许多不规则的裂纹。这些裂纹与龟壳上的图案很相似，因而被称为龟裂纹。滩面脱离海水的时间越久，龟裂现象就越明显，龟裂带的宽度可达几百米。而发生大潮时，海水到达高潮滩，龟裂纹消失，滩面又恢复潮湿平整的面貌。

在涨、落潮流作用下，在潮滩上还可冲刷切割形成众多潮沟，潮沟向陆一侧有许多分叉的小沟，向海逐渐汇聚而成较宽的潮沟，随着向潮下带伸展，潮沟更加宽展。大多数潮沟由于侧向迁移成弯曲型，凹岸受蚀，凸岸成扇形沙坝。在泥质沉积物上迁移速度较慢，在砂质沉积物上迁移速度较快，有的每年可迁移达百余米。潮沟沟底常有泥砾、贝壳，沉积物较粗。

在淤泥质海岸线附近还有一种有趣的现象，即有无数大大小小的泥丸堆积。那泥丸就象孩子们用手搓成的圆泥球，小的直径有3cm，大的直径有6cm，有的泥丸里还含有贝壳碎屑。这些泥丸是波浪的杰作。夏秋时节，大潮海水不断地冲刷着龟裂的滩面。被剥离下来的大小不一的粘土块，随着接踵而来的波浪沿岸坡上下往复滚动，并不时地粘结一些贝壳碎屑。粘土块越滚越圆，最后成了一个个泥丸。潮水退后，泥丸一个个静静地堆积在高潮线附近。冬季潮水比夏季要小，一般很少有海水漫滩那样的大潮。沿着潮沟进来的海水，把其携带的泥沙沉积下来，埋没了夏秋季节形成的泥丸。于是冬春季节，淤泥质海岸附近的泥丸就象被人埋藏起来一样，一个也看不见了。

我国的平原淤泥质海岸也很多，如辽东湾、渤海湾和苏北海岸等，那里有宽阔的潮坪，退潮时，可到潮坪上挖贝壳、捉蟹子，观看各种海鸟，进行泥浆浴，参观盐场等。

温州是瓯江的出口处，沿雁荡山麓的海岸带是我国南方少有的淤泥海岸带，开阔、平坦的淤泥潮滩宽达数千米至十几千米，泥滩上海产十分丰富。

（三）两种不同的生物海岸

1. 风光绚丽的珊瑚礁海岸

珊瑚，是一种较高级的腔肠动物，是生长在海洋中不能移动的动物。

由石珊瑚虫和其他造礁和礁栖生物（如石灰藻、层孔虫、有孔虫、海绵、贝类等）的骨骼及它们分泌的有机质、粘结碳酸盐碎屑而形成的多孔隙岩体，像礁石一样坚硬，称生物礁。由于石珊瑚虫分泌的钙质骨骼是生物礁的主体，所以通常称生物礁为珊瑚礁。在浅水形成的近岸珊瑚礁，构成了风光绚丽的珊瑚礁海岸。

珊瑚礁主要分布在南、北回归线之间及暖流流经的海区，集中分布在中、西太平洋与印度洋及大西洋的热带海区。在我国，主要分布在海南岛沿岸，南海诸岛的东沙、中沙、西沙与南沙群岛以及澎湖群岛和台湾岛沿岸。世界珊瑚礁总面积约 60 万 km²，占世界 0~30m 深的浅海总面积的 15%。其中澳大利亚东北部的大堡礁总面积就占了 21.5 万 km²。全世界的珊瑚礁每年生产出 30 亿 t 左右碳酸钙。

从岩石特征上看，珊瑚礁可分为珊瑚礁灰岩和珊瑚碎屑岩两种。前者系巨大的珊瑚礁群体未经搬运而在它的原生地堆积成礁石。后者是原生礁或造礁珊瑚骨骼经破坏后，其碎块、碎屑被搬运至其他地方后沉积下来而固结成礁石。在珊瑚碎屑的形成过程中，有一些完整的贝壳及碎片，石灰质海藻，甚至还有一些岩性不同，大小不同的砾石夹杂其中，因而珊瑚碎屑岩的成分是比较复杂的，不象珊瑚礁灰岩那样单一。

（1）珊瑚生长的环境条件

①要求生长在暖水中：最适宜水温为 25~30℃，下限为 18℃，上限为 36℃。

②要求有充足的光照：珊瑚主要与虫黄藻共生，才能生长良好。虫黄藻是一种植物，它要进行光合作用，就需要有充足的光照条件。

③有适当的盐度：珊瑚可在 27‰~40‰的盐度中生长，最适宜盐度是 36‰。

④要求水体运动更新：不断扰动或运动的水体含有较多的溶解氧和饵料，有利于珊瑚的生长。

⑤要有适宜的附着基底：一般坚实的基底，利于珊瑚的固着生长。泥沙质底质容易被波浪和水流掀动，不利于珊瑚的固着。

⑥要有较高的透明度：清晰透明的海水利于珊瑚生长，相反，浑浊的水体，由于含有大量的悬浮物质（泥沙），不利于珊瑚的呼吸与生长，甚至会令其窒息死亡。

（2）珊瑚礁类型

①岸礁：也称裙礁：边缘礁，礁体紧贴海岸发育，以礁坪形式出现，向海一侧为陡坡（图 9 – 11）。

在我国，岸礁主要分布在海南岛与台湾岛沿岸，断续分布。海南岛岸礁主要分布在东岸（文昌 – 琼海），南岸（陵水 – 三亚）和西北岸（八所 – 临高）等地。其中东

图 9 – 11　岸礁剖面示意图

岸的岸礁发育最好，总长约 30km，最宽处从高潮线至水下斜坡有 4km。世界上现代最长的岸礁分布在红海沿岸，长达 2700km，礁坪向海伸到 – 1200m 处。

②堡礁：也称堤状礁、离岸礁。堡礁是距海岸有一定距离、平行海岸分布的堤状礁体，它与陆地之间隔以潟湖或带状浅海，现代最大堡礁为澳大利亚大堡礁，长 1600km，宽 40~120km。在我国海南岛西北岸有离岸岛礁（滨外岛礁）三个，分布在临高（邻昌岛）和儋县（大铲，小铲）。岛上有沙丘，礁坪向海方边缘分布有砾滩（堤）。

③环礁：礁体围绕海底较大隆起边缘生长，连接或断续成环状，中间被包围成一潟湖（潟湖水深小于 100m，多数小于 60m），这样展布的礁体称环礁。它主要分布于大洋和滨外广海中。现代全世界洋中有环礁 330 多座，绝大部分分布在印度洋和太平洋，大西洋仅 10 个。我国的环礁分布于南海，主要在西沙、中沙和南沙地区，在那里，白色的环礁，碧蓝的大海，绿色的椰子树，构成一幅美丽的图画。

环礁由礁环与潟湖组成。礁环指绕潟湖分布的环状礁体，它往往被若干潮汐通道割开，如我国永乐环礁。礁环由若干块礁坪（礁盘）组成，上面往往有沙岛或沙洲发育；潟湖水深一般几十米，内有礁墩发育，潟湖底有各种粗细的珊瑚碎屑沉积。

（3）珊瑚礁发育理论

1842 年达尔文首先提出环礁的成因，后来在 1874 年出版的《珊瑚礁的结构和类型》一书中系统地提出珊瑚礁发育的沉降说。他认为珊瑚礁的发育经历了三个阶段（图 9－12）。第一阶段：岛屿（尤其是火山岛）沿岸生成环绕海岸并与岛屿相连的岸礁；第二阶段：岛屿下沉，珊瑚礁继续均匀地上长，其外侧因生境好，饵料丰富氧气充足，比内部增长得快，随着岛屿下沉，珊瑚礁与海岸分开，成为堡礁，二者之间出现潟湖或浅海；第三阶段：岛屿完全沉入海中，珊瑚仍向上生长，便形成环绕潟湖的环礁。

近期研究表明，冰后期海平面的变化与海底扩张对珊瑚礁的发育有巨大的影响。

我国珊瑚礁海岸，主要分布在北回归线以南。这里有碧波万顷的海水，有细致柔软

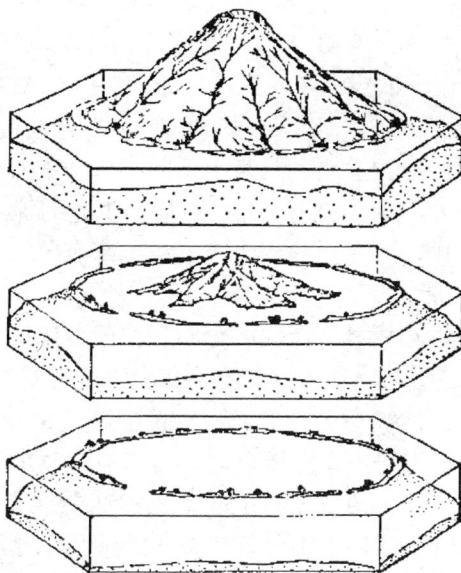

图 9－12　达尔文假说示意图

的沙滩，有五彩缤纷的热带鱼群，有高峻挺拔的椰林，有温和明媚的阳光，有几乎终年皆可沐浴、疗养的海滨浴场。由珊瑚岛组成的南海诸岛，有堡礁、环礁、珊瑚海等类型，它们像漂浮在碧岛组成的南海上的洁白花环，晶莹夺目，竞相争辉。

珊瑚礁区一般气候温暖，一年四季均可旅游，风浪不很大，宜开展水上、水下活动。珊瑚礁海岸的沿岸海滩往往由白细的珊瑚砂组成，平缓舒展，海滩上方有高高的椰子树林，是人们理想的佳境，海滩下方往往有宽广平坦的礁坪向海延伸下去，涨潮时，礁坪没入水中，退潮时露出水面，其上发育有大量软体动物和细小珊瑚，随着退潮，人们可在礁坪上追潮拾贝，别有一番情趣。礁坪以下的海底，便是珊瑚生长的水下世界，一般在水深 1～10m 的沿岸海底，珊瑚生长特别繁盛，如果戴上水镜在海面游泳，或乘坐各种透明容器下到水底，便可看到姿色纷繁的珊瑚世界有如盛开的花朵，在水下形成一片片如花似锦的水下花园。

珊瑚自古即视为宝玩，其形态有鹿角状、枝状、板状等，颜色有白、红、绿等，富有观赏价值。珊瑚枝可精制为工艺品和药材，巨大的白色礁块可作建筑材料和烧石灰。珊瑚礁区域往往是鱼类的理想生活环境，因而珊瑚礁海岸会成为价值很高的海底观光和潜水旅游胜地。世界著名的以观赏珊瑚和鱼类为特色的旅游地当属澳大利亚的大堡礁，我国海南亚龙湾附近的野猪岛海域是我国最重要的珊瑚礁保护区，也是最为瑰丽的海底世界。

2. 层林尽染的红树林海岸

红树林（Mangrove）是发育在热带和亚热带潮坪上的耐盐性和喜盐性灌木林，由红树丛林与沼泽潮滩相伴而组合成的海岸称红树林海岸。红树林植物有广义和狭义概念之分，广义红树林包括红树科植物和半红树种类，狭义红树林只包括红树科植物，以木本红树为主。红树

植物有 10 余种，有灌木也有乔木。因其树皮及木材呈红褐色，因而称为红树、红树林。红树的叶子不是红色，而是绿色。枝繁叶茂的红树林在海岸形成的是一道绿色屏障。

红树林根系十分发达，盘根错节屹立于滩涂之中。它们具有革质的绿叶，油光闪亮。它们与荷花一样，出污泥而不染。涨潮时，它们被海水淹没，或者仅仅露出绿色的树冠，仿佛在海面上撑起一片绿伞。潮水退去，则成一片郁郁葱葱的森林。

红树林具有防风护堤的作用，并能改良滩地土壤，美化海岸环境，红树林的叶子可作绿肥，树干在缺少燃料地区可作柴薪，果子可食用，酿酒。

南美洲东西海岸及西印度群岛、非洲西海岸是西半球生长红树林的主要地带。在东方，以印尼的苏门答腊和马来半岛西海岸为中心分布区。沿孟加拉湾－印度－斯里兰卡－阿拉伯半岛至非洲东部沿海，都是红树林生长的地方。澳大利亚沿岸红树林分布也较广。印尼－菲律宾－中印半岛至我国东南沿海也都有分布。由于黑潮暖流的影响，红树林海岸一直分布至日本九洲。

我国红树林海岸主要分布在福建以南的热带、亚热带海岸的一些滩涂岸段，即福建、广东、广西、海南等省区都有断续分布。其中以海南省发育最好，种类多，面积广。

（1）红树林生长环境和生长特点

生长环境：①它要求适宜的水温：25℃～28℃为适宜水温，最冷月平均温度大于 20℃；②它要求生长在淤泥质海滩：这种底质含有高水分、高盐分、大量硫化氢、钙质以及缺氧环境，植物残体处于半分解状态，有利于红树林的生存。淤泥质海滩富含有机质，利于红树林生长；③要求处于低能环境：如河口、海湾、潟湖等无波浪作用或作用微弱的环境，这种环境有利于红树林种子幼苗的生长。

生长特点：①生理特点：其叶子具有很高渗透压，可高达 160～320 个大气压，由于渗透压高，红树植物可从土壤浓度大的沼泽盐渍土中吸取水分和养料。此外，红树植物的叶子肥厚，具有肉质化和革质化，既能有效地储存水分，又可以抵挡热带地区强烈的光照；②繁殖特点：红树植物具有胎生现象，它的种子成熟后，可留在树上发芽，从果实中伸出长 20～30cm 下垂的胚轴，形似纺锤状或棍棒状。当幼苗成熟后，在重力或其他外力作用下落插入泥土中，快者几个小时后可伸出根系固定自己，若落入海水中漂浮几十天后遇到适宜生境，也可繁殖生长。此外，还有一些红树还具有无性繁殖能力，它们被砍后，其茎上可生出新的植株来；③根系特点：红树林具有发达的根系，它有三种根：a. 支柱根。一棵红树的支柱根可有 30 余条。这些支柱根象支撑物体最稳定的三脚架结构一样，从不同方向支撑着主干，使得红树风吹不倒，浪打不倒。这样的红树林，对保护海岸稳定起着重要的作用。例如，1960 年发生在美国佛罗里达的特大风暴，使得沿岸的红树毁坏几千棵，但是连根拔掉的很少。主要的毁坏是刮断或因旋风作用把树皮剥开。b. 呼吸根。它从侧根中生长出来，呈直立状或蛇曲匍匐状，起支持和通气作用。在沼泽化环境中，土壤中空气极为缺乏。红树植物为了适应这种缺氧环境，呼吸根极为发育。呼吸根有的纤细，其直径仅有 0.5cm，有的粗壮，直径达 10－20cm。c. 板状根。由呼吸根发展而来。形如板星放射状，绕其茎直立于土中，板状根对红树植物的呼吸及支撑都有利。红树植物根系的特异功能，使得它在涨潮被水淹没时也能生长。红树植物以如此复杂而又严密的结构与其生长的环境相适应，使人惊叹不已。

（2）我国红树林海岸特征

①与淤泥质海岸伴生。②有明显的分带性，自海向陆，可分出：a. 白滩带（没有植物生

长），这一带普遍有潮沟切割，宽 500～1000m，最大可达 2000m，坡度 4‰～6‰，底质为淤泥质粉砂；b. 滩地红树林（海滩红树林）带，一般宽 200～500m，最宽可达 2km 以上，为红树林生长最好地带，滩面也有潮沟切割；c. 半红树林（海岸半红树林）带，一般宽 100m 左右，由耐盐性的陆生植物和半红树林构成；d. 陆生植物带，多为桉树、木麻黄。③有发达的潮沟系统：红树林海岸的动力以潮流为主，滩面上有发达的潮沟，它们长短不一，宽窄各异，迂回曲折，形成沟网，有些可伸入陆地很深，潮沟沟壁圆缓，低潮时潮沟变得狭小，高潮时充满水流，可漫溢到沟旁滩地。

（3）红树林的护岸作用和促淤作用

①护岸作用：由于红树林有发达的根系，可屹立于海滩上，经受风浪和潮流的侵袭作用，保护海岸不受侵蚀。②促淤造陆作用：在红树林生长的地方，淤积层的淤积速度可达 3～4cm/年，向海前进率可达 44～173m/年。

红树林海岸，是热带、亚热带海岸某些滩涂段所特有的景观。红树林根系发达，枝繁叶茂，退潮后峥嵘的根系裸露，别具特色。发育成片的红树林，又称"海上森林"。远远眺望，红树林就像一直海上绿色长城，屹立在祖国南疆的海岸线上，为海岸增添一重特殊的景色。

在海岸带中有大片红树林，不仅蔚然可观，而且海产丰富，能为旅游者提供丰富鲜美的海产品。同时还形成了大量鸟类的栖息地，形成很好的观鸟场所。如：广州番禺新垦的湿地公园、珠海淇澳岛红树林湿地公园等。

第三节 海岛

海岛是指海洋包围的在高潮时露出水面的自然形成的陆地。无论是大陆架、大陆坡，还是大洋底都有或大或小的海岛，有的孤零零的，有的则成群成列，前者即为岛屿，后者称为群岛。这些海岛有大有小，距离大陆有远有近，是不同于大陆的具有独特优势、自然特点和资源的陆地，具有不同的水文与气候。

海岛是一个具有多种知识性旅游和科学考察价值的天然宝地，是一种极有开发前景的地质旅游资源。复杂多姿的海岛，还为探险旅游提供了理想去处。

海岛的类型复杂多样。按其成因、分布情况和地形的特点将海岛分为大陆岛（陆缘岛），冲积岛、火山岛和珊瑚岛四种。

一、大陆岛

大陆岛原来实际是大陆的一部分，多分布在离大陆不远的海洋上。大陆岛的形成主要是陆地局部下沉或海洋水面普遍上升。下沉的陆地，低的地方被海水淹没，高的地方仍露出水面；露出水面的那部分陆地，就成为海岛（大陆岛）。我国北方的长山群岛，庙岛列岛，南方的舟山群岛，海坛岛（平潭岛），湄州岛，台湾岛，海南岛等，都属于这样形成的大陆岛。还有些大陆岛，如新西兰、马达加斯加岛等。是地质历史上大陆在漂移过程中被甩下的小陆地。大陆岛有大岛，也有小岛。但世界上大岛都是大陆岛。如格陵兰岛、伊里安岛、加里曼丹岛、马达加斯加岛等。

在地貌上，大陆岛保持着和大陆相同或相似的特征。在我国的辽东半岛和山东半岛的丘陵海岸，地势不算很高，所以附近的海岛，海拔也不很高，面积也都在 30m² 以下。而在山峰纵横的东南沿海，海岛不仅多，而且海岛的海拔、面积也较大；我国面积大于 100km² 的大岛大都分布这里。在方圆广阔的大岛上，有平原、丘陵和山地，远望山峦起伏，近看悬崖陡壁，山峰直刺青天。如：海南岛的五指山山脉和台湾岛的台湾山脉，海拔都在 1000 米以上；台湾的玉泉山海拔 3997m，是我国东南沿海的最高峰。

二、冲积岛

冲积岛也称冲击岛，由于它的组成物质主要是泥沙，故也称沙岛。冲积岛是陆地的河流夹带泥沙搬运到海里，沉积下来形成的海上陆地。陆地的河流流速比较急，带着冲刷下来的泥沙流到宽阔的海洋后，流速就慢了下来，泥沙就沉积在河口附近，积年累月，越积越多，逐步形成高出水面的陆地，这就叫冲积岛。

世界上许多大河入海的地方，都会形成一些冲积岛。我国共有 400 多个冲积岛，长江入海口的崇明岛，就是一个很大的冲积岛。冲积岛的地质构造与河口两岸的冲积平原相同。其地势低平，在岛屿四周围绕着广阔的滩涂。

冲积岛的成因不尽相同。我国长江口的沙岛是由于涨落潮流不一所致，形成缓流区，泥沙不断堆积而形成的。珠江口沙岛成因各异，有的是由河心滩发育而成；有的是由于水流受阻挡产生河汊，在河汊流速较慢的一侧泥沙沉积而成沙垣，再发育成沙岛；有的是由河口沙嘴发育而成；还有一种是由波浪侵蚀沙泥海岸，从海岸分离出小块陆地，也成了沙岛，这种沙岛较为少见。

冲积岛由泥沙组成，结构松散，因而很不稳定，岛的面积和形态往往会因为周围水流条件的变化而变化，甚至有的冲积岛会被冲蚀消失，而有的岛屿则会不断发育成长，最后与大陆连成一体。

冲积岛上的地貌形态简单，地势平坦，海拔只有几米，有些有绿荫覆盖，有些则是满目黄沙。在土壤化较好的冲积岛上，可种植护岛固沙的林木、绿草和庄稼，一般观光价值较少。

三、珊瑚岛

珊瑚岛是由海中的珊瑚虫遗骸堆筑的岛屿。珊瑚虫是海洋中的一种腔肠动物（没有内脏，身体只有一个空腔），它能捕食海洋里细小的浮游生物为食。在生长过程中能吸收海水中的钙和二氧化碳，然后分泌出石灰石质，变为自己生存的外壳。每一个单体的珊瑚虫只有米粒那样大小。它们一群群地聚居在一起，生长繁衍，同时不断分泌出石灰质，并粘合在一起。这些石灰质经过以后的压实、石化，形成了许多岛屿和礁石，甚至在大洋上的一些海岛国家的全部领土，都是由小小的珊瑚虫（也包括一些能分泌石灰石的藻类植物）经过千万年努力建造起来的。所以人们称珊瑚虫是海洋上伟大的建筑师。

造礁珊瑚虫的生长条件十分苛刻，如海水温度要求必须在 25～29℃ 之间，低于 13℃ 或高于 36℃ 都会造成珊瑚虫的死亡；海水盐度则要在 27‰～40‰ 之间，且要求海水洁净、透明，水质浑浊受污染时，亦会造成珊瑚虫的死亡。造礁珊瑚虫是无脊椎软体动物，其生存繁衍必须定居在坚实的海底之上，珊瑚岛的形成必须要有水下岩礁作为基座。因此珊瑚岛只出现在北、南回归线之间的热带、亚热带海域上，远离河口、坐落于海山和陆坡阶地上面。因为珊瑚虫不能离开海面生活，故珊瑚礁滩一般不超出海面。珊瑚岛具有地势低平，面积较小的特点。

中国的珊瑚岛主要集中在南海诸岛、台湾岛和澎湖列岛、两广沿海部分岛屿。珊瑚岛的存在形式各不一样，分别以岛、礁、沙、滩相称。一般来说，陆地面积 500 平方米以上称岛；500 平方米以下称礁。露出水面面积较小的称明礁；大潮涨潮淹没，退潮露出的称暗礁。长期淹没于水下的称暗沙；淹没较深，表面平坦的水下台地称暗滩。

四、火山岛

火山岛是由海底火山喷发物堆积而成的。

我国的火山岛较少，总数不过百十个左右，主要分布在台湾岛周围，在渤海海峡、东海陆架边缘和南海陆坡阶地仅有零星分布。台湾海峡中的澎湖列岛（花屿等几个岛屿除外）是以群岛形式存在的火山岛。台湾岛东部陆坡的绿、兰屿、龟山岛，北部的彭佳屿、棉花屿、花瓶屿，东海的钓鱼岛等岛屿，渤海海峡的大黑山岛，细纱中的高尖石岛等则都是孤立海中的火山岛。它们都是第四纪火山喷发而成，形成这些火山岛的火山现代都已停止喷发。

我国的火山岛主要是玄武岩和安山岩火山喷发形成的。玄武岩浆粘度较稀，喷出地表后，四溢流淌，由此形成的火山岛的坡度较缓，面积较大，高度较低，其表面是起伏不大的玄武岩台地，如澎湖列岛。安山岩属中性岩，岩浆粘度较稠，喷出地表后，流动较慢，并随温度降低很快凝固，碎裂的岩块从火山口向四周滚落，形成地势高峻，坡度较陡的火山岛，如绿岛和兰屿。如果火山喷发量大，次数多，时间长，自然火山岛的高度和面积也就增大了。

火山岛形成后，经过漫长的风化剥蚀，岛上的岩石破碎并逐步土壤化，因而火山岛上可生长多种动植物。但因成岛时间、面积大小、物质组成和自然条件等差别，火山岛的自然条件也不尽相同。澎湖列岛上土地瘠薄，常年狂风怒号，植被稀少，岛上景色单调。台湾绿岛地势高峻，气候宜人，树木花草布满山野，景象多姿多彩。

澎湖列岛、兰屿、涠洲岛等到火山岛，其黑褐色岩礁、玄武岩石柱、小型熔岩洞穴以及某些熔岩造型也自有迷人之处。

海岛独特的景物特色有：礁石、悬崖、沙滩、滔天巨浪、五色缤纷的砾石、珊瑚、贝壳等等，还有多变化的海景与适宜的气候。乘船到海岛旅游，可以体会到更浓的海洋情调。众多海岛耸立海面，风光绚丽，宛若仙山。如普陀山的海天景色，不论在哪一个景区、景点，都使人感到海阔天空。虽有海风怒号，浊浪排空，却并不使人有惊涛骇浪之感，只觉得这些异景奇观使人振奋，常予人以神奇感与特殊乐趣。

第四节 部分典型海岛、海滨旅游区

我国海岛观光胜地很多，仅舟山群岛就有著名海岛海天佛国普陀山、海上雁荡朱家尖、海上蓬莱岱山等。

海滨景观别具特色，浩瀚无际，波浪汹涌，海天一色，颇能激发人的情感，开阔视野。

一、普陀山

普陀山位于浙江省杭州湾以东约 100 海里，西北距上海约 140 海里，是舟山群岛中的一个小岛。全岛面积 12.5km^2，呈狭长形，南北最长处为 8.6km，东西最宽外 3.5km。最高处佛顶山，海拔约 300m。普陀山是我国四大佛教名山之一，同时也是著名的海岛风景旅游胜地。

山上林木葱茏，洞壑幽深，奇石嶙峋，金沙绵亘，潮音梵呗，终年不绝。岛上的百步沙、千步沙两大海滩。如此美丽，又有如此众多文物古迹的小岛，在我国可以说是绝无仅有。

普陀山地质属古华夏褶皱地带，以燕山运动晚期侵入花岗岩为基础，形成于1亿5千万年前的侏罗——白垩纪。

二、北戴河与南戴河

位于秦皇岛市南部避暑胜地北戴河，那里前临渤海，背靠联峰山，山上奇石峥嵘，松柏参天，山下环境幽静，海滩宽阔，是驰名中外的避暑胜地。

北戴河地区一脉青山，山光积翠；一汪碧水，水色含青。风景区西面是婀娜俊美的联峰山，山色青翠，植被繁茂。每逢夏秋季节，山上草木葱宠，花团锦簇，各种松柏四季常青。戴河如练，沿山脚蜿蜒入海。山中文物古迹众多，奇岩怪洞密布，各种风格的亭台别墅掩映其中，如诗如画。南面是悠缓漫长的海岸线，质细坡缓，沙软潮平，水质良好，盐度适中。沿海开辟的30多个专用和公共海水浴场，为游客嬉戏大海，尽情享受海浴、沙浴、日光浴提供了理想的场所。东面有鸽子窝公园，是观日出、看海潮的最佳境地。北戴河海滨，俨然是人间的伊甸园。

宜人的气候，是北戴河海滨成为驰名中外的旅游避暑胜地的重要因素。这里冬无严寒，夏无酷暑，暑期平均气温只有24.5℃。且空气清新，滨海地区每立方厘米空气含负离子4000个，高于一般城市10至20倍。为北戴河海滨休疗养、旅游事业提供了得天独厚的自然条件。

南戴河海滨旅游区位于抚宁县城东南19.5km处，东北隔戴河与避暑胜地北戴河海滨毗邻相望，一桥相连。该海滨旅游区东起戴河口，西至洋河口，海岸线长3km，总面积为2.5km^2。

南戴河海滨浴场沙软潮平，滩宽和缓，潮汐稳静，最高潮位1.66m，最低潮位0.66m，潮差1米左右，水温适度，安全舒适；海底沙细柔软，无礁石碎块，无污泥烂草；海水清澈透明，无污染。七八月份平均为25℃。超过30℃，全年一般为六七天。南戴河海滨旅游区是一个进行海浴、沙浴、日光浴的理想的天然佳境。

三、大连

座落在辽东半岛南端的大连，西濒渤海，东临黄海，面向烟波浩渺的太平洋。四面山环水绕，风光旖旎，气候宜人，是我国著名的旅游海滨城市。其临海处海湾较多，礁石错落，地貌奇特，构成了蓝天、碧海、白沙、黑礁为特色的幽雅明丽的海滨风光，是我国北方地区著名的旅游、休闲、疗养胜地。

大连海滨范围广阔，景点颇多，有礁石与蔚蓝色的海面互相映衬，有众多的海蚀柱、海蚀穴和风光别具一格的黑石礁海滩；有依山傍海，山衬水秀、水显山青的老虎滩；有为岬角怀抱，是夏季良好海滨浴场的星海公园海滩；旅顺口的海滨景色更是迷人，游人到此，仿佛进入了色彩缤纷绚丽的大花园。

旅顺口是大连的另一处风景游览区，既有天然良港旅顺军港，又有被称为"蝮蛇王国"的蛇岛、鸟岛等独具魅力的自然景观。金石滩国家旅游度假区、庄河冰峪风景区、海王九岛风景区和莲花湖旅游区的建设也颇具规模和特色。去旅顺主要不是观海而是游山。这里山多，名字也奇特，有白玉山、黄金山、白银山等，山山竞秀；还有白玉塔、胜利塔、友谊塔等，塔塔奇特。

四、海南岛

海南岛最南端三亚市西面的"天涯海角"，这里海滩海蚀柱林立，"南天一柱"似擎天玉柱般屹立在潮间带沙滩之上，与在海面上出露的巨石相衬托，风景如画，绮丽诱人，是集名胜古迹风光于一体的驰名中外的海滨旅游区。

海南岛珊瑚岸礁的岸线长 200 公里，它有洁白的珊瑚砂组成的海滩，滩前有宽广的浅水礁坪。

五、青岛

位于山东半岛东南隅的青岛，是个多功能的理想的滨海疗养胜地。青岛三面临海，环境优美，气候宜人，是个花园般的城市，它不仅有疗养院集中的"八大关"疗养区，且有全国闻名的海滨第一海水浴场，每年夏季，海滨都是一派欢腾景象。

六、其他

崇明岛是第四批国家地质公园之一，世界最大的河口冲积岛。它为一十分独特的沉积地貌体，滩涂湿地广布，潮沟发育典型，淤泥质地貌多样，具有鲜明的地质个性，丰富的地貌形态。

黄海之滨的烟台、连云港是海滨旅游区的后起之秀。

除此之外，厦门鼓浪屿，它傲然挺立在厦门西南的湛蓝海面之上，岛上花园奇布，天然海滨浴场傍山而建，天然地形奇巧，极具吸引力。

浩瀚的南海之滨，岸线曲折，海滨旅游胜地除深圳、中山等重点开发的海滨旅游区之外，还有位于北部湾畔的北海市南端的白虎头海滩，海滩长达 10 余 km，宽数百 m，沙质白如面，细如粉，被誉为"银滩"，洁净无尘，不沾身体，是良好的天然海水浴场。这里地处南疆之末，气候宜人，终年无冬，蓝海、银滩、绿荫三者相映成衬，景观幽雅、谧静，是理想的旅游休假、疗养胜地。

第十章　冰川风景地貌

冰川是降雪积压而成并能运动的冰体。

现在世界上冰川覆盖面积约为 1550 万 km²，占陆地总面积的 10% 左右，总体积约为 2600 万 km³。现代冰川的水量约占全球淡水的 85%。据估计，如冰川全部融化可使世界洋面上升 60 多米。第四纪冰期时，冰川覆盖面积可达世界陆地面积的 1/3。

我国海拔 4000m 以上的高山高原有 200 多万 km²。世界上 14 座海拔超过 8000 米的高峰，其中有 7 座在我国境内或边界。据 1999 年最新的统计资料，我国总共有 46298 条冰川，总面积为 59406km²。该数字位于加拿大、俄罗斯和美国之后，居世界第 4 位。我国的冰川最西到帕米尔高原，最东到贡嘎山，最北到阿尔泰山，最南到云南丽江的玉龙雪山。

冰川进退或消积引起海面升降和地壳均衡运动，以致使海陆轮廓发生较大的变化。同时，冰川也是塑造地形的强大外营力之一。

冰川地貌景观奇特，与环境关系密切，每年吸引着无数的登山爱好者和旅游观光者前往一游。

第一节　冰川和冰川作用

一、雪线

山区积雪的面积和高度随季节变化，冬季积雪区扩大，积雪高度下降；夏季积雪区缩小，积雪高度上升。在气候年变化不大的若干年内，每年最热月积雪区的下限大致在同一海拔高度，这一高度的界线称雪线。在雪线以上为多年积雪区，以下为季节积雪区。

雪线处的年降雪量等于年消融量，即雪的积累量和消融量处于平衡状态。但是，各地的积累量和消融量的数值相差较大。在降雪量较小的地区，不需要很高的温度，就可使雪的积累量和消融量达到平衡；而在降雪量较大的地区，需要较高的温度，才能使积雪量和消融量达到平衡。大陆性气候区的冰川，消融量和积累量的绝对值都低，消融的主要方式是蒸发和升华，冰川的活动性弱；海洋性气候区的冰川，消融量和积累量的绝对值都高，消融的方式主要是融化，所以冰川的活动性强。冰川的活动性和消融方式直接影响到冰川地貌的发育。

雪线高度在不同地区是不同的，它受温度、降水量及地形的影响(图 10 - 1)。

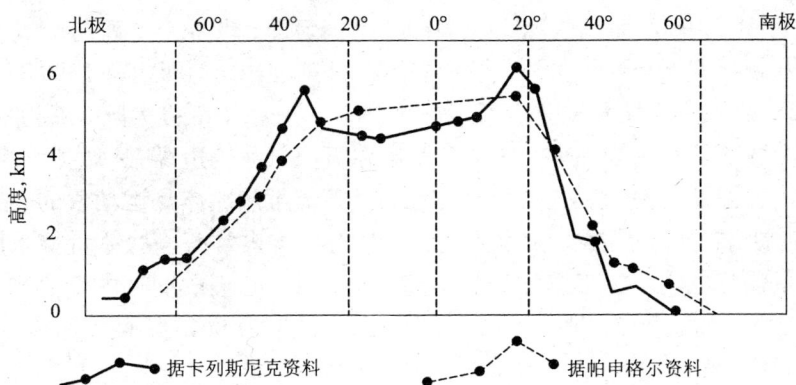

图 10-1　不同纬度雪线分布高度

二、冰川形成过程

积雪变成冰川是先由新雪变成粒雪，再由粒雪变成冰川冰，最后形成冰川。

雪花呈放射状的多棱角形，落在地面上的新雪，其密度是 $0.01 \sim 0.1 \text{g/cm}^3$，最低达到 0.004g/cm^3。最高为 0.39g/cm^3，孔隙度为 67% 以上。雪的导热率很低，当气温低于积雪和土体温度时，雪层中的水汽就向上层扩散，使上层水汽增多，达到饱和状态时便凝华，晶体增大。当气温和积雪温度相差不大，曲率半径大的雪花晶粒表面将因饱和而凝结，曲率半径小的晶粒将因未饱和而升华。上述过程产生物质的定向转移，大晶粒增大而圆化，小晶粒缩小乃至消失，晶体表面发生迁移和重结晶作用。如果有液体水薄膜存在，薄膜水也可按同样方式发生物质迁移。

上述过程导致晶粒不断扩大而成粒雪。粒雪的密度比新雪大得多，一般是 $0.4 \sim 0.7$ g/cm^3。当达到 0.84g/cm^3 时，晶粒间失去透气性和透水性，便成为冰川冰。

粒雪变成冰川冰可在低温干燥环境下形成，也可在气温较高、融水活跃时进行。在低温干燥环境下，粒雪变成冰川冰要有巨厚的粒雪层对下部粒雪施加巨大的静压力，排出空气促进重结晶作用，形成冰川冰。在南极冰盖下部常有这种冰川冰，其特点是晶粒小，不足 1mm。另一种冰川冰的形成是由于积雪表面在夏季白天受阳光照射时，气温增高，粒雪融化，融水沿着粒雪之间孔隙下渗，到了夜间，下渗水以粒雪为核心又重新冻结起来而促进了粒雪的成冰过程。这种过程的成冰速度比较快，当融水渗入粒雪层中，重新冻结时，能立即将粒雪联结成冰。这种冰的气泡少，密度较大，透明度高。

具有塑性状态的冰川冰形成后，受到很大的压力便缓慢变形和流动，并越过雪线流到消融区，成为冰川。

三、冰川的分类

（一）冰川的形态分类

按照冰川的形态和规模，地球上的冰川基本上分为两大类，即大陆冰川和山岳冰川。

1. 大陆冰川

是不受地形约束而发育的冰川。大陆冰川又叫大陆冰盖，也称极地冰盖，简称冰盖。国际上习惯把超过50000km² 面积的冰川才当作冰盖。目前,世界上主要是南极和格陵兰两大冰盖。其中南极冰盖最为巨大,包括边缘分布着的冰架在内,总面积达1380 万 km²。冰盖的平均厚度为 720 ~ 2200m,最大厚度达4267m(图 6 - 5)。整个南极大陆几乎都被永久冰雪所覆盖,只有极少数山峰突出于冰面之上,称为冰原石山。冰盖边缘有一些没有脱离冰盖的大冰流伸向海中,并漂浮于海上,有的可延伸几百千米,虽然冰体是运动着的,但其范围基本是稳定的,这叫冰架,或称冰棚。在冰盖边缘的其他地方也常有一些冰舌伸入海上,这就是流动速度较快的溢出冰川。冰架和溢出冰川都是陆缘冰,它们的前端由于消融而崩解,使大小不等的冰块在海上漂流,称为冰山。格陵兰冰盖面积170 万 km²,由南北两个大冰穹组成,冰盖最大厚度3411m,其边缘没有大冰架,而溢出冰川甚多。另外,在南北极地区的一些岛屿上,还形成许多比冰盖规模小得多的所谓冰帽或冰原。如北极地区的斯瓦巴德群岛、新地岛、北地岛、加拿大极地岛和冰岛,以及南极地区的克尔格伦岛、布维岛等都有冰帽或冰原存在。

2. 山岳冰川

它是完全受地形约束而发育的冰川。主要分布于地球的中低纬高山地带,其中,亚洲山区最发达。山岳冰川发育于雪线以上的常年积雪区,沿山坡或槽谷呈线状向下游缓慢流动。根据冰川形态、发育阶段和地貌特征的差异,山岳冰川可分为多种类型(图 10 - 2)。

(1)悬冰川。这是山岳冰川中数量最多但体积最小的冰川,成群见于雪线高度附近的山坡上,像盾牌似的悬挂在陡坡上,其前端冰体稍厚,没有明显的粒雪盆与冰舌的分化,厚度一般只有一二十米,面积不超过1km²。对气候变化反应敏感,容易消退或扩展。

(2)冰斗冰川。分布在河谷源头或谷地两侧围椅状的凹洼处,冰斗底部平坦,而壁龛陡峻。冰体越过冰坎呈短小冰舌溢出冰斗,悬挂在斗口。冰斗冰川面积一般在数平方千米左右。

(3)山谷冰川。是山岳冰川中发育最成熟的类型,具有山岳冰川的全部作用功能。山谷冰川具有明显而完整的粒雪盆和伸入谷地中的长大冰舌,冰川长度达到数千米至数十千米,冰川厚度为数百米。如喀喇昆仑山的希亚臣冰川长 75km,最厚处达 950m;帕米尔的费德钦科冰川长 71.2km,最厚处达 900m。以雪线为界,山谷冰川具有明显的冰雪积累区和消融区,分别表现为粒雪盆和长大冰舌。它像河流那样顺谷而下,沿途还可接纳支冰川汇入,组合为规模更大的复式山谷冰川、树枝状山谷冰川。

(4)山麓冰川。巨大的山谷冰川从山地流出,在山麓地带冰舌扩展或汇合成大片广阔的冰体,叫山麓冰川。现代山麓冰川只存在于极地或高纬地区,如阿拉斯加、冰岛等。阿拉斯加的马拉斯平冰川是条著名的山麓冰川,它由 12 条冰川汇合而成,山麓部分的冰川面积达2682km²,冰川最厚达 615m。

(5)平顶冰川。是山岳冰川与大陆冰盖的一种过渡类型,它发育在起伏和缓的高原和高山夷平面上,故又名高原冰川或高山冰帽。有时,在平顶冰川的周围常伸出若干短小的冰舌。这类冰川规模差别很大,其面积自数十至数千平方千米不等。如我国祁连山最大的平顶冰川土尔根大坂山的敦德冰川,面积为 57km;斯堪的纳维亚半岛上的约斯特达尔冰帽,长,面积达 1076km²;冰岛东南部的伐特纳冰帽规模更大,面积达 8410km²。

按照冰川所处地区的气候条件,冰川的物理性质及冰川周围环境综合指标,山岳冰川分为海洋性冰川与大陆性冰川两类。海洋性冰川主要分布在受海洋湿润气流影响的地区,冰川水分循环速度大,地质地貌作用强烈,侵蚀地形发育;而大陆性冰川分布在气候干燥的大陆内部,冰川的地质地貌作用微弱,堆积地貌发育。有些大冰川坎下发育奇特的冰塔林。

a. 悬冰川　　　　　　　　　b. 冰斗冰川

c. 山谷冰川　　　　　　　　d. 复式山谷冰川

e. 山麓冰川　　　　　　　　f. 冰川

图 10 - 2　冰川的类型（根据 Г.К.图申斯基）

我国的现代冰川全为山岳冰川。

（二）冰川的物理分类

根据冰川活动层（由冰川表面以下至 15～20m 深度内）以下的恒温层所特有的热力特征，将冰川分为三类：暖型、冷型和过渡型。

（1）暖型冰川。此类冰川主要分布在温带海洋性气候区，如欧洲阿尔卑斯的现代冰川。我国西藏东南部山地及横断山的一些山区，受印度洋西南季风影响下发育的冰川亦属此类。

其特点是：冰川上部的活动层受气温变化而升高或降低，而下部的恒温层则不受气温变化的影响，使冰川至底部的温度具有压力融点的等温状态（℃附近），只有冬季上层几米处于负温。在冰内或冰下通道里有大量融水存在，由于冰川底部有一层融水，使冰川运动速度较大，年运动速度达 100m 或更大。雪线较低，冰舌可下伸入森林带，冰川进退幅度大，冰川地质作用较强。

（2）冷型冰川。此类冰川主要分布在极地地区和温带大陆性气候下的中、低纬山地。我国西部和中亚高山冰川大多属此类型。其特点是：不仅冰川活动层的温度很低，恒温层内温度也明显低于冰融点温度。冰体直到很大深度都是负温，主体温度常在 −1℃ ～ −10℃ 以下。

冰川里几乎没有融水可起润滑作用，所以冰川运动慢，一般年运动速度为 30～50m。雪线较高，冰舌高居在森林带以上，进退幅度小，冰川地质作用强度较弱。

（3）过渡型冰川。冰川表层为低温，而底部为相应的压力融点温度。

四、冰川的运动

运动是冰川区别于其他自然界冰体的最主要特征。冰川运动主要通过冰川内部的塑性变形和块体滑动来实现（图 10-3）。冰川冰是冰晶的聚合体。它在低温条件下，冰晶体相互之间结合十分紧密。当冰层厚度达到某一临界厚度时，冰层下部受到上部冰层的较大压力，使冰的融点降低，这时在下部冰层内部则是冰、水和水汽三相共存的物态。在缓慢增加的压力作用下，冰的晶体之间的相互位置就可以变动而出现塑性变形。因此，一般较大的冰川常可以分为两层，上部为脆性带，下部是塑性带。塑性带的存在是冰川流动的根本原因。但对于小冰川，塑性流动带常不明显，冰川运动主要依靠底面滑动。

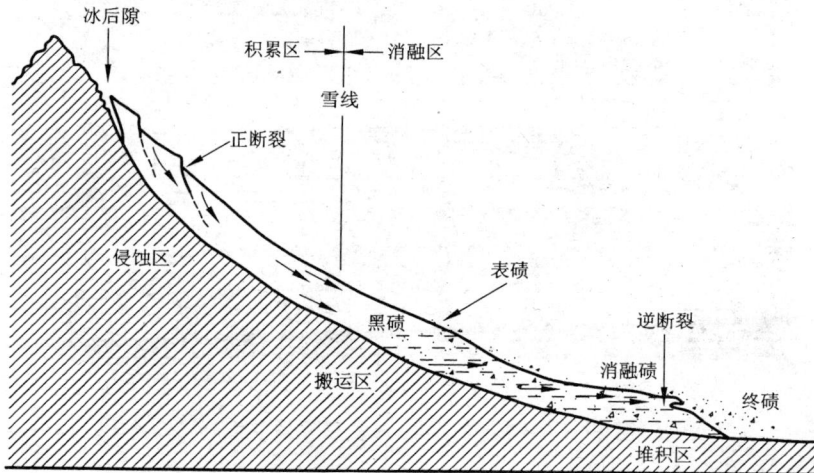

图 10-3　山谷冰川的运动（据 A. L. Bloom）

导致冰川运动的力源主要是重力和压力。取决于底床坡度而流动叫重力流，多见于山岳冰川；取决于冰面坡度而流动叫压力流，多见于大陆冰盖。

冰川运动的速度取决于冰川的厚度，冰床或冰面坡度，两者成正比关系。冰川的流动速度是非常缓慢的，肉眼不易觉察。山岳冰川流速一般为每年几米到一百多米。例如，中国天山冰川流速 10～20m/年；珠穆朗玛峰北坡的绒布冰川，中游最大流速为 117m/年。但是，世界上有些冰川在短期内出现爆发式的前进，如 1953 年 3 月 21 至 6 月 11 日不到三个月，喀喇昆仑山南坡的斯塔克河源的库西亚冰川前进了 12km，平均每天 113m；西藏南迦巴瓦峰西坡的则隆弄冰川，在 1950 年 8 月 15 日（藏历七月初二）晚，冰川突然前进，数小时内冰川末端由原来海拔 3650m 处前进至海拔 2750m 的雅鲁藏布江河谷，前进水平距离达 4.8km，形成数十米高的拦江冰坝，使江水断流。

　　冰川运动的速度在冰川各部分是不同的。从冰川的纵剖面来看，中游流速大于下游；从横剖面来看，冰川中央流速大于两侧；从垂直剖面来看，冰舌部分以冰面最大，向下逐步减少，而在冰雪补给区则因下部受压大，故最大流速常位于下层离冰床一定距离的地方（在冰川最底部因为和冰床摩擦速度降低）。由于冰川表面各点运动速度的差异，因而冰面上常产生各种裂隙。

　　冰川的运动速度及末端的进退，往往反映了冰川物质平衡的变化。当冰川的积累量与消融量处于平衡时，冰川停滞稳定。随着气候的变化，若降雪增多，冰川积累量加大，就会导致冰川流速变快，并以动力波的方式向下传播，冰舌末端向前推进；反之，若冰川补给量减少或消融量增加，则冰川流速相应减小，冰川后退。

五、冰川的侵蚀、搬运和堆积作用

（一）冰川的蚀作用

　　冰川有很强的侵蚀力。根据冰岛的河流含沙量的分析，冰源河流含沙量超过非冰源河流的 5 倍。冰川的侵蚀方式可分两种，即挖蚀作用和磨蚀作用（图 10 - 4）。

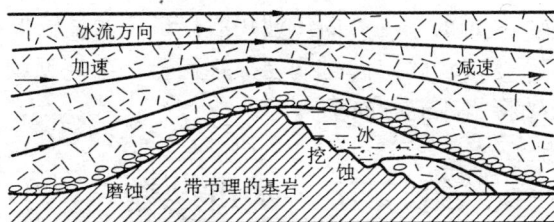

图 10 - 4　冰川对基岩的挖蚀作用和磨蚀作用（根据艾伦，1970 年修改）

　　挖蚀作用是冰床底部或冰斗后背的基岩，沿节理反复冻融而松动，松动的基岩再与冰川冻结在一起时，冰川向前运动就把岩块拔起带走。冰川挖蚀作用可拔起很大的岩块。

　　磨蚀作用是冰川运动时，冻结在冰川底部的碎石突出冰外，像锉刀一样，不断地对冰川底床进行削磨和刻蚀。冰川磨蚀作用可在基岩上形成带有擦痕的磨光面（图 10 - 5）。

（二）冰川的搬运作用

　　冰川侵蚀产生的大量松散岩屑和由山坡上崩落下来的碎屑，进入冰川体后，随冰川运动

图 10 - 5　有擦痕的基岩磨光面
（天山，根据崔之久）

向下游搬运。这些被搬运的岩屑叫冰碛物。根据冰质物在冰川体内的不同位置，可分为不同的搬运类型（图 10 - 6）。出露在冰川表面的叫表碛，夹在冰内的叫内碛。分布在冰川底部的叫底碛，分布在冰川边缘的叫侧碛，两条冰川汇合后，侧碛合并构成中碛，随着冰川向前推进在冰川末端围绕冰舌的前端的冰碛物，叫终碛（尾碛）。

冰川搬运能力极强，它不仅能将冰碛物搬到很远的距离，而且还能将巨大的岩块搬运到很高的部位。冰期时，斯堪的纳维亚的巨砾被搬运到一千多千米以外的英国东部、波兰和俄罗斯平原。喜马拉雅山的山地冰川，能搬运重量达万吨以上的直径为 28m 的巨大石块。厚层的大陆冰川，它不受下伏地形的影响，可以逆坡而上，把冰碛物搬到高地上，例如苏格兰的冰碛物被抬举到 500m 的高度，在美国有些冰碛物被推举高达 1500m。西藏东南部的一些大型山谷冰川，把花岗岩的冰碛砾石抬举达 200m。这些被搬运到很远或很高地方的巨大冰碛砾石，又称漂碛。

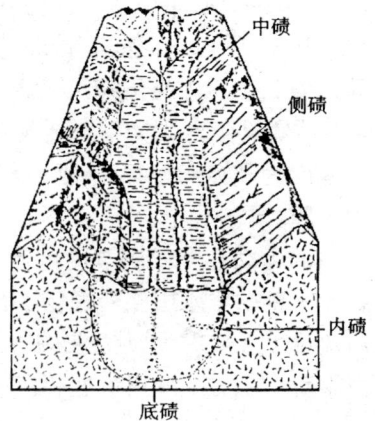

图 10-6　冰川搬运类型

（三）冰川的堆积作用

冰川消融以后，以不同形式搬运的物质，堆积下来形成相应的各种冰碛物。例如基碛（包括冰川搬运时的底碛、表碛、内碛和中碛）、侧碛和终碛。原。冰川堆积物的粒度悬殊很大，大漂砾的直径可达数十米，粒级很小的粘土粒径只有 0.005mm。这些颗粒大小不一的冰碛物，它们的比例在不同地区和不同时代的冰碛物中是不同的。

冰碛砾石在冰碛物中有一定的排列方向。冰川底碛砾石的长轴多与冰流方向一致，如果受后期冰水或塌陷的影响，冰碛物的定向排列受破坏而显得杂乱无章。终碛底部的砾石，由于受冰川的推动，砾石长轴将与冰流方向垂直。

第二节　冰川地貌

冰川地貌分为冰蚀地貌、冰碛地貌和冰水堆积地貌三部分。

一、冰蚀地貌

冰蚀地貌最典型的有冰斗、冰川谷（U 形谷）、羊背石等。

1. 冰斗、刃脊和角峰

在冰川作用的山地中，冰斗是分布最普遍、明显的一种冰蚀地貌。冰斗三面为陡壁所围，朝向坡下的一面有个开口，外形呈围椅状。即冰斗是由冰斗壁、盆底和冰斗出口处的冰坎（冰斗槛）所组成。当冰斗进一步扩展，或谷地源头数个冰头汇合时，冰坎往往不明显或消失，这种复式大冰斗叫围谷，或称冰窖。当冰川消退后，冰斗底部往往积水产生冰斗湖。

冰斗形成于雪线附近的积雪凹地。随着温度的季节和昼夜变化，使得积雪凹地的冰雪也跟着融化与冻结。温度升高时，冰雪融水渗入凹地底部或岩壁的裂隙中去；温度降低时，融水又冻结成冰，因体积膨胀而扩大了岩石的裂隙。在这种融冻作用的反复进行下，积雪凹地周壁岩石不断崩解破碎。崩落的碎屑物质通过融冻泥流向下缓慢移动，促使凹地不断扩大，从而形成雪蚀凹地或冰斗的雏形。当雪蚀凹地中的冰雪积累量不断增加，形成冰川冰时，后壁在挖蚀作用下不断后退变陡，凹地相应拓宽；而底部则在挖蚀—磨蚀作用下，进一步刷深，使其出口处形成相对高起而坡向相反的冰坎。这样，就形成了具有三面陡壁、中间深陷的围椅状典型冰斗地貌。关于冰斗的形成机制，还提出了一种"旋转滑动"的理论。这个理论认为，冰斗冰川粒雪线以下的消融区，夏天因强烈消融而出现负平衡，粒雪线以上的积累区却因冬季的积累而出现正平衡，冰川为了保持均衡，乃发生沿冰床的旋转滑动，基本原理见图10-7。显然，只有暖冰川才能作旋转滑动。

由于冰斗多发育于雪线附近，因此冰斗具有指示雪线的意义，即可以根据古冰斗底部的高度来推断当时雪线的位置。因而，古冰斗在冰川地貌学上就成了一种特殊的"化石"。

当山岭两坡发育了冰斗，随着冰斗的进一步扩大，斗壁后退，岭脊不断变窄，最后形成刀刃状的锯齿形山脊，称为刃脊。由三个以上的冰斗发展所夹峙的尖锐山峰，叫做角峰（图10-8）。如珠穆朗玛峰，外形呈巨大的金字塔形。

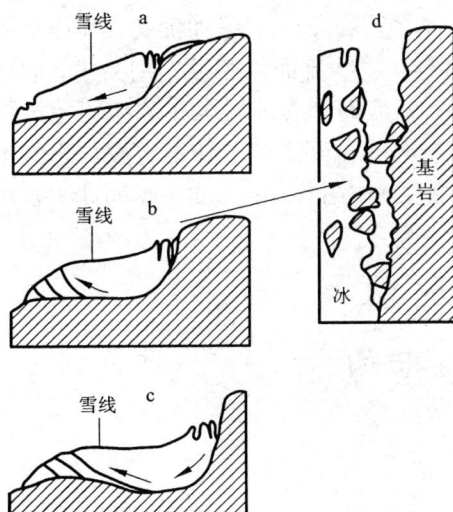

a、b、c：冰斗因旋转运动刨蚀成冰盆　d、背隙掘蚀作用

图10-7　冰斗冰川的侧锉和掘蚀

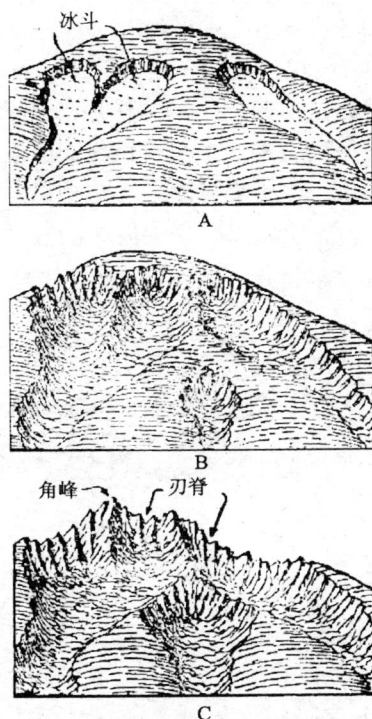

图10-8　冰斗、刃脊和角峰的发育

2. 冰川谷和峡湾

冰川谷又称 U 形谷或槽谷，它的前身大部分是山地上升前的河谷，以后由冰川切割 V 形河谷而成，但两者的地貌特征却显然不同。所有槽谷都有一个落差很大的槽谷头，就像河流溯源侵蚀的裂点一样，但其形成原因则是在于那里冰川最厚，底部剪切应力大，处于压融点状态，冰川冰可塑性强，侵蚀力强。冰川槽谷的横剖面可以用抛物线公式 $y = ax^b$ 来表示（a 是系数，x 是谷壁上任何一点到谷底中心的水平距离），发育最完好的冰川槽谷 b 接近于 2。冰川槽谷横剖面之所以要采取抛物线形状，是因为这是排泄冰量的最有效的几何图形。

槽谷在纵剖面上常呈阶梯状下降，每一阶梯均由前方高起的岩坎和后方冰蚀盆组成，冰阶与冰阶之间每由陡壁分开。这种阶梯状形态冰川作用选择性侵蚀的结果，选择性侵蚀与冰床各段岩性、构造的差异，以及原始谷底的起伏有关。构造运动和地形切割强烈的山区，冰川谷容易产生阶梯状纵剖面。

在平面图上，槽谷的显著特征是它的贯通性，冰期前的山嘴大多数被削平，因而十分顺直；同时冰川谷平面上是上游宽下游窄，因上游冰量大，侵蚀强，下游冰蚀弱。

此外，在主、支冰川汇流处，常因冰量不同而引起了侵蚀强度的差别。主冰川比支冰川厚度大，侵蚀力强，槽谷深度也大，当冰川衰退后，支冰川槽谷就高挂在主冰川槽谷的谷坡上，形成悬谷。它高出主冰川槽谷底数十米至数百米不等。

峡湾分布在高纬度沿海地区，这里沿冰期前河谷发育的山谷冰川，其下游入海后仍有较强的侵蚀能力，继续刷深、拓宽冰床；冰期后，受海浸影响，形成两侧平直、崖壁峭拔、谷底宽阔、深度很大的海湾，称为峡湾或峡江。挪威海岸有一个峡湾长达 220km，南美巴塔哥尼亚海岸的峡湾深度达 1288m。

3. 羊背石与鲸背石

羊背石是冰床上由冰蚀作用形成的石质小丘，常成群分布，远望犹如匍匐的羊群，故称羊背石。羊背石平面上呈椭圆形，剖面形态两坡不对称；迎冰流面以磨蚀作用为主，坡度平缓作流线形，表面留下许多擦痕刻槽、磨光面等痕迹；背流面则在冻融风化和冰川挖蚀作用下，形成表面坎坷不平作锯齿状的陡坡（图 10-9）。有时能见到大的羊背石上叠加小的羊背石成为复合羊背石。羊背石是冰川磨蚀作用与挖蚀（拔蚀）作用共同造成的，说明冰下水层并不很发育。

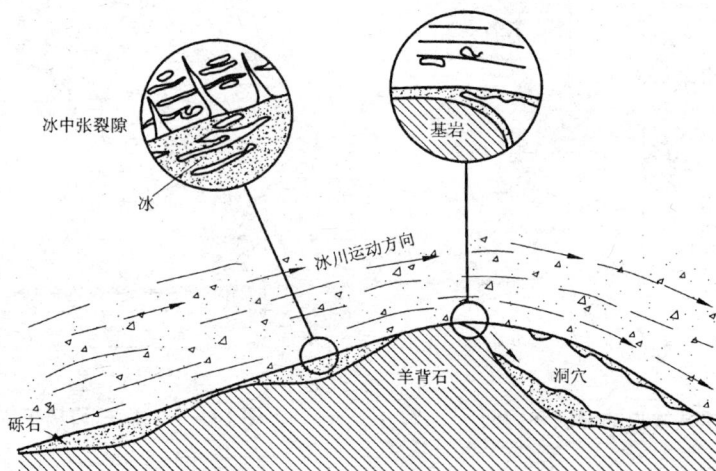

图 10-9 羊背石的发育（根据 D. E. Sugdenetal 1976）

鲸背石是迎冰面与背冰面均作流线型，挖蚀作用基本不存在，说明冰底滑动应以水层滑动为主，是更暖而冰下多水的条件下形成的冰蚀丘陵。羊背石在一般山地冰川的冰床上均易于出现，鲸背石则多属大陆冰盖下的产物，但山地冰川也有出现，如天山博格达峰区古班博格多河口上源。羊背石和鲸背石的长轴方向，与冰川运动方向平行，因而可以指示冰川运动的方向。

二、冰碛地貌

（一）冰碛丘陵（基碛丘陵）

在冰川消融后，原来随冰川运行的表碛、中碛和内碛等都坠落在底碛之上，形成低矮而波状起伏的冰碛丘陵。它们分布零乱，大小不等，丘陵之间经常出现宽浅的湖沼洼地。冰碛丘陵的形态和分布规律，在一定程度上反映了冰体消亡前的冰川下伏地形或冰面起伏形态。冰碛丘陵广泛分布于大陆冰川作用区，高度可达数十米或数百米，如东欧平原，北美洲的北部。在大型山岳冰川作用区，也能产生冰碛丘陵，但规模较小，如我国西藏波密出现在槽谷底部的冰碛丘陵，相对高度由数米至数十米。

（二）终碛垄

当冰川末端补给与消融处于平衡时，冰碛物就会在冰舌前端堆积成弧形长堤，称为终碛垄(堤)。山岳冰川终碛垄高度常达百米以上，但延伸长度较短；大陆冰川终碛垄高度较低，约数十米，但延伸长度可达数百千米。终碛垄的形态不对称，这种不对称有三方面的表现：①横剖面不对称，即外坡陡、内坡缓；②高度不对称，即内低外高；③溢出山口的冰川终碛垄往往向一侧偏转，它表现在东西流向的冰川上最为明显。终碛垄内侧地势较低，常积水成湖。终碛垄极易被后期流水切割成一系列孤立小丘，这些小丘总的排列方向仍是一个弧形，显示出原始终碛垄的形态。终碛垄可成组出现，分别代表了不同的冰期或不同发育阶段的冰川伸展范围。

在冰川前进时，有时也能形成终碛堤。冰川像推土机一样挤压着谷地中的冰碛沙砾，产生揉褶、逆掩断层等变形构造。当冰川处于相对稳定或后退时，终碛堤就能得到保存，其表面还能接受冰体消融而撒落的松散冰碛物。这种终碛叫挤压终碛，在我国天山、西藏等地都曾见到。

（三）侧碛垄

在山岳冰川地区侧碛是比终碛更易保存的堆积形态，因为它们伸长很远，也不易被冰水河流破坏。在冰川谷坡上往往可以发现高度不同的多列侧碛，一般高度为数十米左右。侧碛垄(堤)上游源头开始于雪线附近，下游末端常与终碛垄相连(图 10 - 10)。侧碛垄外坡可达33°~34°，内坡可达60°~70°。因此，坡度陡峭是侧碛垄的一大特色。

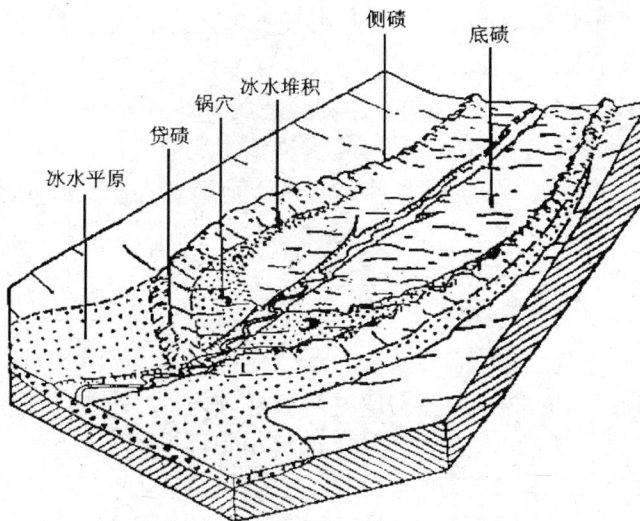

图 10 - 10　山谷冰川末端的侧碛堤和终碛堤(根据弗林特)

（四）鼓丘

它是主要由冰碛物组成的一种流线型丘陵。平面上呈蛋形，长轴与冰流方向一致。鼓丘两坡不对称，迎冰坡陡，背冰坡缓，一般高度数米至数十米，长度多为数百米左右。鼓丘内有时含有基岩核心，形如羊背石，它局部出露于迎冰坡，或完全被冰碛物所埋藏。鼓丘在山岳冰川作用区少见，而在大陆冰川区则往往成群地分布于终碛堤内不远的地方。反映了鼓丘的成因是在冰川边缘地带，冰川搬运能力减弱，当冰川负载量超过搬运能力，或冰流受阻时，冰川将携带的部分底碛停积，或越过障碍物把泥砾堆积于背冰面所致。因而，组成鼓丘的冰碛物中，含泥量较高，坚韧致密，鼓丘一旦形成就很难破坏。在大陆冰川区发育至为广泛，如在加拿大等地。

三、冰水堆积地貌

冰水堆积是指冰川消融时冰下径流和冰川前缘水流的堆积物。它们大多数是原有冰碛物，经过冰融水的再搬运、再堆积而成。因此，冰水堆积物一方面具有河流堆积物的特点，如有一定的分选性、磨圆度和层理构造；但同时又保存着条痕石等部分冰川作用痕迹，故又称层状冰碛。

冰水堆积按其形态、位置及成因等，分为蛇形丘、冰水扇和冰水平原等地貌。

（一）蛇形丘

它是一种狭长、弯曲如蛇行的高地。两坡对称，丘脊狭窄；一般高度 15～30m，高者达 70m；长度由几十米到几十千米，北美有长达 400km 的。蛇形丘的组成物质主要是略具分选的沙砾堆积，夹有冰碛透镜体，具有交错层理和水平层理结构。蛇形丘分布于冰川作用区内，它具有多种成因，常见的是冰下隧道堆积。在冰川消融期间，冰融水很多，沿着冰裂隙渗入冰下，在冰川底部流动，形成冰下隧道。在隧道中的冰融水流受到上游强大的静水压力，挟带着许多冰碛物不断搬运、堆积，并可逆坡运行，直至冰水堆积物堵塞隧道。当冰体全部融化后，这种隧道堆积出露地表，成为蛇形丘。因此，蛇形丘可有分支，亦能爬上高坡，匍匐于丘陵、高地之上，贯穿鼓丘群之间。

另外，有些学者认为蛇形丘是"冰前三角洲建造"形成。即由冰隧道和隧道口外两种堆积物组成。根据瑞典的蛇形丘发育情况，蛇形丘由许多小段组成的，呈串珠状。每段组成物质上游是粗大的砾石，地形细狭；下游为细小的沙粒，地形宽大。上游属冰下隧道堆积，下游是隧道口外扇形堆积。随着冰川节节后退，隧道口也逐步后移，这样就出现了一段段的堆积物。这种分段组成的蛇形丘又称绳结蛇形丘。

（二）冰砾阜、冰砾阜阶地和锅穴

冰砾阜是一种圆形的或不规则的小丘，由一些初经分选、略具层理的粉沙、沙和细砾组成；其上常覆有薄层冰碛物。它是由冰面或冰川边缘湖泊、河流中的冰水沉积物，在冰川消融后沉落到底床上堆积而成。在山岳冰川和大陆冰川中都发育冰砾阜。

冰砾阜阶地只发育在山岳冰川谷中，由冰水沙砾层组成，形如河流阶地，呈长条状分布于冰川谷地的两侧。它是由冰缘河流的沉积，在其与原冰川接触一侧，因冰体融化失去支撑而坍塌，从而形成了阶梯状陡坎，沿槽谷两壁伸展（图 10-11）。

锅穴指分布于冰水平原上的一种圆形洼地，深数米，直径十余米至数十米。锅穴是埋藏在沙砾中的死冰块融化引起塌陷而成（图 10-12）。

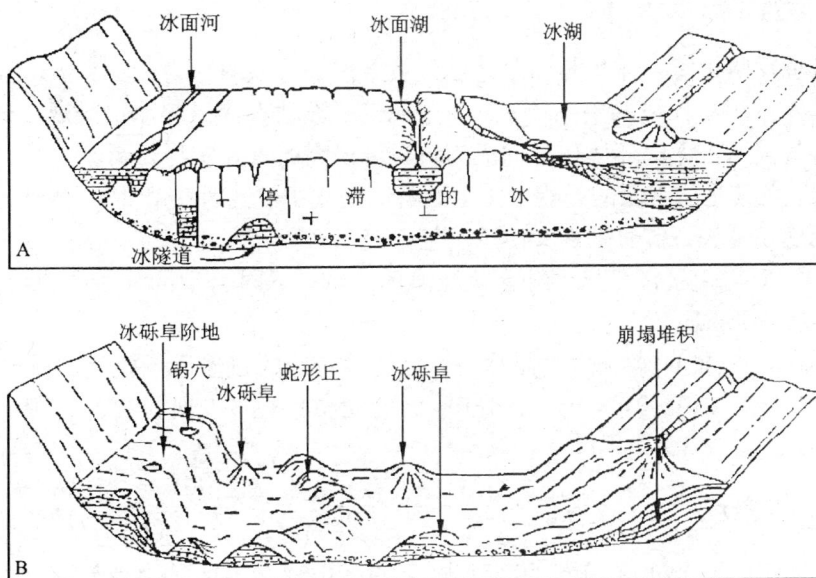

图 10 – 11 冰砾阜阶地

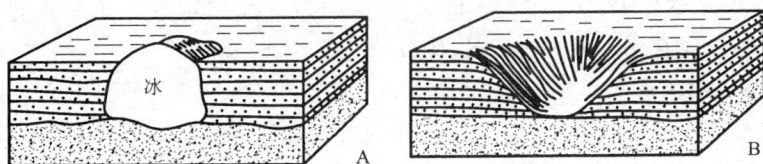

图 10 – 12 锅穴的成因

A. 砂砾层中的死冰块　B. 死冰融化后形成的锅穴

（三）冰水扇及冰水平原

冰川融水从冰川的两侧（冰上河）和冰川底部流出冰川前端或切过终碛堤后，地势展宽、变缓，形成冰前的辫状水流，冰水携带的大量碎屑物质就沉积下来，形成了顶端厚、向外变薄的扇形冰水堆积体，叫做冰水扇。几个冰水扇相互连接就成为冰水平原，又名外冲平原。冰水扇堆积物由分选中等的沙砾组成，含少量漂砾，向下游粒径明显变小，磨圆度显著变好，常有层理出现但极不规则。

第三节　我国冰川风景地貌

在我们人类生存的蔚蓝色的地球上现代冰川只占全球面积的3％，能作为旅游资源的冰川景观更是稀少罕见。国际上十分重视冰川旅游景观资源的开发利用，不少国家都辟有专门的冰川公园和冰川为主要景观的旅游胜地，如瑞士冰川公园、美国与加拿大联合组成的沃特顿冰川国际和平公园、阿根廷洛·歌莱西瑞斯冰川公园、新西兰库克山国家公园等都已成为备受旅游者欢迎的旅游胜地。

一、冰川景观特性

冰川对环境反映敏感。冰川是一定地形环境条件下气候的产物,降水与气温共同决定了冰川景观动态。冰川与环境的关系,一方面现代气候波动直接引起冰川景观变化,另一方面冰川记录了古气候与古大气环境信息而成为古环境研究的重要实物材料。

冰川景观,尤其是冰舌段的景观,处在不断地变化中。这种变化以消融景观为出,老的景观因消融彻底而消失,新的景观又由运动补给经消融而再产生。变化的周期有多年相、年相和季相,其中以年相为主。受冰川运动规律的制约,不同类型的景观占有一定的空间位置,但景观形态极少雷同。

知识性、美学性与趣味性强,这是冰川作为一种特殊的自然风景资源的重要特征。之所以说它特殊,在于寓知识、美学与趣味性于一体的动态景观以及既是自然奇观,又是自然科学研究的重要对象。

二、现代冰川景观

我国现代冰川主要分布在海拔5000m以上的高山地区,是登山爱好者向往的探险地。"冰雪旅游"是现代山岳冰川地区开展的十分诱人的旅游项目。我国最长的冰川新疆叶城县音苏盖提冰川,长42km,为世界登山者及"冰雪旅游"爱好者向往。祁连山新建的冰川旅游区,面积4km²。游人登上4300m高峰,可以观赏"七一"冰川奇景。贡嘎山是世界上山岳冰川最发育,最集中的地区之一,有现代冰川71条。

（一）贡嘎山海螺沟冰川

贡嘎山属横断山大雪山支脉的主峰,位于藏东川西。主峰高7556m,是藏东第一高峰。与主峰相连的山峰在6000m以上的达45座。藏语"贡"是冰雪之意,"嘎"为白色,意为"白色冰山"。贡嘎山雪线以上,终年冰雪覆盖,现代冰川十分发育。其中东坡的海螺沟冰川、燕子沟冰川;西坡的贡巴冰川;南坡的巴王沟冰川和北坡的加则拉沟冰川等最为有名。这些冰川地区具有降水丰沛、冰川运动速度快、消融强烈、温度高(一般冰内温度为0℃、冰面流水温度0.3℃左右)、冰舌末端常伸入森林带中等特点。

海螺沟内的冰川面积达31km²,包括3条山谷冰川和其他8条悬冰川、冰斗冰川。海螺沟1号冰川是贡嘎山规模最大的一条冰川,也是亚州位置最东、下降海拔最低的高山冰川之一,现长14.7km,面积16km²,跨越于海拔6750m与2850m之间,在纵向上明显地分为粒雪盆(海拔6750~4800m)、大冰瀑布(海拔4800~3720m)和冰川舌(海拔3720~2850m)三级阶梯。有大冰瀑、粒雪盆、冰斗、冰川、悬冰川、山谷冰川等现代冰川景观。

粒雪盆:海拔高度在6750~4800m之间,其三面陡壁,一侧开口,后壁坡度在40°~60°之间,因此雪崩频繁,成为粒雪盆冰雪补给的重要途径,占雪线以上冰川总补给量的44%。

大冰瀑布:由于粒雪盆积雪不断增加,底部的冰川冰承受的压力越来越大,成为塑性体,具有缓慢变形和流动的特征。冰川从粒雪盆溢出后,沿盆前缘的冰舌形成由许多级冰坎组成的气势雄伟的冰瀑布,从海拔4800m一下跌落至海拔3700m处,成为落差达1100m的我国最大的冰瀑布,其宽度为500~1100m。大冰瀑布实际上是由许多冰坝组成的规模巨大的冰川陡坡,终年有巨型的冰崩、雪崩发生。夏秋季节,小型冰崩特别多,每天可达数千次。冬春季节,冰雪崩塌的规模十分巨大,一次崩塌量可达数百万立方米。每当大型冰雪崩发生时，无数冰雪块自天而降，剧烈的碰撞与摩擦会产生放电现象，一时间蓝光闪耀，冰雪飞舞，隆隆响声，震撼天宇，数千米之外都可耳闻目睹，心弦震荡。

冰舌：长度约为 5.7km，宽 400～700m，冰体厚度约 100～130m，海拔高度为 3700～2850m 之间。冰川舌上分布着呈黑白交替出现的冰川弧拱，形似海螺身上的饰纹（海螺沟冰川之名源于此）。除了冰川弧拱外，冰川舌上还有冰裂缝、冰面湖、冰桌、冰洞、冰桥、冰下河、冰川城门洞等众多绚丽的冰川风光。冰裂缝两侧冰体完整，洁白透明，冰层结构清晰，既十分惊险，又颇为秀丽。冰裂缝有规律的分布使表面此起彼伏，从高处俯视，犹如一层层的固体波涛，汹涌澎湃。冰面湖是冰面上积水的冰融坑，单个湖体的规模都很小，形成之初尚不足 1m，但往往成片出现，如同镶嵌在冰面上的成群绿宝石。如果下面有冰裂缝，那么冰融水就会顺着裂缝流尽；冰桌又称冰蘑菇，由于大块的漂砾覆盖在冰川舌上，因此阻隔了热量的传送，夏天周围的冰川在阳光的照耀下渐渐融化，而漂砾下面的冰川却难以消融，久而久之，周围的冰面越融越低，漂砾下面的冰川则成为冰柱，将漂砾腾空托起，宛如一个巨大的桌子，又像是一只美丽的大蘑菇，当然这只冰蘑菇能维持的时间不会很长。冰洞和冰桥分布在冰川舌的前端，有的冰洞循冰体内近乎水平方向的裂缝发育，当冰洞延伸与冰裂缝勾通时就形成了冰桥；冰面河是由冰川表面的涓涓融水汇集而成，然后注入冰裂缝，下补冰下河。其流程虽短，且水量不大，但对冰面石块有很强的搬运侵蚀作用。在冰面河的弯道处，河水常将洁白的冰体淘蚀出各种奇特的造型，有的状若卧熊，有的形似企鹅，颇具观赏性；冰川城门洞是冰川舌前端的弯形洞口，因出现在冰崖下面，状若城门，故名。实为冰下河侵蚀所造成，冰下河自冰崖下涌出，形成冰融泉，夏天水流湍急，夹带着泥沙，冬天则断流。其内密布着圆锥形的"冰钟乳"，将这个冰中宫殿打扮得分外妖娆。随着冰川的前进和消融退缩，城门洞也不断地变动着位置，通常冰融泉随时可见，而城门洞则时隐时现，每隔数年才出现一次。

（二）天山一号冰川

一号冰川长 2.4km，平均宽 500m，最大厚度 140m，底部海拔高度 3740m，面积 1.95km²。一号冰川周围分布着大小 76 条现代冰川，有"冰川活化石"之誉。在一号冰川下面海拔 3500m 以上，可以看到成层的槽谷、岩坎、岩盆、冰斗及状似绵羊脊背的羊背石等冰蚀景观，在海拔 2800m 以上的谷地保存着各时期的冰川堆积物。

（三）七一冰川

七一冰川位于在嘉峪关市西南的祁连山中，距市区 116km。1958 年 7 月 1 日中国科学院高山冰雪利用研究队首次发现，故名。该冰川的冰舌部位海拔 4300m，冰峰海拔 5150m，冰川面积达 3km²，冰层平均厚度 78m；坡度小于 45°，全长 30.5km。

七一冰川景观奇特，形似一片银杏树叶，倒挂在祁连山巅，巨大的冰层峰峦叠嶂，威武峻峭。远望冰川雪峰连绵起伏，如一条银色的巨龙缓缓蠕动，又似银河倒挂，白练悬垂；近看则冰舌斜伸，冰墙矗立，冰帘垂吊，冰斗深陷，构成一幅奇特的雪景图画。在夏秋季节，但见冰舌处冰雪消融，水流四注，瀑布犹如银蛇飞舞；冰舌部位悬挂的瀑布汇聚成溪，穿过岩峭飞流直下，声震山谷。山坡上时有雪鸡栖息，雪莲与冰晶争芳斗艳，冰川下山坡上则牛羊遍野，牧人的帐篷中炊烟袅袅，又似一幅雪原放牧图。

（四）透明梦柯冰川

"透明梦柯"是蒙古语，意为高大宽广的大雪山。透明梦柯冰川，位于敦煌以南一百余千米处,是祁连山区最大的山谷冰川。透明梦柯冰川的冰面很平缓,冰面坡降为 3°~6°,游人可徒步不受阻碍直达冰川后壁,甚至登上 5483m 的最高峰。透明梦柯冰川系稳定性冰川的特征,没有雪崩危害,承受力大、安全性高。站在冰川之上,远眺如此旷达的雪野、透明洁净平缓的冰面,更觉眼前景象万千:突兀的雪峰气势磅礴、纵横交错的冰谷曲折迂回、千仞冰壁险峻嶙峋,还有好似银河倒悬于半空的冰瀑。冰川两侧皑皑雪山,无垠无际,其冰清玉洁,是猎奇观光、激发灵感的佳景;其凝华积素,是探索古今天候气象、生命奥秘的好境地;其"万壑群峰远障天,峰峰积雪断仍连",是旅游观光、探险猎奇的好场所。

(五)卡惹拉冰川

卡惹拉冰川位于拉萨通往日喀则的公路 180km 处,很容易到达。该冰川前缘由于基岩山丘起伏,促使冰舌前缘缓慢移动的冰层顶部发生张裂,冰雪沿冰层张裂缝消融,形成壮丽多姿的冰塔林。在冰塔林上由于雪尘相间显示出各种云卷状的奇异褶曲,犹如能工巧匠精心细雕的美丽花纹图案。在冰舌前缘的基岩冰蚀台地上可见数条长达 10 余 m,宽 10~20cm,深 8~10cm 的楔型刮痕平行分布,这是其他冰川罕见的迹象,形如"刨床"的导轨,使人绝口赞叹大自然的魅力

(六)梅里雪山明永冰川

明永冰川全长约 4km,宽 30m~80m,是北半球冰舌末端(冰川延伸而下的最末端)下伸最低的冰川,冰舌末端在海拔 2700m 处;冰川每年运动速度达 530m,是我国目前运动速度最快的冰川,比海螺沟冰川每年 188.8m 的运动速度快 3 倍。该冰川由于坡度大,冰川表面的纵向和横向冰隙发育,局部遇陡崖则崩塌而下,冰川的前缘和两侧冰碛发育。明永冰川与雄伟壮观、神奇美丽的卡瓦格博峰连为一体,两旁有茂密的森林,一年四季云雾缭绕,有高达千米的大冰瀑,冰下有冰台阶和美丽的弧拱造型,冰沟阡陌纵横,巨大的高差使冰川蔚为壮观,是我国最美丽的冰川。

(七)玉龙雪山冰川

玉龙雪山中段海拔 4000~4200m 以上的高山区域,发育有 19 条现代冰川,总面积达 11.61km²,其中东坡 15 条,西坡 4 条。玉龙雪山的现代冰川的类型可分为山谷冰川、冰斗冰川和悬冰川以及它们之间的过渡类型——冰斗山谷冰川和冰斗悬冰川。玉龙雪山冰川属海洋性暖型冰川,表冷里融是其基本特征。

(八)"万年冰洞"

山西宁武县涔山乡麻地沟村东,海拔 2300 米的山上有一处世界奇观——万年冰洞。它是全国最大的冰洞,也是世界上迄今永久冻土层以外发现的罕见的大冰洞。冰洞上下五层,最宽处直径有 20 多米,最窄处十几米。洞内的地面、洞顶、洞壁上全是冰。由冰形成的冰柱、冰帘、冰瀑、冰笋、冰花、冰钟、冰佛、冰床、冰挂、冰兽、冰人,千姿百态,栩栩如生,堪称一个冰的世界。

万年冰洞属岩溶成因洞穴群。当地表流水进入洞穴,在当地年均气温 -2℃ 以下的条件下,加之洞穴底部堵塞封闭,不存在空气对流热交换,洞壁岩石热导率低,可以使在冬季冻结的冰体得以保存。如此年复一年,长期不化,而成为"万年冰洞"。

三、古冰川遗迹

据研究,我国地质史上曾有过数次冰期和间冰期,数次冰期留下了大量的冰川遗迹,如

古冰川谷、古冰斗、巨大的冰川漂砾和林立的角峰与锯齿状的刃脊，以及冰蚀湖等。冰川遗迹对于人类研究古气候、古地理、地球气候变化乃至未来地球气候变化的走向和人类起源、人类肤色形成都具有极高的科研价值。

（一）海螺沟古冰川地貌

1. 冰川侵蚀地貌

海螺沟发育着一整套典型且壮观的冰蚀地貌，有冰蚀谷、悬谷、谷中谷、角峰、刃脊、冰坎、冰斗、粒雪盆（冰窖）、磨光面、刻痕、刻槽等，尤以谷中谷、金字塔形角峰、磨光面的规模宏大。

谷中谷：新冰期冰川发育在晚贡嘎期冰蚀谷内，晚贡嘎期冰川又发育在早贡嘎期冰蚀谷内，而现代冰川尚卧于新冰期冰蚀谷底，自老而新依次下切，形成套谷地貌。

金字塔形角峰：贡嘎山地区的冰蚀角峰以金字塔形为特色，塔高与塔座之比多为1∶2，仅海螺沟分水岭就耸立着高度千米以上的冰蚀金字塔20余座，且多有积雪，在碧蓝色天空与墨绿色林带的环绕之下，不失为高山之胜景。

谷壁磨光面、刻痕、刻槽：1号冰川冰舌中段两侧的石英片岩谷壁上的冰川磨光面，高20m（南岸）与50m（北岸），布满不同倾角组合的刻痕，刮痕和刻槽，甚至反向（倾向上游）刻痕、刻槽，最大的一道刻槽深1.8m、高3.8m以上。

2. 冰川堆积地貌

海螺沟的冰川堆积地貌以晚贡嘎冰期的冰碛堤和全新世冰水沉积地貌保存完整。晚贡嘎冰期侧碛堤占据了海螺沟中上游谷地两侧，堤长10km（左岸）与5km（右岸），堤高50～150m，有冰碛湖（水海子）与大量巨型漂砾（如大岩窝、大岩筐、包岩筐等）。堤面为原始森林所覆盖，是海螺沟的森林游览地。

全新世冰水台地：海螺沟口的磨西台地，由厚120m的冰水、冰川洪水与冰川泥石流堆积的砂砾层所构成。该台地原系谷地冰水平原（堆积于全新世早期），后随贡嘎山的快速上升（全新世中期），经磨西河与其支流燕子沟从两侧深切而形成，长10km、宽0.2～1.2km。

3. 冰缘地貌

沟内有多年冻土（下限海拔4900m左右）、季节冻土、融冻岩屑坡、融冻泥石流、雪蚀古冰斗、雪蚀洼地以及冰舌上的冰丘石环等。

（二）陕西秦岭太白山

太白山（3 667m）的古冰川地质景观也较典型：八仙台是一典型的角峰，在其西北面的大爷海及南面的二爷海、三爷海、玉皇池均为冰蚀湖，其中大爷海是非常典型的冰斗。该地冰蚀地貌有：冰斗、槽谷、角峰、刃脊、冰蚀洼地、冰斗湖、冰蚀湖、羊背石、冰溜面、冰擦痕；冰碛地貌有：终碛堤、侧碛堤、冰碛湖等；冰缘地貌有：石海、石河、石环、石玫瑰、石多边形、岩屑堆、冻融岩柱。以八仙台为中心，冰斗与槽谷呈辐射状展布，冰溜面、羊背石、多级水坎、冰蚀湖等说明该区以海洋性冰川为主；而高山区发育有石环、多边形土、石海、石河、冰缘岩柱等，则为大陆性气候的冰缘景观，说明太白山的古冰川具有过渡性质。

太白山古冰川遗迹，是连接我国西部现代冰川与东部第四纪冰川的纽带，具有十分重要的研究意义。专家认为：太白山第四纪冰川遗迹属冰斗山谷冰川，曾经历大殿冰期、斗母宫冰期、太白冰期。

（三）黄山第四纪冰川遗迹

黄山冰川遗迹主要分布在前山的东南部，典型的冰川地貌有：苦竹溪、逍遥溪为冰川移动刨蚀而成的"U"形谷；眉毛峰、鲫鱼背等处是两条"V"形谷和刨蚀残留的刃脊；天都峰顶是三面冰斗刨蚀遗留下来的角峰；天海、光明顶、北海狮子林的"冰斗洼地"；百丈泉、人字瀑为冰川谷和冰川支谷相汇成的冰川悬谷；立马桥头、青鸾峰上的七条"凹槽"；逍遥溪到汤口、乌泥关、黄狮垱等河床阶地中，分布着冰川搬运堆积的冰碛石；传为轩辕黄帝炼丹用的"丹井"、"药臼"，也是由冰川作用形成的冰臼。

（四）庐山第四纪冰川遗迹

1947 年李四光先生在专著《冰期之庐山》一书中提出，庐山在第四纪更新世曾经出现过三次冰期。它们是：鄱阳湖（Q_1）、大姑期（Q_2）、和庐山期（Q_3），证据是：

1. 冰蚀地貌

（1）冰斗：如大坳冰斗、五乳寺冰斗、鼓子寨冰斗等。

（2）冰川谷：如大校场、王家坡、七里冲冰川谷。

（3）羊背石：如白石嘴的羊背石。

（4）冰窖：如东谷、西谷、天花井、窖洼等。

2. 冰碛地貌

（1）终碛垄：在山下东侧的高垅、新桥一带；在山上的王家坡、莲花寺谷内。

（2）侧碛：如裁缝岭侧碛。

（3）漂砾：如西谷中的"飞来石"等。

（五）四川阆中冰川遗迹

2003 年 2 月～2005 年 4 月期间，四川阆中其圆型冰臼、角峰、有"李四光环"注鹅卵石、沙石覆盖的基岩中古冰川刻槽（刻槽从高到低宛如一朵朵"浪花"）陆续被人们发现，从而说明阆中在 200～300 万年前曾经发生过大规模的第四纪古冰川运动。

（六）浙江新昌冰川遗迹

2005 年 4 月，由中国第四纪冰川研究专家韩同林教授率领的考察队在浙江新昌考察时获得了三项惊人发现：万马渡为目前国内发现的规模最大的第四纪冰川遗迹冰石河；千丈幽谷景区鸳鸯池冰臼群为国内首次发现的砾岩冰臼群；在新昌石友广泛收藏并产自新昌澄潭江流域的水冲木化石、黄蜡石上发现了"李四光环"三大惊人发现，有力的证明了新昌发育过第四纪冰川。

（七）湖南浏阳大围山冰川遗迹

湖南虽在雪峰山、武陵山和八面山等地发现过第四纪冰川地貌，但规模小，也很零散，而大围山拥有各种"配套地貌"。大围山冰川遗迹包括冰斗、冰窖、U 形谷（图

图 10-13　大围山 U 型谷

10-13）、葫芦谷、悬谷、冰川擦痕、冰碛物等景观。大多集中分布在最高峰七星岭附近和景区内：镶嵌在大围山的 13 个天然"湖泊"，实际上是剧烈寒冻风化和冰川咆蚀作用形成的盛雪凹地——冰斗；龙须瀑布、西溪谷、栗木桥谷等都是冰川沿河谷流动时改造成功的 U 字形

冰谷，其特点是两壁边坡陡峭，谷底缓平而宽，纵剖面地形起伏大，有几段台阶状结构，在洼处有深潭或湖泊出现；"金麟戏水"、"天龟洗甲"、"中流砥柱"系"羊背石"；谷壁上到处都是冰川刻画留下的平行擦痕；"穿山甲下山"、"天狗望月"、"田鸡下蛋"、"熊猫抱子"等等大多为冰碛物。

另外，有人认为，在北京附近、浙江天目山、安徽九华山、湖北九宫山等地，都有古冰川遗迹存在。

中国第四纪冰川遗迹陈列馆

中国第四纪冰川遗迹陈列馆（图 10 – 14）座落于北京西郊翠微山下第四纪冰川擦痕处，是世界上唯一的以第四纪冰川擦痕实物为基础建立的博物馆。陈列馆的展陈分为冰川擦痕遗迹和 5 米长的画廊，包括鸵鸟蛋、恐龙蛋、三叶虫、猛犸象牙等化石及各种大小不同的冰渍石实物标本和介绍冰川知识及冰川资源现状四部分内容。1992 年 7 月正式开放。

馆内展览介绍了第四纪冰川的基本知识、李四光先生第四纪冰川学说的创立与发展、冰川系统的研究与应用以及在国民

图 10 – 14　石景山冰川馆

经济建设中的作用和我国第四纪冰川分布及考察情况等。展品绝大部分为冰川遗迹的照片资料及部分冰碛石标本。"气候及环境对人类生存发展的影响"、"人类如何在未来冰期中发展文明"、"冰川现象在今天为人类储存提供能源功能及人类文明潜在的巨大威胁"等专题陈列可使我们更深入地了解第四纪冰川学。

冰川馆不但向广大观众传播介绍地球、地质方面的科普知识，而且弘扬了李四光等老一辈科学家为攀登科学高峰不畏艰险、奋斗不止的爱国主义精神，同时也为地质界专家学者提供了一个实地考察，学术交流的活动场所。

注："李四光环"——冰川漂砾上的经冰川长期挤压后形成的形似指甲印的纹路，由李四光发现并命名，是冰川活动的有力证明。

第十一章 风成及黄土风景地貌

风力对地表物质的侵蚀、搬运和堆积过程中所成的地貌，称为风成地貌。风成地貌虽然可出现在诸如大陆性冰川外缘（冰缘区），湿润区的植被稀少的沙质海岸、湖岸和河岸；但是，主要还是分布在干旱和半干旱地区，特别是其中的沙漠地带。那里日照强，昼夜气温剧变，物理风化盛行；降水少，变率大，而又集中，蒸发强烈，年蒸发量常数倍、数十倍于降水量；地表径流贫乏，流水作用微弱；植被稀疏矮小，疏松的沙质地表裸露，特别是风大而频繁，所以，风就成为塑造地貌的主要营力，风成地貌特别发育。

干旱区和半干旱区，气候干燥，植被稀少，受风力作用，显现一片荒凉景象，但也有其独特的风景地貌景观。

连绵不断，波状起伏的高原，首先给人以宏伟开阔、意境深远之感。特殊的黄土梁峁，水土流失形成的千沟万壑，形态各异的黄土桥、黄土柱、黄土塔、黄土墙、黄土洞、黄土林以及层层梯田、黄土窑洞等，这些天然的或人为的景观不仅有很好的观赏价值，也越来越多地吸引着科学工作者前来考察和研究。

第一节 风沙作用

风沙作用指气流沿地表流动时，对地面物质的侵蚀、搬运和堆积等过程。

一、风蚀作用

风蚀作用包括吹蚀作用和磨蚀作用。风吹地面，由于风压力和气流紊动作用而引起沙粒吹扬，这种作用称为吹蚀。并非所有的风都可进行吹蚀，只有当风力达到足以使沙粒移动的临界速度时才能发生吹蚀，这种风称为起沙风。起沙风速因地表起伏、沙粒含水量多寡及粒径大小不同而异。起伏不平的粗糙地面，摩擦阻力大，起沙风速也大；平坦光滑地面，摩擦阻力小，起沙风速也小。沙粒含水量多则粘滞性强，需要较大风速才能起动，干燥沙粒则无需较大风速。以粒径 0.25～0.5mm 沙粒为例，干燥状态下起沙风速为 4.8m/s，含水量较高时起沙风速可高达 12 m/s。我国的沙漠沙多为粒径 0.1～0.25mm 的细沙，通常情况下起沙风速为 4m/s，而粒径 0.25～0.5mm 沙粒的起沙风速为 5.6m/s。当粒径大于 1mm 时，起沙风速更高达 7.1m/s。

起沙风通过所挟带的沙粒，不仅对地面进行吹蚀，更主要的是进行磨蚀，这种磨蚀使砾石表面形成风棱，甚至可深入岩石孔隙发生旋磨，形成风蚀龛、风蚀穴一类特殊地貌现象，或使石柱基部变细而成蘑菇状。干旱区铁路钢轨、列车车厢、电线杆及电缆钢架基部被风沙破坏的现象更是屡见不鲜。

二、搬运作用

风的搬运作用主要是通过风沙流即挟带沙粒气流的运动实现的。绝大部分沙粒是在离地面 30cm 高度内，尤其是 10cm 以内分别以悬移、跃移、和表层蠕动形式被搬运的（图 11－1）。观测表明，跃移沙粒约 3/4，蠕移沙子接近 1/4，悬移沙粒仅占有 1%～5%，即使粒径是不足 0.1mm 的细沙，往往也只能接近悬移状态。

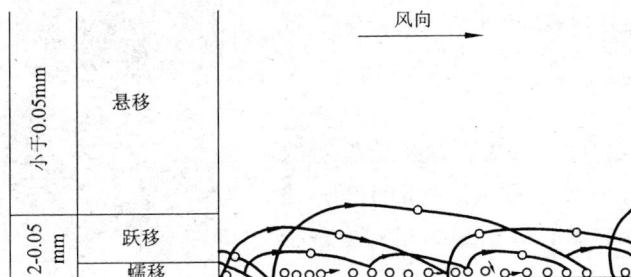

图 11－1　风沙运动的三种基本形式

风力搬运沙粒的数量即风沙流强度与起沙风速的三次方成正比，这意味着风速显著超过起沙风速时，搬运沙粒数量将急剧增加。

三、风积作用

当风力减弱或风沙流前进途中遇到障碍物使风速减小时，可以使沙粒发生堆积，这种现象称为风积作用。风力堆积的碎屑物称为风积物。风积物的主要类型有风成沙和风成黄土。风成沙粒级多在粘土至沙之间，粒度均匀，分选好，磨圆度高，矿物成分因地而异，堆积形态则为各种沙丘。

第二节　风蚀地貌

在干旱地区，由风和风沙对地面物质进行吹蚀和磨蚀作用所形成的风蚀地貌，在大风区域常有广泛的分布，特别是正对风口的迎风地段发育更为典型。由于岩性和岩层产状等因素的影响，它们具有种种不同的形态。因为风沙活动只限于距离地表的较低高度内，所以风蚀地貌一般也以接近地面处最为明显。

一、石窝

在干旱荒漠中，一种经常可以遇到的小型风蚀形态是石窝。石窝多发育在石质荒漠中巨大岩石的迎风峭壁和巉岩上，是许多圆形或不规则的椭圆形的小洞穴和凹坑（图 11－2），有的散布，有的群集，其直径约 20cm，深度 15～20cm。密集分布的凹坑，中间隔以狭窄的石条，状如窗格或蜂窝，又称石格窗。石窝的形成是由于阳光强烈照射，晒热岩壁，使岩石内部的矿物体积膨胀，而矿物的的热力性质各不相同，因而产生热力差别风化；再加上岩石受热时，其内部的盐溶液顺毛细管上升到近表面的细孔中结晶，撑胀岩石，发生崩解。风吹蚀风化的疏松岩面，形成许多浅小凹坑；以后，风沙再沿凹坑钻磨，使之不断加深扩大，逐步发展成为石窝。大的石窝又称为风蚀壁龛，有的高可及人。这种现象在花岗岩和粗砂岩岩壁上最发育。

如果在软硬岩层相间而产状又呈水平时，由于抵抗风蚀能力不一样，软弱岩层往往先被破坏，坚硬的岩层保留得较好，于是在崖壁上形成一种上凸下凹的形态，状如屋檐称之为石檐。

图 11－2　石窝

二、风蚀蘑菇和风蚀柱

裂隙很发育而不甚坚实的基岩，经受长期的风化和风蚀作用以后，形成上部大、基部小的，外形很蘑菇（蕈状）似的岩石，称为风蚀蘑菇（蘑菇石）（图 11－3a）。

形成蘑菇石的主要原因是风沙对岩石磨蚀时，受到高度的限制，距地面一定高度的高处，气流中沙量少，磨蚀小；而近地面部分沙量多，磨蚀作用强。长期发展下去，下部就被磨蚀得越来越小而变成蘑菇石。特别是当下部的岩性较上部软弱，易于风化变得疏松时，更有利风蚀蘑菇形成。

垂直裂隙发育的岩石，在风的长期吹蚀后，可形成一些高低不等、大小不同的孤立柱，称为风蚀柱（图 11－3b）。

图 11－3　风蚀蘑菇与风蚀柱

a. 风蚀蘑菇　b. 风蚀柱

三、风蚀谷和风蚀残丘

干旱地区雨量稀少，偶有暴雨产生洪流（暴流）冲刷地面，形成许多冲沟。冲沟再经长期风蚀作用改造，加深和扩大成为风蚀谷。风蚀谷无一定形状，可为狭长的壕沟，也可为宽广的谷地；沿主要风向延伸，底部崎岖不平，宽窄不均，蜿蜒曲折，长者可达数十千米。

一个由基岩组成的地面，经风化作用，暂时水流的冲刷，以及长期的风蚀作用以后，随着风蚀谷扩宽，原始地面不断缩小，最后残留下一些孤立的小丘，称为风蚀残丘。它的形状各不相同，主要受岩性、岩层产状和构造控制。如果层岩是由软硬相间的水平岩层组成，垂直节理发育不均，则多形成平顶的层状山丘，也有宝塔状的。这些山丘高低起伏，远望宛如废弃的古城堡的断垣残壁屹立在平地上，故又称"风城"地貌（图 11-4）。新疆准噶尔盆地的乌尔禾、东疆的吐鲁番盆地和哈密西南等地，这种风城地貌十分典型。在岩层疏松，软硬互层，短轴背斜构造发育地区，则形成垄岗状的风蚀长丘。柴达木盆地西北部，残丘的高度一般为 10~30m，低矮者仅数米，但亦有高达 40~50m 的；长度在 10 余米至 200m 不等，也有长达数千米。柴达木盆地风蚀残丘分布面积有 2.24 万 km^2 米，是我国最大的风蚀地貌分布区。

图 11-4　风城

乌尔禾风城奇观

乌尔禾是新疆准噶尔盆地西北边缘的一个小镇，位于克拉玛依油田以北的老风口附近。乌尔禾北侧的"魔鬼城"，为奇特风蚀地貌。每当夕阳西下，黄昏将临的时刻，远远望去，它宛如一座中世纪的古老城堡，堡群体立，大小相间，高矮参差，重叠错落，延伸数里，每当风起，堡内凄厉之声四起，使人惊心动魄，不敢向前。但在月白风清之夜，它却另是一番景象，奇形怪状的城堡，和月光下阴阳配合，虚实互补，景随月移，变化万千。

乌尔禾风城地貌的形成条件是：大约在距今 1 亿年左右的白垩纪时，乌尔禾一带处茫茫无垠的准噶尔淡水湖泊的边缘，湖泊内沉积了一套巨厚的砂岩泥岩地层，以后由于地壳上升，湖水干涸，岩层随之微缓变形升起，倾角极小，岩层产状近于水平。进入新生代以后，准噶尔盆地的气候愈来愈干燥，乌尔禾一带的气候属中温带大陆性干燥气候，气温年较差、日较差大，年降雨量不超过 60~70mm，主要集中在夏季，且多为暴而加冰雹，来势猛、去亦快。这里冬雪较多、春秋季多大风，在山口峡谷地带，当冷空气入侵时大风可达 12 级左右，风口之名由此而得。风是塑造风蚀地貌-魔鬼城的强大动力。具体地说，魔鬼城位于佳木河下游，北依哈拉阿拉特山，南为百口泉高地，西北是佳木河中游河谷，该河是从成吉思汗山和哈拉阿特拉山之间的峡谷中流出，峡谷正好是西北风的风口。风从风口吹来，首当其冲的是一片软硬相间的砂页岩组成的高地，由于这里地貌上属河口小盆地，两侧高而中间低，风吹到这里受地形影响，风向转来折去，形成了一股股旋风，加之白垩纪地层为砂页岩互层，犹如千层糕似的，一层硬一层软，岩层又长期受热胀冷缩的热力风化和温差悬殊的寒冻风化作用的影响，岩层中节理发育，暴雨流水循风化节理侵蚀切割。旋风式的强劲风力挟带着砂粒对砂页岩层中经暂时注流水粗加工的部位，进一步磨蚀雕刻。在长期风蚀作用下，把地层侵蚀磨蚀加工成了直立的高达几十米至上百米的石蘑菇、石笋、石兽、石亭与石堡等形态诡异、奇特、神似城堡的地貌。

　　风一方面剥蚀磨蚀岩层，另一方面还搬运风化岩石碎屑物，"大风起兮尘飞扬，飞沙走石势难挡"。千百吨的尘土沙石被风搬运到准噶尔盆地，堆积形成新的风成沉积。

　　在我国西北干旱地区的南疆塔里木盆地，青海柴达木盆地等戈壁区，也可以看到这类奇观。

四、风蚀雅丹

　　雅丹(Yadang)地貌与风蚀残丘不同，它不是发育在基岩上，而是发育在河湖相的土状堆积物中，以罗布泊洼地西北部的古楼兰附近最为典型。"雅丹"一词来自维吾尔语，意为"陡壁的小丘"，后来用它来泛指风蚀土墩和风蚀凹地(沟槽)的垄槽地貌组合。雅丹地面崎岖起伏，支离破碎，高起的风蚀土墩多作长条形，排列方向与主风向平行，高度多为 5~10m，也有 15~20m 的，有长有短(图 11-5)。土墩物质全为粉沙、细沙和沙质粘土互层，沙质粘土往往构成土墩顶面，向下风方向作 1°~2° 的倾斜。在罗布泊盐碱地北部的东西两侧，粘土土墩的顶面是盐结块，外表呈白色，称白龙堆。在《汉书·地理志》中有"白龙堆，乏水草，沙形如卧龙"的记载。

0 ____ 1m

图 11-5　风蚀雅丹

　　我国 63.7 万 km² 的戈壁沙漠地区中，雅丹是塔里木盆地罗布泊一带、柴达木盆地边缘和准噶尔西部地区特有的风成地貌景观。罗布泊洼地为更新世湖相沉积物，雅丹分布面积约 3000km²，分孔雀河、白龙堆、三陇沙、阿奇克各地等 4 个雅丹区。雅丹区内风成"古堡"拔地而起，群集戈壁，奇特险峭酷似高楼城堡和残垣断壁，千姿百态。

　　甘肃敦煌雅丹国家地质公园　敦煌雅丹国家地质公园位于敦煌市西北约180km处，玉门关西北约100km处。公园面积398km²。发育风蚀作用形成的雅丹地貌。地质公园内集中连片地分布着造型奇特的风蚀地貌，千资百态，惟妙惟肖，"蒙古包"、"骆驼"、"石鸟"、"石人"、"石佛"、"石马"等。它宛如一座中世纪的古城，世界许多著名的建筑都可以在这里找到它的缩影，令世人瞠目。夜幕降临之后，尖厉的劲风发出恐怖的啸叫，犹如千万只野兽在怒吼，令人毛骨悚然，也因此得名"魔鬼城"。敦煌国家地质公园属于古罗布泊的一部分，为沙漠平原区，光照充足，降雨量少，蒸发量大，四季多风，最大风力可达 12 级以上。在地质上位于新生代(距今约 6500 万年)敦煌-疏勒河断陷盆地的中心部位。构成雅丹地貌的岩石形成于距今约 70 万年的中更新世，为一套河湖相沉积，颜色呈灰色、绿色和土黄色，发育水平层理，交错层理，局部还可见到虫迹化石。由于岩层产状水平，垂直节理发育，较松软岩层在大自然疾风暴雨的漫长风化中，导致了各种雅丹风蚀地貌的形成。敦煌雅丹国家地质公园以其独特的大漠风光、形态各异的地质奇观、古老的民间传说，吸引了无数勇敢的探险者前来揭开"魔鬼城"神秘的面纱，探寻大自然的奥秘。

五、风蚀洼地

松散物质组成的地面，经风的长期吹蚀，可形成大小不同的浅凹地，叫做风蚀洼地（Wind-erosion depression）。它们多呈椭圆形，沿主风向伸展。单纯由风蚀作用造成的洼地多为小而浅的碟形洼地。如准噶尔盆地三个泉子干谷以北，平坦薄层沙地上分布有许多碟形洼地，直径都在50m以下，深度仅1m左右；美国亚利桑那的开比托高原等地，散布于整个易于风化的砂岩地表的风蚀洼地，也仅10m宽、17m长和1m深。

风蚀洼地的形状和尺度既取决于风况，也取决于大于起动风速的风和可风蚀物质之间相互关系表达的风蚀环境达到平衡。往下侵蚀达到地下水位，或者达到不易侵蚀的土层（如粘土），也能阻止洼地表面的风蚀。因此，地下水面或不易侵蚀的土层，就成为控制风蚀的局部基准面。

一些大型风蚀洼地，或叫风蚀盆地，其面积可从几平方千米到几百平方千米。如在南非，风蚀盆地面积有的达到300km²，深度7~10m。在北非的埃及西部沙漠和利比亚的某些地区，也有很大的风蚀盆地分布。在我国，甘肃河西走廊的弱水（额济纳河）东西两侧，风蚀盆地的面积有数平方千米至数十平方千米的，深度达5~10m或更大。这些大型风蚀盆地的成因是比较复杂的，不能单归因于风蚀。多数是在流水侵蚀的基础上，再经风蚀改造在而成；有些盆地具有断陷的构造盆地性质，后为风蚀作用修饰。

风蚀洼地在风蚀过程中，当风蚀深度低于潜水面时，地下水出露可潴水成湖。如我国呼伦贝尔沙地中的乌兰湖、浑善达克沙地中的查干诺尔、毛乌素沙地中的纳林诺尔等都是这样形成的。

第三节 风积地貌

风积地貌是指被风搬运的沙物质，在一定条件下堆积所形成的各种地貌，其中最基本的是由风成沙堆积成的形态各异、大小不同的沙丘。

一、沙丘的分类

国内外很多沙漠地貌学家先后用不同指标对沙丘进行了分类：

（一）根据气流和沙丘形态形成关系分

费道洛维奇（Б. А. Федорович）根据气流和沙丘形态形成关系的成因原则，把沙丘划分出四种基本的动力类型：①对流型：形成在风力较均匀的地区，如蜂窝状沙丘；②信风型：形成在单向或数个方向相近似的定向风地区，如沙垄；③季风－软风型：发生在季风更替和相反风向制动的地区，如新月形沙丘及沙丘链；④干扰型：发生在主要气流从山体障碍返回后，气流产生干扰的地区，如金字塔沙丘。

（二）按三级分类系统分

该分类系统根据成因－形态原则，采用三级分类系统对沙丘进行分类。首先，按沙丘形态和风况之间的关系，区分为三大基本类型：①横向沙丘——沙丘形态的走向和起沙风合成风向相垂直或成60°~90°的交角；②纵向沙丘——沙丘形态的走向和起沙风合成风相平行或成30°以下的交角；③多方向风作用下的沙丘——沙丘形态本身不与起沙风合成风向或任何一种风向相垂直或平行。其次，再按沙丘固定程度又把每一种基本类型划分为裸露（流动）的和具有植被覆盖（固定、半固定）的两个亚类。最后，每一亚类根据沙丘的形态特征作了细分（表11－1）。

表 11 – 1　　世界沙漠地区的主要沙丘类型

按与风的关系分类		流动沙丘	半固定、固定沙丘
类　别	风　况	沙　丘　类　型	
横向沙丘	单向风或两个相反方向的风	新月形沙丘和沙丘链	梁窝状沙丘
			抛物线形沙丘 耙状沙丘
		复合新月形沙丘和复合型沙丘链	
	两个近于相垂直方向的风	格状沙丘	沙垄－蜂窝状沙丘
纵向沙丘	两个锐角相交的风	新月形沙垄（赛夫沙丘）	树枝状沙垄
	单一方向的风	沙垄和复合型沙垄	
多方向风作用下的沙丘	一个或两个相似方向占优势的多方向风	线形复合型金字塔沙丘（线形星状沙丘）	
	若干个方向占优势的多方向的风	金字塔沙丘（星状沙丘）	
	风力较为均匀的各个方向的风	穹状沙丘（圆形沙丘）	蜂窝状沙丘

沙丘的分类还有布里德的纯形态分类法等。

二、风积地貌

风积地貌主要是指各种类型的沙丘。依据沙丘形态与风向的关系，沙丘可分三种基本类型，即横向沙丘、纵向沙丘与多风向形成的沙丘。

（一）横向沙丘

横向沙丘走向与合成起沙风向垂直或交角不小于60°，主要包括新月形沙丘，新月形沙丘链及复合新月形沙丘链三类。新月形沙丘主要是在单风向作用下由沙堆演变而成的，形似新月，两翼顺着主风向延伸，迎风坡凸而平缓（10°～20°），背风坡凹而较陡（28°～33°），沙丘高度一般为数米至30余米。两个以上新月形沙丘连结起来，构成新月形沙丘链（图11－6）。巨大沙丘链叠置小型新月形沙丘或沙丘链，则称为复合新月形沙丘链（图11－7）。它常长达10余千米，高达100m以上。

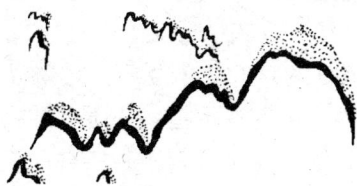

图 11 - 6　新月形沙丘链

图 11 - 7　复合新月形沙丘链

单个新月形沙丘一般分布在沙漠的边缘地区。而新月形沙丘链发育在沙漠腹地，或是沙子来源丰富的地区。这类沙丘都属于垂直于风向的横向沙丘。

（二）纵向沙垄

纵向沙垄是指走向与起沙风向平行或交角小于30°的沙丘，在我国西北一般高十余米至数十米，长数百米至数千米。纵向沙垄的成因有三种可能原因，一是在两个风向呈锐角相交时，新月形沙丘的一翼沿主要风向伸延，另一翼相对退缩而成；二是龙卷风被单向风吹压而成螺旋式水平气流，风从低地吹扬沙粒堆积于沙堆顶部；三是山口地区风力强大，也可形成沙垄。例如塔克拉玛干西部，一些山口前方的沙垄可延长十余千米，最长达40余千米。巨大沙垄体上叠置较小的沙垄，形成复合纵向沙垄（图11 - 8）。

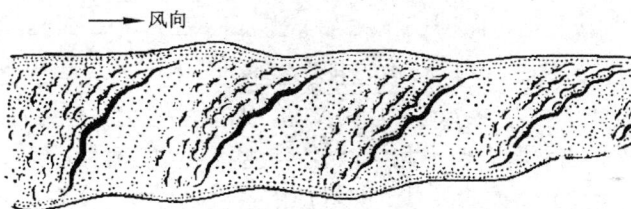

图 11 - 8　复合纵向沙垄

（三）多方向风形成的沙丘

金字塔沙丘是在多风向，且在风力相差不大的情况下发育起来的一种沙丘，因其形态与埃及尼罗河畔的金字塔相似而得名；有时其形态像海星，故又称为星形沙丘。金字塔沙丘有一个尖的顶，从尖顶向不同方向延伸出三个或更多的狭窄沙脊（棱）；每个沙脊都有一个发育得很好的滑动面（棱面），坡度一般为25°～30°；丘体高大，在塔克拉玛干沙漠南部，一般高度在50～100m，也有高达百米以上的。金字塔沙丘一般作零星的单个分布；但也有一个接一个而组成一个狭长的、不规则的垄岗（称线形星状沙丘），这种形态在纳米布沙漠和撒哈拉沙漠东北部有较多分布，塔克拉玛干沙漠南部也可见到。

蜂窝状沙丘、格状沙丘、星状沙丘、反向沙丘等，都属于多方向风形成的沙丘。

三、沙漠旅游

"黄沙西海际，百草北连天"，这是唐代诗人岑参对新疆沙漠的描述。浩瀚的沙漠，广袤千里。新月形沙丘、纵沙垅、格状沙丘、鱼鳞状沙丘、金字塔形沙丘等，各种形态的沙丘风姿绰约。奇特的沙生植物，埋没其间的古文化遗址，更给荒凉的沙漠赋予迷人的魅力。近年来兴起的沙疗、沙浴也引人注目。吐鲁番地区有几处沙山，沙中含有大量磁铁矿粉末，进行沙浴等于"磁疗"对神经衰弱、风湿性关节炎、高血压病有较好的疗效。宁夏中卫沙坡头还建成沙漠公园，游人在此可滑沙、观沙、听沙（鸣沙声响如钟），观赏沙生植物，还可乘古老的羊皮筏领略黄河岸上"塞外风光"。此外，甘肃敦煌鸣沙山、酒泉沙漠公园、毛乌素沙漠景观专线旅游等，也颇具有吸引力。我国沙漠面积广大，但沙漠旅游在我国刚刚兴起，仅限于沙漠的边缘地带，潜力巨大。世界上许多国家，如阿尔及利亚、印度、巴基斯坦等，都建立了沙漠旅游专线。

鸣沙山　鸣沙山为干旱区典型的风积地貌，位于甘肃省敦煌县城北6km，古称神沙山，沙角山。东西长40km，南北宽20m。高度百米以上，全由金黄色为砂砾堆积而成，大体呈新月形沙丘链状，峰顶陡峭。北麓有月牙泉。在峰顶俯视大漠原野，但见沙丘林立，绵延伸展。清泉荡漾。从山顶下滑，沙砾随人体下坠，鸣声不绝于耳；风沙绕山吹过，轰鸣作响，如金鼓齐鸣，似雷声滚动。因此称之为鸣沙山。

史书记载，天气晴朗之时，沙山上有丝竹管弦之音，犹如奏乐，称"沙岭晴鸣"，为敦煌一景。民间传说，古代有大将军率兵出征，兵马在此宿营。一夕，狂风骤起，黄沙蔽天，全军因此覆没。以后山内时闻鼓角之声，鸣沙山之名，由此而得。

沙坡头　位于宁夏中卫县城西20km处的腾格里沙漠南缘，黄河北岸，乾隆年间，因在河岸边形成一个宽2 000m、高约100m的大沙堤而得名沙陀头，讹音沙坡头。百米沙坡，倾斜60°，天气晴朗，气温升高，人从沙坡向下滑时，沙坡内便发出一种"嗡——嗡——"的轰鸣声，犹如金钟长鸣，悠扬宏亮，故得"沙坡鸣钟"之誉，是中国四大响沙之一。站在沙坡下抬头仰望，但见沙山悬若飞瀑，人乘沙流，如从天降，无染尘之忧，有钟鸣之乐，所谓"百米沙坡削如立，碛下鸣钟世传奇，游人俯滑相嬉戏，婆娑舞姿弄清漪。"正是这一景观的写照。

宁夏沙坡头集沙、河、山、园为一体，即具江南景色之俊秀，又有西北风光之雄奇。这里除沙坡鸣钟外，波涛汹涌的黄河从沙坡脚下流过，一路东下，缔造出了"塞上江南"——宁夏平原，也孕育出了辉煌灿烂的黄河文化；沙坡对面重嶂叠黛的山脉险峻挺拔，云遮雾绕，名曰"香山"，万里长城蜿蜒山间，依稀可辨；尤其是我国第一条沙漠铁路——包兰铁路从沙坡顶上通过，被誉为"人类治沙史上的奇迹"，被联合国评为"世界环境保护区500佳"。

响沙湾　响沙湾旅游区地处内蒙古鄂尔多斯市达拉特旗境内，达拉特平原南端的库布其沙漠中，居中国沙漠的最东端，以沙漠景观和响沙奇观为主要特色。此外，还有沙湖、沙地绿洲、蒙古族风情等景观。

在响沙湾旅游区，嫩黄色的沙漠一望无垠，沙丘连绵分布，景色壮观。景区内有东西500m长的沙湾，呈弯月状，沙丘高度110m，坡度为40°，形成一个巨大的沙山回音壁。这里沙丘高大，比肩而立，瀚海茫茫，一望无际，人们顺着云梯攀缘而上，从沙丘顶部滑下，便会听到如同飞机或汽车从远处驶来时的隆隆之声。众人同滑，响声更大，似杂技演员抖空竹，嗡嗡之声不绝于耳。宁静后突然用脚一踩，可发出闷声闷气的"蛙鸣"。捧一堆细沙用手挤压，噗噗作响。将此沙移至异地，同样处理却哑然失声。

巴里坤鸣沙山　位于新疆巴里坤盆地东缘，四周高山环绕，方圆约25km²，地面海拔2010m，沙山相对高度由35m至115m不等，沙丘大都作西北——东南走向，西坡缓，东坡陡。沙丘由金黄细砂组成，峰脊尖峭，蜿蜒蛇行，沙丘互相衔接。当人们从鸣沙山顶向下滑动时，便可发出"嗡嗡嗡"、"嘶嘶嘶"似轰炸机掠空般的轰鸣声。当多人共同下滑时，其声响震耳欲聋。滑沙人、听鸣沙人无不被激越的鸣沙声激动而欢呼跳跃，手舞足蹈，喝彩声震天。

　　"会唱歌"的响沙　响沙是流沙中的特有奇观，对游人颇有吸引力。世界响沙现有100多处，大多分布在北美洲。我国有四处最佳：它们是内蒙伊克昭盟达旗的银肯、宁夏中卫沙头坡；甘肃敦煌月牙泉鸣沙山；塔克拉玛干沙漠。流沙为什么会响？原来这种沙丘发生在高而陡、向阳的月牙形背风坡上，丘脚下有水渗出或有地下水移动，由于沙粒成分、粗细、干湿、大小和表面光滑度等不同，那些干燥而含有坚硬的石英沙子，在太阳的蒸晒下，沙粒间的空气在不断进进出出。在外力撞击下滑时，产生磨擦，就会发出象飞机掠顶而过的轰鸣声，人走声起，人止声停，人们风趣地称这种响沙为"会歌唱的沙子"。近年来又有人研究，认为响沙与电荷引起的振动及"共鸣箱"有关。由于石英晶体对压力很敏感，只要受到挤压就会产生电荷，促使沙粒发生新的振动，引起"歌声"。这是前者的解释。后者的观点是：响沙背风坡脚都有地下水分布，在太阳曝晒时，因蒸发旺盛便在地下形成一堵蒸气墙或一层冷气流；而在背风坡向阳的脊线上却是一个热气层，它们一起组成了一个"共鸣箱"。沙丘被风吹动，就会产生不同的频率。如果有种频率能在"共鸣箱"引起共鸣，便会使沙丘"歌声"变大，声音被蒸气墙等反射回来，音量相互达加，顿时变作喇叭。

　　海边和湖边沙丘也会歌唱，前者在白天，刮风时发出低沉之声；后者在雨后表层刚干燥才"唱"，声音较尖细。日本丹后半岛海滨浴场上的琴引滨和击鼓滨两个沙滩，春天唱起悦耳歌声，夏季变为微弱的低声，这种"歌声"吸引了大批游客。

第四节　黄土地貌

　　黄土是一种黄色、质地均一的第四纪土状堆积物，它具有疏松多孔隙、富含 $CaCO_3$ 垂直节理发育，透水性强，易沉陷等物理化学性质。黄土在流水作用下，形成很多沟谷和沟间地，叫黄土地貌。黄土疏松，矿物养分丰富，土层深厚、对农业生产极为有利，但由于多数地处半干旱地区，生态平衡脆弱，植被稀疏，暴雨集中，黄土易被冲刷。造成严重的水土流失，给农业生产带来一定的影响。另外，由于黄土的结构和岩性的特点，很易发生塌陷、对工程建设也有一定影响。

一、黄土的分布

　　从全球来看，黄土主要分布在中纬度干燥或半干燥的大陆性气候环境，即现代的温带森林草原、草原及部分半荒漠地区。这是由于内陆干旱荒漠区、半荒漠区的强大反气旋从荒漠中部向荒漠边缘移动，把大量粉沙和尘土吹送到草与灌木的草原地区逐渐堆积下来形成的。另外，中欧和北美的一些地区也有黄土分布，这是在冰期时大陆冰川区的干冷反气旋吹袭，将冰碛和冰水堆积物中的一些细粒物质吹到冰川外缘地区沉积形成的。因此，人们又把荒漠黄土称为暖黄土，冰缘黄土叫冷黄土。

　　我国黄土主要分布在北方干旱区和半干旱区，位于北纬34°～45°之间，呈东西向带状分布。黄土区的西面和北面和沙漠相连，从西北向东南依次为戈壁、沙漠、黄土逐渐过渡。从黄土的粒度看，西北部靠近沙漠的，粒度较粗，愈往东南距离沙漠愈远，黄土粒度逐渐变细。

　　我国黄土总面积约 63.5 万 km^2（原生黄土为 38.084 万 km^2，次生黄土为 25.444 万

km^2)。其中黄河中下游的陕西北部、甘肃中部和东部、宁夏南部和山西西部、是我国黄土分布最集中的地区，不仅分布面积广，而且厚度大(有超过200m的)。由于这个地区的地势较高，形成有名的黄土高原。

二、黄土的性质

黄土的性质对黄土地貌发育有重要影响，黄土主要性质如下：

1. 黄土的成分

黄土的成分包括黄土的粒度成分、黄土的矿物成分和黄土的化学成分三部分。

黄土的粒度成分的百分比在不同地区的黄土中和不同时代的黄土中都不一样。从水平分布看、它自北而南，自西向东，颗粒由粗变细(表11-2)。从垂直剖面看，从下部老黄土到上部新黄土粒度由细变粗。

表11-2　马兰黄土粒度成分平均值的空间变化(根据刘东生等)

地　　区	粒级含量(%)		
	>0.05(毫米)	0.05-0.005	<0.005
山　　东	8.95	64.7	25.7
山　　西	27.2	53.56	19.09
陕　　西	30.29	52.61	17.00
甘　　肃	24.97	56.36	18.59
青海柴达木	41.93	41.25	16.81

黄土中的矿物成分包括碎屑矿物和粘土矿物。碎屑矿物主要是石英、长石和云母，这三类矿物的总含量占全部碎屑矿物的80%。还有一些辉石、角闪石、绿帘石和磁铁矿等。此外，黄土中碳酸盐矿物含量较多，主要是方解石。粘土矿物主要是伊利石、蒙脱石、高岭石、针铁矿和含水赤铁矿等。

总的看来，各地不同时代黄土的矿物成分不论在种类组合或其含量分配都很一致，说明黄土组成物质的成分与附近基岩无关，而是从远处搬运而来的，并经过高度的混合。

黄土的化学成分以 SiO_2 占优势，其次是 Al_2O_3、CaO，再次为 Fe_2O_3、MgO_3、K_2O、Na_2O、FeO_2、TiO_2 和 MnO 等。由于黄土中易溶的化学成分含量较高，对黄土地貌发育有很重要的影响。

2. 黄土的厚度

黄土的厚度各地不一。我国黄土最厚的达180~200m，分布在陕西省泾河与洛河流域的中下游地区，其它地区从十几米到几十米不等。根据黄土地层看，在几十米到100~200m的厚层黄土中，可划分为早更世的午城黄土，中更新世的离石黄土和晚更新世的马兰黄土。晚更新世黄土的厚度较早、中更新世的为薄，例如晚更新世黄土的最厚部位于六盘山以西的渭河上游和祖厉河上游和六盘山以东的泾河上游，厚度为30~50m，其它地区只有10~20m。中更新世黄土和早更新世黄土在陕西泾河和洛河流域，厚度可达175m，到延安、靖边一带，厚100~125m，山西的南部也达百米，其它地区只有数十米。中更新世黄土厚度最大，它构成黄土高原的骨架。

3. 黄土的物理性质

黄土的物理性质和黄土地貌的发育关系极为密切。由于黄土疏松、多孔隙、垂直节理发育，极易渗水、很容易被流水侵蚀形成沟谷，也易造成沉陷和崩塌。黄土以粉沙为主、颗粒之间结合得不紧密，故有许多孔隙，黄土中的孔隙度一般在40%~50%，吸水能力强，透水性高。不同成因的黄土，孔隙度也不一样，一般风成黄土孔隙度大，冲积和洪积黄土孔隙度相对较小。

黄土中还发育许多节理，它们可能是黄土中的水分沿着孔隙向下运动，可溶盐类和细粒粉砂随水分沿孔隙移动使孔隙逐渐扩大而成。黄土的垂直节理在晚更新世马兰黄土中最为发育，常沿垂直节理崩塌．形成一些黄土柱或黄土陡壁。

由于黄土不仅孔隙度大，裂隙多，透水性强，而且有许多可溶性物质，故当黄土受水浸润，一部分物质被溶解流失后，便发生湿陷，形成各种黄土喀斯特地貌。

三、黄土地貌类型

黄土地貌可分为黄土沟谷地貌、黄土沟（谷）间地地貌和黄土潜蚀（黄土喀斯特）地貌等几种类型。

形成上述各种黄土地貌的原因，除了黄土本身的特点外、还受黄土堆积前的古地形和黄土区的各种外营力作用（流水作用、重力作用、地下水作用和风的作用）的影响。

（一）黄土沟谷地貌

黄土区千沟万壑．地面被切割得支离破碎。根据黄土沟谷发生的部位、沟谷的发育阶段和形态特征，可将黄土沟谷分为以下几种。

1. 纹沟

在黄土的坡面上，降雨时形成很薄的片状水流。由于原始坡面上的微小起伏和石块、植物根系或草丛的阻碍，水流可能发生分异，聚成许多条细小的股流，侵蚀土层，即形成细小的纹沟。这些细小的纹沟彼此穿插，相互交织在一起。纹沟的重要标志是没有沟缘线，沟底纵剖面与斜坡面纵剖面一致，经耕犁可立即消失。

2. 细沟

坡面水流增大时，片流就逐渐汇集成股流，侵蚀成大致平行的细沟。细沟的宽度一般不超过0.5m，深度0.1~0.4m，长数米到数十米。细沟的谷底纵剖面呈上凸形，下游开始出现跌水，横剖面呈宽浅的"v"字形、沟坡没有明显的转折（图11-9A）。

3. 切沟

细沟进一步发展，下切加深，切过耕作土层，形成切沟。切沟的宽度和深度均可达1~2m，长度可超过几十米。切沟的纵剖面坡度与斜坡坡面坡度不一致、沟床多陡坎。横剖面有明显的谷缘（图11-9B）。

4. 冲沟

切沟进一步下切侵蚀．其纵剖面呈一下凹的曲线，与斜坡凸形纵剖面完全不同，形成冲沟。冲沟的沟头和沟壁都较陡，规模也较大，长度可达数千米或数十千米，深度达数十米至百米。冲沟两侧的沟壁常发生崩塌、使沟槽不断加宽（图11-9C）。黄土冲沟的沟头上方或

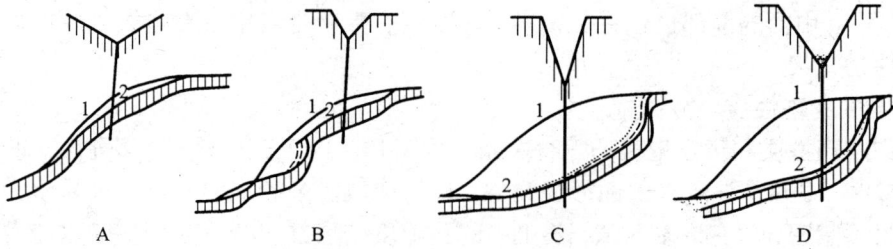

图 11 -9　黄土沟谷发育的阶段
A. 细沟　B. 切沟　C. 冲沟　D. 坳沟
1—坡面地形线　2—沟底地形线

沟床中常有一些很深的陷穴（图 11 - 10），它是由于下渗的水流对黄土中的钙进行溶蚀，并把一些不溶的细小颗粒带走，使地表发生下陷而形成的。陷穴形成后，便进一步促使沟头向源增长，沟床加深。

图 11 - 10　黄土冲沟的陷穴

5. 坳沟

冲沟进一步发展，沟床纵剖面的坡度逐渐变缓。沟底平坦并沉积了较厚的冲积物，成为坳沟（图 11 - 9D）。这时的沟谷已较稳定，不再切割，常开垦成耕地。由于冲沟切割较深，能达到潜水层，常有地下水出露。

（二）黄土沟（谷）间地地貌

沟间地是指沟谷之间的地面。沟间地的地貌形态有塬、梁、峁，从分布面积来看，它们是黄土高原的地貌主体。这些地貌类型，主要是由黄土堆积作用造成的。

1. 黄土塬

塬是面积广阔而且顶面平坦的黄土高地（图 11 - 11）。塬面中央部分斜度不到 1°，边缘部分在 3°～5°之间。现面积较大的塬有陇东的董志塬、陕北的洛川塬等。董志塬介于泾河的支流蒲河与马莲河之间，以西峰镇为中心，长达 80km，宽达 40km，面积 2200 多 km²。

塬受到沟谷长期切割，面积逐渐缩小，同时也变得比较破碎，就形成"破碎塬"。如甘肃合水、陕西定边、宜川和山西吕梁山西侧的一些小型塬。

塬是在比较平坦的古地面（平缓的盆地或倾斜平原等）上经黄土堆积而成。黄土堆积后，塬面侵蚀微弱。

2. 黄土梁

梁是长条形的黄土高地。它主要是黄土覆盖在古代山岭上而成的，也有些梁是塬受现代

图 11 - 11 甘肃董志塬素描图

流水切割产生的。根据梁的形态，可分为平顶梁和斜梁两种。

平顶梁顶部比较平坦，宽度有限，长可达几千米。其横剖面略呈穹形，坡度在 1°～5°；沿分水线的纵向坡度不过 1°～3°。梁顶以下是坡长很短的梁坡，坡度较大，多在 10° 以上，两者之间有明显的坡折。在梁坡以下，即为沟坡，其坡度更大。

斜梁是黄土高原最常见的沟间地，是当地群众真正所指的"梁"。梁顶宽度较小，呈明显的穹形。沿分水线已有较大起伏，梁顶横向和纵向坡度，由 3°～5° 可大到 8°～10°。梁顶坡折以下直到谷缘的梁坡坡长很长，坡度变化在 15°～35°。梁坡的坡形随其所在部位而有不同，在沟头的谷缘上方为凹斜形坡，在梁尾（沟头两侧）为凸斜形坡。梁坡以下，就是沟坡。

3. 黄土峁

峁是一种孤立的黄土丘，呈圆穹形。峁顶坡度为 3°～10°，四周峁坡均为凸形斜坡，坡度 10°～35° 不等。两峁之间有地势显著凹下的分水鞍，称为墕。墕之两侧均为凹斜形坡。分水鞍为两侧沟头所蚕蚀，残余成为极窄的长脊，则称"崾岭"。崾岭也常出现在塬和梁间，但其地势并不显著凹下，道路往往由此通过。

若干连接在一起的峁，称为峁梁；有时峁成为黄土梁顶的局部组成体，称为梁峁。

峁大多数是由梁进一步被切割而成，少数为晚期黄土覆盖在古丘陵上而成。黄土峁和梁经常同时并存，组成所谓黄土丘陵（图 11 - 12）。

图 11 - 12 黄土丘陵

我国黄土地貌景观区域差异大，梁峁丘陵沟壑以陕北延安、安塞、子长、缓德、米脂及晋西离石、兴县等地最为典型；高塬沟壑以陕西洛川、富县、长武等地最为典型；黄土长坡梁峁丘陵沟壑以甘肃秦安、甘谷、静宁等地最为典型；黄土梁峁丘陵沟壑，以陕西白于山河源区，宁夏西吉、彭阳及甘肃永登、皋兰、会宁等地最为典型。

（三）黄土谷坡地貌

黄土谷坡的物质在重力作用和流水作用下，发生移动。谷坡变缓，形成各种黄土谷坡地貌。

1. 泻溜

黄土谷坡表面的土体受干湿、冷热等变化影响而引起物体的胀缩，形成碎土和岩屑的剥裂，在重力作用下，顺坡泻溜而下。在谷坡的上方，形成泻溜面，坡度多在 35°~45°。谷坡的下方是泻积坡，坡度在 35°~38°。由于泻溜作用使谷坡上物质泻落到沟床两侧，洪水时成为沟水中的泥沙的主要来源之一，这也是黄土区的水土流失的方式之一。

2. 崩塌

在黄土的谷坡上，由于雨水或径流沿黄土的垂直节理下渗，水流在地下进行溶蚀作用，并把一些不溶的细小颗粒带走，使节理不断扩大，谷坡土体失去稳定而发生崩塌。一般来说，黄土能形成很陡的斜坡而不易崩塌，黄土区能见到许多直立的黄土柱，多年不坠。但是，一旦黄土受湿，其斜坡的稳定性就要大大降低。

3. 滑坡

黄土沟谷的滑坡常在不同时代的黄土接触面之间或黄土与基岩之间产生滑动。例如马兰黄土与离石英土或午城黄土接触面之间的滑坡，就是由于不同时代黄土的质地不同、地下水的下渗程度不同造成的。大型的滑坡常能阻塞沟谷而成湖池，湖池淤满后，积水排干而成平整的低洼地，叫湫地。

（四）黄土潜蚀地貌

地表水沿黄土中的裂隙或孔隙下渗，对黄土进行溶蚀和侵蚀，称为潜蚀。潜蚀后，黄土中形成大的孔穴和空洞，引起黄土的陷落而形成的各种地貌，称黄土潜蚀地貌。黄土潜蚀地貌有以下几种。

1. 黄土碟

黄土碟是一种由流水下渗浸湿黄土后，在重力的影响下，土层逐渐压实，使地面沉陷而形成的碟状小洼地。形状为圆形或椭圆形，深数米，直径 10~20m。它常常形成在平缓的地面上。

2. 黄土陷穴

黄土陷穴和黄土碟不同，它是一种漏陷的溶洞，陷穴是流水沿着黄土中节理裂隙进行潜蚀作用而成。陷穴多分布在地表水容易汇集的沟间地边缘地带和谷坡的上部，特别是冲沟的沟头附近最发育。根据陷穴形态可分三种：①漏斗状陷穴，呈漏斗状，深度不超过 10m，主要分布在谷坡上部和梁峁的边缘地带；②竖井状陷穴，呈井状，口径小而深度大，深度可超过 20~30m，主要分布在塬的边缘地带；③串珠状陷穴，几个陷穴连续分布成串珠状，陷穴的底部常有孔道相通，它常见于冲沟沟床上或坡面长、坡度大的梁峁斜坡上。

3. 黄土桥

两个或几个陷穴不断扩大，下部由地下水流串通不断扩大其间孔道，则在陷穴之间未崩塌的残留土体，就形成黄土桥。

4. 黄土柱

黄土柱是分布在沟边的柱状残留土体。它的形成是由于流水不断地沿黄土垂直节理进行侵蚀和潜蚀，以及黄土的崩塌作用，残留的土体就形成黄土柱。黄土柱有柱状和尖塔形的，其高度一般为几 m 到十几 m。

黄土地区流水侵蚀地面造成水地流失。据调查分析，我国黄土高原地区年平均侵蚀模数（每年在单位面积内流失的泥沙量）一般为 5000～15000t/km²。水土流失给农业生产的危害，主要表现为：①水土流失后地力变瘦；②沟壑扩延，耕地缩小；③大量泥沙淤积库渠，破坏水利。特别是在暴雨期间造成泥流下泻，还可冲垮道路，毁坏城镇，引起生命财产的重大损失，造成严重灾害。

因此，黄土地区进行水土保持是极其迫切的工作，在防止水土流失时，应充分考虑各种侵蚀形态发生发展的规律和分布特点。防止水土流失必须采取农、林、牧、田间工程及沟谷工程的综合措施。各种水土保持措施之间要相互结合，例如坡面修梯田，田边筑地埂，地埂上栽灌木带；田面采取等高耕作、沟垄耕作方法。而且各种水土保持措施要在面上互相结合，既要治理沟谷，又要治理沟间地；既要治理沟头，又要治理沟床。总之，对水和土进行步步涵蓄，节节拦阻，构成自上而下强的防蚀网。然而水土保持工作要做到这样，必须以实现土地合理利用为前提，根据不同自然条件，包括水土流失程度与方式，来合理划分宜农、宜牧、宜林的用地，并配置各种水土保持措施。

三、洛川黄土国家地质公园

陕西洛川黄土国家地质公园位于陕西省延安市南部洛川县境内，总面积 5.9km²。是目前世界惟一黄土类地质公园。

黑木沟是洛川黄土国家地质公园的主体，紧临洛川县城南，为黄河四级支沟，该沟沟长7000m，沟谷中部宽约 1100m，深 140m 左右。其中黄土剖面出露清楚，地层连续完整，古土壤层清晰，可比性强，具有很高的学术价值。此外，沟内有黄土微地貌发育，如：黄土滑坡、崩塌、黄土悬沟、黄土落水洞、黄土桥、黄土柱、黄土墙等。这些微地貌构造奇特，天然成趣，观赏性强。

洛川的黄土是由石英、长石及其粘土矿物形成的松散堆积物，垂直节理发育，直立性好，所以在大气水及地下水、地表水作用下，形成了奇异的黄土地貌景观。

黑木沟黄土地质遗迹是地质历史时期内力和外力地质作用的综合产物，是 240 万年以来地球地壳结构、构造运动和地貌形态演变的真实写照。出露齐全的黄土地层剖面，真实记录了第四纪以来古气候、古环境、古地理、古植被以及重要地质事件等多方面信息，是认识全球气候环境变化的三大支柱之一，也是提示地球第四纪奥秘的理想载体。该地层剖面是我国乃至世界上的标准黄土地层剖面。

第十二章　风景地貌与地质公园

第一节　风景地貌在地质公园中的位置

一、极高的美学价值是世界地质公园的基本条件之一

地质公园是由联合国教科文组织（UNESCO）在开展"地质公园计划"进行可行性研究中创立的新名称。它是指具有特殊地质科学意义、稀有的并具有极高美学价值的自然区域，这些特征对该地区乃至全球地质历史、地质事件和形成过程具有重要的对比意义和研究价值，并具有极高的科普教育和旅游观赏价值。

联合国教科文组织对世界地质公园的要求是："世界地质公园是一个有明确的边界线并且有足够大面积的地区；它是由一系列具有特殊地球科学意义、具有珍稀地质遗迹和极高美学价值的，能够代表某一地区的地质历史、地质事件和地质作用的地质遗址或者拼合成一体的多个地质遗址所组成，具有极高的全球对比意义；还可能具有考古、生态学、历史或文化价值。这些遗址彼此有联系并受到正式的公园式管理的保护；地质公园由指定机构来实施管理；在考虑环境的情况下，地质公园应具有创造经济、社会与环境效益的能力。在区域文化和环境上具有可持续的社会经济发展能力。可用来进行与地学各学科更广泛的环境问题和可持续发展有关的环境教育、培训和研究。"由此可知，地貌特征不优美，不能成为世界地质公园，没有特殊地球科学意义，不具有珍稀地质遗迹，也不能成为世界地质公园。

据有关章程，世界地质公园评定主要从地质遗迹的典型性、稀有性、自然性、系统性和完整性、优美性、科学价值、可保护性、经济和社会价值、保护管理基础、研究基础、国际对比地位、区域可持续发展能力等方面进行评价，其他如历史文化等也在评审中受到重视。这里清楚地表明极高美学价值及创造经济、社会环境效益的能力，是世界地质公园评定的一个不可或缺的基本条件。

二、中国的 12 家世界地质公园的地学特征和山水之美

截至 2005 年 2 月，全球共有 33 家世界地质公园，我国世界地质公园数量已达 12 家。这 12 家世界地质公园，风景地貌极其优美，都是我国最著名的旅游胜地。

（一）湖南张家界世界地质公园

张家界世界地质公园位于湖南张家界市，占地总面积 3600km²，主要地质遗迹类型为砂岩峰林地貌、岩溶洞穴。

地质公园分布区内出露泥盆纪（距今 3.5 亿～4 亿年）厚层石英砂岩，由于岩层产状平缓，垂直节理发育，受后期地壳运动抬升，重力崩塌及雨水冲刷等内外地质动力作用的影响，形成了奇特的砂岩峰林地貌景观．在园区内有 3000 多座拔地而起的石涯，其中高度超过

200m 的有 1000 多座，金鞭岩竟高达 350m，石峰形态各异，优美壮观，是世界上极为罕见的砂岩峰林地貌，有重大科学价值。其它尚有方山、岩墙、天生桥、峡谷等造型地貌以及发育在三叠纪石灰岩中的溶洞景观。

（二）江西庐山世界地质公园

占地总面积 500km²，主要地质遗迹类型为地质地貌、地质剖面。地质公园内发育有地垒式断块山及第四纪冰川遗迹，以及第四纪冰川地层剖面和早元古代星子岩群地层剖面，保存系统而完整，丰富多样，具有极高的美学价值及科学价值。庐山环境幽雅，文化历史悠久，人文景观丰富。

（三）广东丹霞山世界地质公园

世界上由红色陆相砂砾岩构成的以赤壁丹崖为特色的一类地貌均被称为丹霞地貌，丹霞山便是这类特殊地貌的命名地。

丹霞山位于南岭山脉南侧的一个山间盆地中，整体为红层峰林式结构，有大小石峰、石堡、石墙、石柱 380 多座，主峰巴寨海拔 618m，大多山峰在 300～400m 之间，高低参差、错落有致、形态各异、气象万千。

（四）安徽黄山世界地质公园

安徽省黄山风景区是全球为数不多的同时拥有世界文化、自然双遗产和世界地质公园三顶桂冠的地方。面积约 1200km²。属花岗岩峰林景观。黄山以雄峻瑰奇而著称，峰高峭拔、怪石遍布。山体峰顶尖陡，峰脚直落谷底，形成群峰峭拔的中高山地形。区内奇峰耸立，巍峨雄奇；青松苍翠，挺拔多姿；巧石嶙峋，如雕如塑；云海浩瀚，气势磅礴；温泉水暖，喷涌不歇。黄山以"奇松、怪石、云海"三奇和丰富的水景显示了天然的完美和谐。

黄山地质考察如下。

（1）综合地质线路 汤口→温泉→玉屏楼→北海→松谷庵→二龙桥，这是一条完整的黄山花岗岩山岳风景地质地貌路线，由晚元古代所形成的沉积变质围岩，到四期脉动侵入的黄山花岗岩复式岩体，止于太平花岗岩体。可考察构成黄山自然奇观的花岗岩体及其侵入接触带的地质构造特征，观赏地壳内、外营力在花岗岩内所造就的地貌奇观。

（2）花岗岩与围岩专题线路 温泉→云谷寺→白鹅岭，可考察早期花岗岩与晚元古代铺岭组玄武岩的侵入接触关系，以及组成花岗岩的矿物颗粒，由中粒到粗粒的结构演化规律和花岗岩颜色的变化特征。

黄山地质剖面示意图见图 12-1。

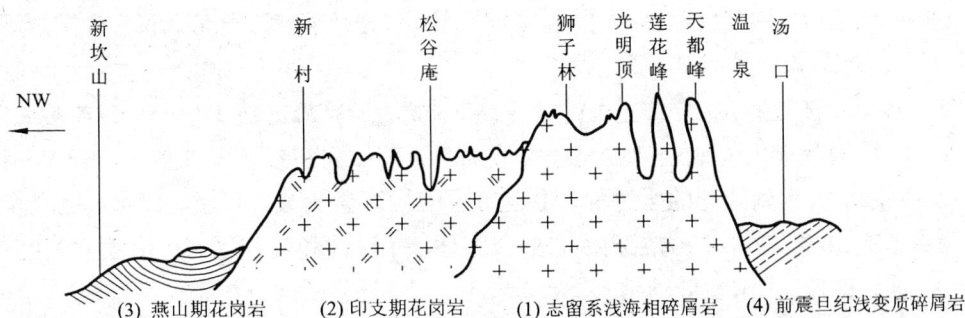

图 12-1 黄山地质剖面示意图（据景才瑞）

（五）河南云台山世界地质公园

云台山世界地质公园位于河南省焦作市修武县境内，因山势高峻，群峰似刀，常见白云缭绕而得名。园区内地貌复杂，地势起伏大，多具深沟峡谷、悬崖峭壁，连绵起伏，为典型的构造剥蚀地貌。集泰岱之雄、华岳之险、峨眉之秀、黄山之奇、青城之幽于一身。共有典型地质剖面、古生物景观、地质地貌景观、水体景观和地质灾害遗迹等五类，主要包括地层剖面，地层构造剖面，古生物化石，岩溶地貌，峡谷地貌，构造地貌，瀑布景观，湖泊景观，潭池景观，河流及地貌景观和崩塌遗迹等 11 种基本类地质景观。

（六）黑龙江五大连池世界地质公园

五大连池世界地质公园主要地质遗迹类型为火山地质地貌类。五大连池火山群是世界上保存最完整、最典型、时代最新的火山群，被誉为"中国火山博物馆"。因这里有丰富的具有医疗价值的矿泉，又被称为"中国矿泉水之乡"。14 座火山中，12 座形成于 1200 万年～100万年的地质时期，2 座喷发于 1719 年～1721 年，是中国最新的火山之一。区内火山锥体拔地而起，锥体中的火山保存完整，从火山口流出的熔岩流长达 10 余 km，阻塞河流形成五个串珠状湖泊－五大连池。这里的熔岩地貌类型多样，有世界稀有的火山喷气锥、喷气碟，有典型的绳状熔岩、翻花状熔岩及各种具有极高美学价值的象形熔岩、火山弹、浮石、熔岩隧道等。

（七）云南石林世界地质公园

以"天下第一奇观"著称的云南石林公园，占地总面积 400km^2，主要地质遗迹类型为岩溶地质地貌，是以石林地貌景观为主的岩溶地质公园。石林形态类型主要有剑状、塔状、蘑菇状及不规则柱状等。特别是这里连片出现的石柱群，远望如树林，人们望物生意称之为"石林"，石林术语即源于此地。石林地貌造型优美，似人似物，在美学上达到极高的境界，具有很高的旅游价值。

（八）河南嵩山世界地质公园

河南嵩山世界地质公园位于河南省登封市，总面积 450km^2，主要地质遗迹类型为地质（含构造）剖面。

嵩山位于华北古陆南缘，在公园范围内，连续完整地出露 35 亿年以来太古代、元古代、古生代、中生代和新生代五个地质历史时期的地层，地层层序清楚，构造形迹典型，被地质界称为"五代同堂"，实际上是一部完整的地球历史石头书。

嵩山是中国著名的"五岳"之一"中岳"，群山耸峙，层峦叠嶂，气势磅礴，人文景观众多。

（九）浙江雁荡山世界地质公园

雁荡山系位于浙江省温州市，全山总面积 450km^2，最高峰海拔 1150m。以奇峰、瀑布著称，以古火山机构及火山岩地貌为主要地质遗迹。雁荡山先后经历了四期火山喷发，记录了火山爆发、塌陷、复活到隆起的全过程，也经历了酸性岩浆爆发、喷溢、侵出、侵入全过程，向人们展示了火山喷发各种产物岩相模式的典型性、完整性和各种近代火山喷发产物的可类比性，被科学界称作"了解地球的钻头"。

（十）福建省泰宁地质公园

泰宁世界地质公园面积 492.5km^2，其中丹霞地貌面积 252.7km^2。这个地质公园以典型青年期丹霞地貌为主体，兼有火山岩、花岗岩、构造地貌等多种地质遗迹，是集科学考察、科普教育、观光览胜、休闲度假于一体的综合性地质公园。泰宁先后被评为国家重点风景名胜区、国家4a级旅游区、国家森林公园、国家地质公园、全国重点文物保护单位等。

（十一）内蒙古克什克腾国家地质公园

克什克腾国家地质公园保护面积达5,000余 km²，园区内具有10种类型的地质地貌景观，即冰川地貌、花岗岩地貌、火山地貌、泉类地貌、峡谷地貌、湖泊景观、河流景观、湿地景观、典型矿床及采矿遗迹景观和沙地景观，具有典型的地学意义。

（十二）四川兴文地质公园

四川兴文地质公园位于四川省兴文县，地处四川盆地南部与云贵高原过渡带，总面积约156km²。公园内石灰岩广泛分布，特殊的地理位置、地质构造环境和气候环境条件形成了兴文式喀斯特地貌，是国内最早对天坑进行研究和命名的地方，也是研究西南地区喀斯特地貌的典型地区之一。四川兴文地质公园内"地表石林、地下溶洞、特大天坑"三绝共生，是研究喀斯特地貌形成、发展、演化的天然博物馆，也是一部普及岩溶地质学知识的百科全书。

三、地质公园的建立保护了当地风景地貌

地质公园肩负供人们旅游观光的使命，旅游观光要求回归自然的氛围，要求天地人的和谐，要求环境的优美，地质公园的建立，就必须把保护自然环境、保护风景地貌、保护地质遗迹放在首位。只有这样，地质公园才会魅力永存。

地质公园的建立，一是从政策法规上确立了对地质遗迹和风景地貌的保护；二是从经济杠杆上使当地政府和居民认识到保护地质遗迹资源和风景地貌的重要性，有越来越多的普通民众自觉参与到这些活动中来，一个爱护地质遗迹、爱护风景地貌的良好社会风气正在形成；三是有了专门的管理人员；四是制定了保护开发规划和管理制度。概言之，地质公园的建立对当地的风景地貌是一个有力的保护。

第二节　中国国家地质公园

目前世界上有1500多处国家公园，以地质地貌景观为主要对象的公园占有重要位置。如地质构造类中的板块缝合线、区域构造、断层节理、褶皱等；古生物类中的古人类、古动物、古植物和生物礁；环境地质现象中的活火山、古火山、现化冰川及古冰川；风景地貌类中的溶洞、岩溶峰林、岩溶石林、岩溶钙华堆积、湿地、峡谷、悬崖、砂岩峰林、凝灰岩峰林、砂岩巨丘、丹霞地貌、花岗岩地貌、沙丘等类型。因此，地质公园是国家公园的一种类型。它是认地质遗产和地质景观为主要内容的自然公园。

中国国家地质公园是以具有国家级特殊地质科学意义，较高的美学观赏价值的地质遗迹为主体，并融合其它自然景观与人文景观而构成的一种独特的自然区域。由国家行政管理部门组织专家审定，由国土资源部正式批准授牌的地质公园。

中国国家地质公园的评审标准强调其自然属性，如地质遗迹的典型性、稀有性、自然性、系统性、完整性和优美性；与规划建设有关的面积适宜性、经济价值和社会意义，科学意义；

与管理和保护工作有关的管理规章，基础设施，边界划分和人员配置等诸多条件的综合考察，认真筛选，并强调命名后的动态管理，确保标准的达到和保持。

中国的地质公园，不仅涵盖了地层学遗迹、古生物遗迹、构造地质遗迹、地质地貌类型地质遗迹、冰川地质遗迹、火山地质遗迹、水文地质遗迹、地质工程遗迹、地质灾害遗迹等地学景观，更将灿烂的中华文明融入其中。

中国的地质公园的建立基础在于引人入胜的地质景观，寓教于游的科学内涵，脍炙人口的文化底蕴，让人留连忘返的社会风俗。与单个地质遗迹不同的是，地质公园把一个区域上的重要地质遗迹点，结合生态系统，科学、系统地形成公园。在保护地质遗迹的前提下，突出地质科普主题，将科普与旅游观光融为一体。

一、建立国家地质公园的意义

国家地质公园以保护地质遗迹资源、促进社会经济的可持续发展为宗旨。

（一）建立地质公园是保护地质遗迹的需要

保护地质遗迹的有效方式，就是动员全社会的力量，合理而科学地开发、利用地质遗迹资源。把建立地质公园与地区经济发展结合起来，通过建立地质公园带动旅游业的发展，使地质遗迹资源成为地方经济发展新的增长点。促进地方经济发展和增加居民就业，提高当地群众的生活水平，从而达到保护地质遗迹的目的。

（二）建设地质公园有利于社会精神文明建设

建立地质公园是崇尚科学和破除迷信的重要举措。地质公园建设以普及地学知识、宣传唯物主义世界观、反对封建迷信为主要任务，既要有对自然景观的人文解释，又有地质科学的解释，从而使地质公园既有趣味性，更有科学性。

（三）地质公园为科学研究和科学知识普及提供重要场所

对整个社会来说，地质公园是科学家成长的摇篮和进行科学探索的基地。对广大青少年朋友、对民众，地质公园是普及地质科学知识，进行启智教育的最好课堂。

（四）建立地质公园是一种新的地质资源利用方式

直到上世纪80年代末期，人们才逐步认识到地质遗迹资源对旅游业的重要性。地质遗迹有独特的观赏和游览价值，因此建立地质公园，可以使宝贵的地质遗迹资源不需要改变原有面貌和性质而得到永续利用。国家地质公园的建立，是对地质遗迹资源利用的最好方式。

（五）建立地质公园是发展地方经济的需要

通过建立地质公园，可以改变传统的生产方式和资源利用方式，为地方旅游经济的发展提供新的机遇。同时，可以根据地质遗迹的特点，营造特色文化，发展旅游产业，促进地方经济发展。

（六）建立地质公园是地质工作服务社会经济的新模式

改革地质工作管理体制，转变观念，扩大服务领域，开辟地质市场。建设国家地质公园计划的推出，为地质工作体制改革，服务社会提供了机遇。

二、我国各省(区)、市的国家地质公园

至目前止，全国已有国家级地质公园138家，各省(区)、市国家级地质公园见表12-1。

表 12-1 我国各省(区)、市国家级地质公园名单一览表

省份	国家地质公园	
北京市	石花洞、延庆、十渡	
天津市	蓟县	
河北省	涞源白石山、秦皇岛柳江、阜平、赞皇嶂石岩、涞水野三坡、临城、武安	
山西省	五台山、壶口瀑布、壶关太行山、宁武、	
内蒙古自治区	克什克藤、阿尔山、阿拉善	
辽宁省	朝阳、大连、本溪、冰峪	
吉林省	靖宇	
黑龙江省	五大连池、嘉荫、伊春、镜泊湖、兴凯湖	
上海市	崇明岛	
江苏省	苏州太湖西山、南京六合	
浙江省	常山、临海、雁荡山、新昌	
安徽省	黄山、齐云山、淮南八公山、浮山、祁门牯牛降、天柱山、大别山	
福建省	漳州大金湖、晋江深沪湾、福鼎太姥山、宁化、德化石牛山、屏南白水洋、永安	
江西省	庐山、龙虎山、三清山、武功山	
山东省	枣庄熊耳山、山旺、东营黄河三角洲、泰山、沂蒙山、长岛	
河南省	嵩山、焦作云台山、内乡宝天幔、王屋山、西峡伏牛山、嶂峡山、郑州黄河、关山、洛宁神灵寨、洛阳黛眉山、信阳金岗吧	
湖南省	张家界、郴州飞天山、莨山、凤凰、古丈红石林、酒埠江	
广东省	丹霞山、湛江湖光岩、佛山西樵山、阳春凌宵岩、深圳大鹏半岛、封开、恩平	
广西壮族自治区	资源、百色乐业大石围、北海涠洲岛、凤山、鹿寨县香桥	
海南省	海口石山	
四川省	自贡、龙门山、海螺沟、大渡河、安县、九寨沟、黄龙、兴文、射洪、四姑娘山、华蓥山、江油	
重庆市	武隆、黔江小南海、云阳龙缸	长江三峡
湖北省	神农架、木兰山、郧县	
贵州省	关岭、兴义、织金洞、绥阳双河洞、六盘水乌蒙山、平塘	
云南省	石林、澄江、腾冲、禄丰、玉龙黎明——老君山、大理	
西藏自治区	易贡、札达	
陕西省	翠华山、洛川	
甘肃省	敦煌、刘家峡、景泰黄河石林、平凉崆峒山	
青海省	尖扎坎布拉、久治年宝玉则、线助北山	
宁夏回族自治区	西吉火石寨	
新疆维吾尔自治区	布尔津喀纳斯湖、奇台、可可托海	
台湾省		

表 12 – 2　　中国国家地质公园主要地质遗迹分类和特征简表

主要地质遗迹学科分类	国家地质公园代表	主要地质遗迹特征	控制性地质背景	相关自然条件
地层学遗迹	河北阜平	太古界龙泉关组标准地层剖面	太行山前断层系统、断块山体	瀑布、温泉
	河南嵩山	从35亿年的太古界至元古界/中上元界、古生界/上元古界间三个不整合界面清楚、三大构造运动合名地	华北地台上的断块运动引起差异抬升	绝壁、险峰、茂林
	天津蓟县	中上元古界（18 – 8亿年）地层剖面，丰富的化石早于17亿年，宏观藻	华北地台上产状平缓的老地层剖面	碳酸岩峰丛地貌
	河北秦皇岛	华北完整的地层剖面、海蚀地貌、花岗岩峰丘	华北地台北沿燕山运动构造岩浆带的影响区域	燕山山脉与滨海丘陵海滨沙滩、赤林低山区
	浙江常山	奥陶系达瑞威尔阶层型剖面（GSSP）礁灰岩、岩溶	扬子地台稳定的碳酸盐浅海沉积	岩溶低山丘陵
	陕西洛川	中国黄土沉积标准地层剖面、黄土地貌	华北地台西部黄土沉积区	黄土沟塬峁梁、干旱植被稀疏
古生物遗迹	云南澄江	寒武纪早期（5.3亿年）生物大爆发，数十生物门类同时出现	稳定的浅海环境	丘陵、湖泊（断陷）
	安徽淮南	淮南生物群（7 – 8亿年），晚前寒武 – 寒武纪地层剖面	华北地台南沿，接近扬子地台	中国南北气候分带处
	四川安县	成片泥盆纪硅质海绵成礁、岩溶地貌	扬子地台西沿	龙门山中低山、森林
	四川自贡	多种恐龙化石密集埋藏地、完整化石骨架、恐龙的粪便	扬子地台，中生代内陆湖沼	川中红层丘陵
	甘肃刘家峡	恐龙足印群，最大者直径超过1m	华北地台西部中生代内陆湖泊	黄河上游峡谷
	北京延庆	成群原地埋藏硅化木化石	华北地台北沿，燕山构造带形成的中生代内陆盆地	中低山地
	黑龙江嘉荫	恐龙化石，中国发掘出的第一条恐龙化石，也是中国产于白垩纪末的恐龙化石，被子植物化石	完达山地块	中国最北自然景观
	山东山旺	中新世生物化石丰富、保存精美、十几个门类600余种鱼、爬虫、两栖、哺乳还有昆虫、植物等	火山断陷盆地	火山锥、火山口、火山口湖

续上表

主要地质遗迹学科分类	国家地质公园代表	主要地质遗迹特征	控制性地质背景	相关自然条件
构造地质遗迹	河南宝天漫	构造作用、变质作用各种形迹	中国大陆中央造山带(秦岭造山)	中国南北气候带交界处生物多样性，植被茂密
	四川龙门山	远距离推复构造(龙门山构造带)	青藏高原与扬子地台西缘交接带	中山森林
地质地貌类型地质遗迹	广东仁化	丹霞地貌、典型、命名地	华南准地台上的断陷盆地	低山丘陵、植被茂盛
	江西龙虎山	丹霞地貌、造型奇特的山石	华南准地台上的断陷盆地	低山丘陵、山青水秀
	湖南郴州	丹霞地貌、洞、峡、天生桥、绝壁	华南准地台上的断陷盆地	低山丘陵
	湖南莨山	丹霞地貌、平顶山、峰柱、峡缝、绝壁	华南准地台上的中生代断陷盆地	资江谷地沿河两岸分布
	广西资江	丹霞地貌、平顶山、峰柱、悬崖绝壁	华南准地台上的中生代断陷盆地	资江上游谷地、水清林密
	福建泰宁	湖水映衬丹霞地貌的峰柱绝壁、造型奇异的红色砂岩山石	华南活动带上的中生代火山断陷盆地	金湖中和近岸散布着奇峰怪石、水清林密
	安徽齐云山	丹霞地貌的丹崖长墙、扁洞、天生桥、谷巷有恐龙化石	华南准地台北缘的断裂带控制的中生代火山沉积盆地	林木茂密的低山丘陵
雅丹地貌	甘肃敦煌	风蚀作用使松散胶结的中更新世河湖沉积刻蚀出形态奇特的地貌景观，夜晚风啸如千百怪兽怒嚎	塔里木地块东北角新生代断陷盆地河湖沉积	沙漠景观，成片黑色沙漠漆
碳酸盐溶洞	北京石花洞	石灰岩岩溶洞穴七层，石钟乳、石花石柱石笋千奇百怪、下二层为地下暗河	华北地台在新构造运动中多次呈断块上升侵蚀	低山峡谷，岩溶地区
	山东熊耳山	岩溶石山，山形兽状，突兀于众丘之上、峡谷奇绝洞石怪异	华北地台上碳酸盐岩受新生代断层切割差异升降形成	低山丘崮，华北岩溶典型地貌

续上表

主要地质遗迹学科分类		国家地质公园代表	主要地质遗迹特征	控制性地质背景	相关自然条件
地质地貌类型地质遗迹	碳酸盐峰林地貌	云南石林	岩溶地貌、剑状石林、高20-50m峰丛状、洞、瀑发育	扬子地台西南缘，二叠纪后多次差异升降、水溶侵蚀	丘陵和峰林平原
		河北涞源	白云岩峰林、峰柱、绝壁、泉水、涞水之源	华地北台，新生代断块差异升降，垂直断层节理发育，崩塌，冻劈	中低山地、山青水秀、泉水不竭
	石英砂岩峰林地貌	湖南张家界	石英砂岩峰林，3000余峰柱，高者达400米，附近有碳酸盐溶洞	华南准地台，新生代断裂三组交叉切割，产状水平的石英砂岩层，崩塌冲刷	中山山地、山青水秀、峰柱上的虬松状似盆景
	花岗岩峰林地貌	安徽黄山	花岗岩峰林，石柱，奇峰，怪石，幽谷，温泉	华南准地台，新生代断裂活动差异抬升，流水和冰川作用造成	中山山地奇松遍布，树木茂密
		内蒙克什克腾	水平状节理发育的花岗岩因冰劈、冻融、风蚀作用而形成柱峰，似人、似兽似城堡	兴蒙地槽褶皱带与华北地台北缘燕山构造岩浆带的交接处	大兴安岭原始森林与浑善达克沙漠、科尔沁沙地接合部
冰川地质学遗迹	古冰川学	江西庐山	我国第四纪冰川研究的发祥地、完整的剖面、冰川遗迹和命名地、江南古老地层剖面、断块山	华南准地台的古老陆核部分新生代断块运动的差异升降	庐山鄱阳湖长江互相映衬、林木繁茂
	现代冰川	四川海螺沟	贡嘎山东侧现代冰川、长29km，最低冰舌下到海拔2750m，多处温泉	扬子地台西缘与康滇横断山脉褶皱带交接处，新生代强烈隆升	广阔的原始森林与冰川温泉共存

续上表

主要地质遗迹学科分类		国家地质公园代表	主要地质遗迹特征	控制性地质背景	相关自然条件
火山学地质遗迹		黑龙江五大连池	火山地貌,14 座火山,第三纪至第四纪喷发,最晚 1721 年,火山机构和火山湖熔岩形态特征典型	环太平洋构造活动影响,东亚裂谷系	平原,丘陵,植被发育
		福建漳州	滨海火山岩、玄武岩柱状节理、火山喷气孔和锥、海蚀地貌	环太平洋构造活动影响东亚裂谷系	海滨丘陵、沙滩、岛屿
		云南腾冲	近代火山地貌、地热泉、生物多样性、各种热泉和泉华	康滇横断山褶皱带,新构造运动强烈	低山丘陵、泉湖、植被发育
		广东湖光岩	火山地貌,玛珥湖	环太平洋火山岩	丘陵、植被茂密、湖
		安徽浮山	火山岩风化形成岩洞、火山机构完全、火山锥、火山口、火山渣、熔岩流	东亚裂谷系中断陷盆地	丘陵、树木繁茂
		浙江临海	白垩纪晚期火山岩,火山岩地貌、柱状节理、翼龙和鸟化石	环太平洋构造火山岩带	滨海丘陵
水文地质学遗迹		黄河壶口瀑布	黄河干流第一大瀑布,狭窄深谷、向源侵蚀	华北地台、印支运动影响形成一组 × 节理、控制河水侵蚀作用	黄河河谷,深切
		河南云台山	太行山前断层形成长墙丹崖,嶂谷、巷谷、瓮谷瀑布很多,其中天瀑高 304m	华北地台,太行山前断层差异升降	中山、峡谷地貌、森林茂密
工程地质遗迹		四川大渡河峡谷	大渡河峡谷和支流的嶂谷,巷谷、大瓦山和第四纪冰川,工程浩大而艰巨的成昆铁路,穿行峡谷桥涵相接,洞隧相连	扬子地台西缘、川滇南此向构造带,新构造运动影响强	中山与低高山,深谷林茂
地质灾害遗迹	崩塌地震引起	陕西翠华山	地震引起的山体崩塌堆积,堰塞河道成湖	秦岭北侧山前断层活动	中山、巨石坡积
	大范围山体崩滑	西藏易贡	现代冰川,高山峡谷、大范围山体崩滑、植被垂直分带	青藏高原隆升带	高山峡谷冰川

第三节　中国旅游地质资源图说明书选录

　　地质作用的速度除了一些突发性的变化,如火山、地震、滑坡、泥石流、地面塌陷等能使地质体瞬时发生变化以外,一般都是较为缓慢的,以千年、万年计时的。相对于人的历史来说,地质遗迹的存在具有永续性。但是,也正是如此,当人们或突发性事件破坏了这些地质遗迹时,它将是不可(或难于)再生的。

　　地质遗迹的形成、演化和发展的规律,是地质科学研究的内容之一。在利用地质遗迹进行旅游活动,亦即开发旅游地质资源时,必须大力宣传与之有关的地质科学知识。这就是旅游地质资源鲜明的科学性。

　　我国是世界上幅员辽阔、地质条件复杂的国家之一。有许多地质遗迹不只在国内,而且在世界上都具有极强的典型性和代表性,是珍贵的自然历史遗迹和国家乃至全世界的共同财富。在我国自然保护区建设中,有的已被各级政府划定为不同管理级别的自然保护区,有的甚至在国际上被列入世界人与生物圈自然保护区网而加以保护,有的被列入世界遗产清单,或被推荐候选列入世界地质遗迹清单(表12-3)。为了更好地开发与保护,还有的旅游地质资源经各级政府批准建立或被划入国家级、省级风景名胜区,许多与地质体直接有关的人类活动遗迹被政府有关部门列为国家或省的重点文物保护单位,上述情况表明,在开发旅游地质资源时,根据不同要求进行保护是十分重要的。

表12-3　被国际组织列入或推荐候选列入保护的我国有关单位的名单

A. 列入世界人与生物圈自然保护区网的	B. 列入世界遗产清单的	C. 推荐候选列入世界地质遗迹清单的
1. 卧龙自然保护区 * * *	1. 泰山风景名胜区 *	1. 北京猿人遗址
2. 鼎湖山自然保护区 *	2. 长城	2. 山旺化石遗址
3. 长白山自然保护区 *	3. 北京故宫	3. 自贡恐龙群
4. 梵净山自然保护区 *	4. 敦煌石窟 *	4. 澄江动物群
5. 武夷山自然保护区(福建) * *	5. 秦始皇陵(包括兵马俑坑)	5. 嵩山国家公园
6. 锡林郭勒自然保护区 *	6. 北京猿人遗址 *	6. 武陵源国家公园
7. 神农架自然保护区 *		7. 蓟县中上元古界地质剖面
8. 天山天池自然保护区(新疆)		

　　注:A项中有 * 者,保护内容或以地质遗迹为主,或有地质遗迹;有 * * 者,保护内容为孑遗生物。B项中有 * 者,属旅游地质资源。

　　旅游地质资源的主要旅游价值,大致可以有以下几种(表12-4):
　　(1)地质科学普及与考察;
　　(2)山水风光观赏;
　　(3)增长文化历史知识;
　　(4)疗养;

（5）开展体育运动与探险活动。

当然，一种旅游地质资源可以具有一种旅游价值，也可以同时具有多种旅游价值，如河湖既可进行山水风光观赏，又可开展水上体育运动。

表 12-4 旅游地质资源分类及其主要旅游价值

序号	类别名称	主要旅游价值				
		地质科普与考察	山水风光观赏	增长文史知识	疗养	体育与探险
1	重要地质剖面	√				
2	重要化石产地	√				
3	有特殊价值的矿物、岩石矿床产地	√		√		
4	重要地质构造遗迹	√				
5	古人类遗址	√		√		
6	溶洞	√	√	√		√
7	碳酸盐岩峰丛、峰林地质景观	√	√			
8	碳酸盐岩山岳丘陵地质景观	√	√			
9	高山钙华地质景观	√	√			
10	砂岩峰林地质景观	√	√			
11	土林地质景观	√	√			
12	丹霞地质景观	√	√			
13	雅丹地质景观	√	√			
14	沙漠地质景观	√	√			
15	花岗岩地质景观	√	√			
16	火山及熔岩地质景观	√	√	√	√	
17	变质岩山岳丘陵地质景观	√	√			
18	海岸地质景观	√	√		√	
19	现代山岳冰川地质景观及登山地	√	√			√
20	古冰川遗迹	√	√			
21	冻融地质景观	√	√			
22	峡谷	√	√			
23	瀑布	√	√			
24	河湖地质景观	√			√	√
25	温泉及地热地质景观	√		√	√	
26	具有特殊意义的泉	√			√	√
27	地震遗迹	√		√		
28	崩塌、滑坡、泥石流遗迹	√				
29	陨石坠落遗址	√				
30	重要的古代水利工程		√	√		
31	古采矿、古冶炼遗址	√		√		
32	古烧瓷遗址			√		
33	石窟、岩画及摩崖题刻		√	√		
34	其它地质景观		√	√	√	
35	多种地质景观	依其所包含类别而定				

附 录
风景地貌调查与城市地质调查

一、风景地貌调查

风景地貌景点的调查内容为：

（1）构成奇特山体的岩石、地层、节理、断层、褶皱等；

（2）构成奇特地貌的山势、冰川、名山峡谷、岩溶洞穴、丹霞地貌、雅丹地貌等；

（3）构成美妙水景的湖泊、温泉、溪、瀑布，并取水化学样进行水质分析；

（4）可供科普和考察旅游的典型地层剖面、化石产地、火山遗迹、地震遗迹等；

二、城市地质调查^注

1. 城市区重点或专项性调查内容

城市区重点调查内容包括城市地区地下水和地热资源调查评价、城市环境工程地质质量评价和区划、城市地质灾害调查及对策、废料排放场地选择的调查与规划、城市土地利用类型划分及其利用现状和土地质量评价分级等。综合基础性地质调查和专项、重点调查，编制城市规划地质系列图。

2. 城市环境工程地质质量评价与区划

城市环境工程地质研究评价在于分析、评定城市地质环境对工程建设的适宜性和适应性，即地质环境是否存在对工程设施、运行不利的自然地质因素和地质作用，反之，地质环境是否可能因工程建设而恶化，是否可能加剧或诱发新产生不良的地质作用、甚至地质灾害。城市环境工程地质按其决定因素及其表现形式可分为地壳稳定性、地面稳定性和地基稳定性三个方面，在此基础上进行环境工程地质质量评价和区划。

地壳稳定性评价，即调查研究地震地质和现代构造活动，参照地震活动周期、断层活动速率、地壳形变速率以及地应力测量资料，将地壳稳定性划分为稳定、基本稳定、次不稳定和不稳定级，并进行区划评价。地面稳定性则是进行地面变形因素、变形程度分析，划分强烈、较强、较弱、微弱四级地面变形程度，评价地面稳定性及其分级和区划评价。根据岩土工程特性、地形特征和地下水状况，进行地基稳定性分级评价。

区域地壳稳定性调查应在充分搜集以往地质、水文地质、地球物理、历史地震等方面资料基础上进行。

在城镇密集区、水电站密集区、重要铁路干线等地区开展如下内容的区域地壳稳定性调查。

（1）地形地貌调查，包括：分水岭、山脊（峰）、斜坡悬崖、沟谷、河谷、河漫滩、阶地、剥蚀面、冲沟、洪积扇、岩溶现象等。调查其形态特征、规模、物质组成和分布规律及其组合特征、过渡关系、形成的相对时代。

主要参考书

李维能，方贤铨．地貌学（测绘专业用）测绘出版社，1983

丁文魁，许耀明．风景名胜研究（风景与石）．上海：同济大学出版社，1988

陈业裕，黄昌发．应用地貌学．上海：华东师范大学出版社，1994

苏文才，朱积安．地质学简明教程．华东师范大学出版社，1991

伍光和，陈传康，俞序君，雍万里，田连恕等．自然地理学．北京：高等教育出版社，1985

张宝政，陈琦主．地质学原理．北京：地质出版社，1983

伍光和，田连恕，胡双熙，王乃昂．自然地理学．北京：高等教育出版社，2000

严钦尚，曾昭璇．地貌学．北京：高等教育出版社，1985

北京大学，南京大学，上海师大，兰州大学，杭州大学等．地貌学．人民教育出版社，1978

石玉章，杨文，钱峥．地质学基础．石油大学出版社，1995

夏邦栋，刘寿和．地质学概论．高等教育出版社，1992

陈安泽，卢云亭等．旅游地学概论．北京大学出版社，1991

谢凝高．中国的名山．上海教育出版社，1987

曾昭璇．中国的地形．广东科技出版社，1985.9

彭华．中国丹霞地貌及其研究进展．广州：中山大学出版社，2000

左建．地质地貌学．北京．中同水利水电出版社，2001

曾昭璇．中国的地形．广东科技出版社，1985

田波，顾建国．索溪峪奇观．湖南科学技术出版社，1986

中国地质科学数据网．黑龙江五大连池地质公园．

甘枝茂．旅游资源与开发．南开大学出版社，2000

潘凤英，李剑波，沙润．祖国的山水峰洞．测绘出版社，1991

沈以澄．中国名湖．文汇出版社，1993

丁文魁，许耀明，林源祥，朱静昌．风景名胜研究．同济大学出版社，1988

中国地质环境信息网．中国旅游地质资源图说明书

中国地震局火山研究中心．中国火山网页

唐开疆，长江三峡地质旅游．2003

长江流域规划办公室．三峡大观．水利出版社，1983

西南师范学院地理系、长航重庆分局．长江三峡（修订版）．四川人民出版社，1985

卢云亭．现代旅游地理学．江苏人民出版社，1988

冯天驷．中国地质旅游资源．北京．地质出版社，1998

辛建荣等．旅游地学．天津大学出版社．1996

杨小兰，吴必虎等．中国旅游地貌学研究进展与学科体系形成．地理与地理信息系统科学，2004

周学军．中国丹霞地貌的南北差异及其旅游价值．山地学报，2003

杨士弘．自然地理学实验与实习．科学出版社，2002

潘江．中国的世界自然遗产的地质地貌特征．地质出版社，2002

四川在线．"李四光环"泄密阆中古冰川行踪．四川日报网络传媒发展有限公司，2005．

新昌新闻网．冰川专家在新昌获得三大惊人发现．新昌县人民政府，2005

新华网．中国的世界地质公园

人民网．中国第四纪冰川遗迹陈列馆

人民网房产城建频道．背景知识．中国国家地质公园

中国地质调查局网站．1:250000 区域地质调查中的几种特殊类型调查内容

韩同林，陈尚平．新昌县第四纪冰川遗迹初步考察报告，2005

中国地质调查局网点站